NETFLIXED NETFLIX

NETFLIX
コンテンツ帝国の野望
GAFAを超える最強IT企業

ジーナ・キーティング
牧野洋 訳

ED NETFLIXED NE

新潮社

NETFLIXED

by

Gina Keating

This edition published by arrangement with Portfolio, an imprint of Penguin Publishing Group,
a division of Penguin Random House LLC through Tuttle-Mori Agency, Inc., Tokyo

LIXED NETFLIXED

日本語版特別寄稿

史上初のグローバルインターネットテレビ

——2012〜2018年

エンターテインメント業界再編の起爆剤

本書が出版されてから6年の間に、ネットフリックスはさらに強力になった。世界のエンターテインメント業界に激震をもたらし、業界秩序を完全に塗り替えてしまった。この短期間で「グローバルインターネットテレビ」のパイオニアになり、独自コンテンツの制作費とエミー賞へのノミネート数で他社を圧倒したのだ。一時は株式時価総額で世界最大のエンターテインメント企業に躍り出ている。

ネットフリックスは現在、「世界で最も価値あるエンターテインメント企業」の座をめぐってウォルト・ディズニーと競い合っている。ディズニーはテーマパークや映画スタジオだけでなく、ABCやディズニーチャンネル、ESPNなど複数のテレビ局を所有する。さらには、ミッキーマウスなど伝統的知的財産のほか、近年買収したルーカスフィルムの『スター・ウォーズ』シリーズやマーベル作品、ピクサー作品なども抱える業界の巨人だ。

ネットフリックスがもたらす新秩序によって競争環境が激変し、エンターテインメント資産の再評価が行なわれている。結果として大型M&A（企業の合併・買収）が続出して大掛かりな業界再編が進行中だ。再編の渦中にあるのはディズニーや21世紀フォックス、タイムワーナー（現ワーナーメディア）など有力コンテンツを持つ映画スタジオ大手であり、AT&Tやコムキャストなどコンテンツ流通を担う通信・ケーブルテレビ大手だ。各社はネットフリックスを脅威に感じ、同社が世界のエンターテインメント市場で支配的地位を築いてしまうのを防ぐために再編に突き進んでいるのだ。シリコンバレー系IT（情報技術）企業もネットフリックスに狙いを定めて一斉に動き始めている。ファストカンパニー誌のハリー・マクラッケンによれば、IT業界の巨人はどこも何らかの形でネットフリックスと競争しているという。

2018年10月現在、ネットフリックスの契約者は全世界で1億3700万人に達している。彼らは「バンドル」契約に反発し（アメリカではケーブルテレビに加入してセットトップボックス経由でテレビを視聴するのが一般的で、複数のテレビチャンネルがパッケージになったバンドル契約は月1万円を超えることもある）、自由にコンテンツを消費したいと思っている。当然ながら、バンドルにあぐらをかいてきたケーブルテレビ大手など旧来型メディアはジリ貧だ。

毎週決まった日時に決まったチャンネルで視聴する「アポイントメントテレビ」の時代は終わったのだ。ネットフリックスの会長兼最高経営責任者（CEO）リード・ヘイスティングスは「ストリーミングの百年帝国」構築を目指している。エンターテインメント業界はこれから否応なしに「ストリーミングの百年帝国」をめぐる戦いに突入する。

ネットフリックスはすでにIT業界の勝ち組と見なされている。株式市場で圧倒的なパフォーマンスをたたき出し、フェイスブック（F）、アマゾン（A）、グーグル（G）と共に「FANG（ファング＝牙）」としてくくられるようになった。4社とも米ナスダック市場の上場銘柄で、3千銘柄以上に上るハイテク株・成長株全体のパフォーマンスを左右するほどの影響力を持つ。ちなみにネットフリックス以外の3社も独自のストリーミングサービスを開始し、ネットフリックス追撃態勢に入っている。

ネットフリックス躍進の裏で同社の企業文化も変貌を遂げた。もともとのDNAはカオス状態で予測不能だけれども、創造性に富んだスタートアップ（斬新なビジネスモデルを探し出し、短期間で急成長を遂げる一時的なチームのこと）だ。そんなDNAは今では消え去り、代わりにヘイスティングスの肝いりで生まれたのがプロのスポーツチームさながらの競争文化だ。数字ですべてが決まる優勝劣敗の文化ともいえる。社員は大幅な情報アクセス権と自由裁量権を与えられながらも、失敗したら割増退職金を渡されて容赦なく首にされる。

それだけに採用方針も徹底している。ネットフリックスに入る人材はトップクラスに限られる。いったん入社すれば「完璧な大人」として振る舞わなければならない。スケジュールや有給休暇取得、経費請求について百パーセント自分で判断するのはもちろん、上司・同僚の辛辣な評価も甘んじて受け入れる度量を求められる。ウォールストリート・ジャーナル紙はネットフリックスについて「ここには直言と透明性が何にも増して美徳とされる文化がある。問題社員を解雇すべきかどうかをめぐって公の場で活発に議論が交わされる。それは一種の儀式であり、ありふれた光景でもある」と伝えている。

競争文化があるからネットフリックスはライバル勢よりも一歩先を行っているのか？　少なくともヘイスティングスの答えは明確なイエスだ。

合言葉は「打倒ネットフリックス」

競争はますます激しくなっている。ソーシャルフローCEOのジム・アンダーソンはテレビのトーク番組「バーニー&カンパニー」に出演し、「ネットフリックスの周りは競争相手ばかりですよ。フェイスブックは10億ドル投じて動画配信サービス『ウォッチ』をスタート。Hulu《フールー》もいるしアップルもいる。いまは映像コンテンツの黄金時代です。誰もがオリジナルコンテンツを制作・配信している。でも、こんなに大量のコンテンツを一体誰が見るのでしょうかね？」と語った。

11年暮れに書いた本書エピローグの中で、私はケーブルテレビとコンテンツ制作の両業界に対して、「高額な料金、ひどいサービス、最低のコンテンツ」に消費者が不満を強めていると警告した。それから10年足らずで警告通りの展開になった。ネットフリックス主導で消費者が反乱を起こしたのだ。ここで映画スタジオは事の重大さにようやく気付いた。ネットフリックスに映画やテレビドラマなどのコンテンツを供給することで、知らぬ間に同社のストリーミングサービスを後押ししていたのである。

テレビ番組制作も手掛ける映画スタジオ大手は当初、ネットフリックスとの提携は互恵的と考えていた。例えばあるドラマをテレビ局が放送中としよう。ネットフリックスが放送済みの古いエピソードをストリーミング配信すると、ドラマは大きな反響を呼び、過去の全シーズンを一気見する契約者が続出する。その後、最新エピソードがテレビで放送されると、彼らが大挙してテレビに押し寄せ、ドラマの視聴率ははね上がる。テレビ局幹部はこれを「ネットフリックス効果」と呼んだ。

代表例がテレビドラマの『ブレイキング・バッド』と『マッドメン』だ。いずれも当初は苦戦したが、ネットフリックスで過去のシーズンが配信されると、状況が一変。突如として視聴率がはね上がり、高い評価を受けて大ヒットした。

だからこそテレビ業界はこぞってネットフリックス詣でに乗り出したのである。ネットフリックスを「アルバニア軍」などと呼び、見下していた映画スタジオ大手タイムワーナーのCEOジェフリー・ビュークスも例外ではない。彼は人気テレビドラマ『NIP/TUCK マイアミ整形外科医』のほか、『ヴェロニカ・マーズ』『プッシング・デイジー　恋するパイメーカー』『ターミネーター　サラ・コナー・クロニクルズ』のようなカルトドラマの配信権をネットフリックスに売った。それでありながら、ネットフリックスをなおもばかにしていた。もうどこにも売る相手がいなくなったときに最後に頼る相手だとし、「ゴミ収集のような公共サービス」と決めつけていた。

ネットフリックスにとってハリウッドとの取引はますますうまみを増していった。同社の最高コンテンツ責任者（CCO）テッド・サランドスはリーマンショックの後遺症を引きずっていた映画スタジオに近づき、大枚をはたいて有利な条件でコンテンツを獲得していった。テレビドラマについては全シーズンの独占配信権を基本にしていた。視聴者のビンジウォッチング（一気見）需要に応えるためだ。

映画スタジオ側が知らないことが一つあった。ネットフリックスのフォーカスグループ（グループインタビュー）によれば、視聴者はビンジウォッチングによって高揚感を得ている。何時間もぶっ続けでドラマを見ていると、ネットフリックスブランドにほれ込んでしまうのだ。

ストリーミングはいつの間にか一般人が使う語彙の一つになり、消費者行動を根本的に変えた。サランドスはプレスリリースの中で「ストリームチート（だまし）」に触れて、次のような冗談を書いたことがある。

「パートナーをだまして先にテレビドラマを一気見してしまうとどうなるでしょう？　信頼関係が壊れたり、けんかになったり、離婚騒ぎになったりするかもしれません。でも、ネットフリックスは責任を負いかねます。どうかご自身で責任を持って視聴するように心掛けてください」

しかしながら、サランドスとヘイスティングスは少しずつ危機が近づいていることも察知していた。映画スタジオはいずれ「インターネットテレビ＝テレビの必然的進化形」という現実に目を向けるようになる。そうなったらネットフリックスへの映画やテレビドラマの供給をストップし、自らストリーミングサービスを開始するはずなのだ。

ビュークスにも一理ある、とサランドスは思った。消費者がネットフリックスを利用するのは第一級のコンテンツを視聴できるからである。映画スタジオからのコンテンツ供給が止まったら、ネットフリックスは自ら第一級のコンテンツを作らなければならない。でないと古い映画とドラマで出来た埋立地になってしまう。つまり、ビュークスが言ったようなゴミ捨て場だ。

映画スタジオはネットフリックスとの提携によって、多額の収入と視聴率上昇というメリットを享受してきた。だが、コンテンツ供給によってネットフリックスのストリーミング拡大を手助けしていたことに徐々に気づき始めた。それだけではない。不満を強めるケーブルテレビ契約者に対して、「こんなに安くて使いやすいサービスがあるよ」と乗り換えを勧める格好になっていたのである。

あらゆるデバイスに組み込まれたアプリ

２０００年代も終わりに近づくと、リーマンショックの傷跡もようやく癒えてきた。とはいっても、ネットフリックスにとって主な顧客となる若い消費者はなおも苦しんでいた。例えば、２０００年代に成人・社会人になった「ミレニアル世代」は、経済的事情からなかなか家庭を持つことができなかった。家庭を持つとなれば当然ケーブルテレビを契約し、月額１２８ドルもの出費を強いられることになる。結局、ミレニアル世代の多くはブロードバンド回線だけを導入し、ストリーミングなどインターネット上のエンターテインメントへ流れていった。

このような状況を見て、ヘイスティングスは営業チームにハッパを掛けた。インターネットにつながるあらゆるデバイスに、ネットフリックスのストリーミングアプリを組み込むよう指示したのである。家庭用ゲーム機、スマートフォン、インターネット対応テレビ、セットトップボックス、iPadのようなタブレット端末――。対象となるデバイスは枚挙にいとまがない。今ではネットフリックスのアプリは至る所に存在している。

ネットフリックスは無数のデバイスから送られてくる膨大な顧客データを蓄積することで、ライバル勢よりも圧倒的に有利な立場を手に入れ、覇権を築いた。どのように映画を探しているのか？どこで見ているのか？　何時に見ているか？　1日何時間見ているのか？　どのシーン・人物を何度も早送りしているのか？　どの視聴者にとってどの俳優が魅力的なのか？　契約者の視聴パターンを細かく把握できるようになったのだ。

ここからネットフリックスは個々の契約者について複雑なプロフィールを作り上げた。ビッグデータとアルゴリズムを駆使すれば、契約者の好みや行動がどのように変化していくのかを驚くほどの精度で予測できる。これを突き進めると、エンターテインメント業界で支配的な地位を築くための次のステージに進める。コンテンツ制作である。

12年までにサランドスとヘイスティングスはハリウッドとの蜜月の終わりを確信した。ネットフリックスを阻止するために、映画スタジオ大手は最新DVDのリリースを遅らせると同時に、デジタル配信権料の引き上げに踏み切ったからだ。映画スタジオ幹部の一人はロイターの取材に応じて「われわれはネットフリックスについてすっかり勘違いしていましたね。数年前にデジタル配信権を売ったときには、いずれ脅威になるかもしれないなんてこれっぽっちも思っていませんでした」と語っている。

ハリウッドからのコンテンツ獲得が難しくなり、ライバル勢が同じデジタル配信という土俵に入ってくると、サランドスとヘイスティングスはコンテンツ予算の配分先をコンテンツ獲得からコンテンツ制作へシフトさせ始めた。サランドスによれば、目標は「ＨＢＯがネットフリックスのビジネスモデルをまねるよりも先に、ＨＢＯに匹敵するコンテンツ企業になる」だった。ＨＢＯはコンテンツの質の高さで定評があるプレミアムケーブルチャンネルだ。

『ハウス・オブ・カード』の成功

オリジナルコンテンツへの最初の大型投資は、イギリスの政治テレビドラマのリメークだった。リメークを模索していたのは映画監督デビッド・フィンチャー。『ソーシャル・ネットワーク』『セブン』『ベンジャミン・バトン　数奇な人生』などで知られ、アカデミー監督賞にノミネートされたこともある大物だ。

ドラマ初挑戦ということもあり、テレビ各局は一斉にフィンチャーにラブコールを送った。そんななか、ネットフリックスはどうにかして目立たなければならなかった。それまでに同社が自主制作したドラマは12年配信の『リリハマー』という風変わりな作品しかなく、正面から張り合える状況ではなかったからだ。

フィンチャーは、ソニーのスタジオを借りて各社のプレゼンを聞こうとした。だが、サランドスは通常ルートを避けて、フィンチャーのオフィスを直接訪ねて売り込みを掛けた。契約者データをフィンチャーに見せて、「ネットフリックスの予測アルゴリズムを使えば、多くの視聴者にアピールできます」と説明した。

データによればフィンチャーと主演のケビン・スペイシーには興味深い共通項があった。両者とも一般視聴者の間では知名度は今一つだが、フィンチャー監督作品を一つ見た視聴者はフィンチャー監督作品をすべて見たがり、スペイシー出演作品を一つ見た視聴者はスペイシー出演作品をすべて見たがった。共通項はほかにもあった。フィンチャーとスペイシーのファンはそろって『ハウス・オブ・カード』に興味を持っていたのだ。これは1990年にイギリスで放送された政治テレビドラマで、実はこれこそがフィンチャーがアメリカ向けにリメークしようと考えていた作品だったのである。

18年、サランドスは当時を振り返ってインタビューの中で次のように語っている。

「われわれにとって未来とは未知の世界を開拓することです。ここで役立つのがビッグデータです。新しいオリジナルドラマを制作しようというとき、ビッグデータを活用すれば適任の監督・俳優を割り出せるし、潜在的視聴者の人数も割り出せるんです。その一回目が『ハウス・オブ・カード』でした。われわれとしてはライバルを出し抜いてどうにかして『ハウス・オブ・カード』を手に入れたかった。

長編映画からテレビドラマへ転身するわけですから、フィンチャーにとっても大きな賭けでした。われわれは『これまでのテレビドラマとはまったく違う先駆的なものに挑戦できる』と言ったんです。最後には彼はとてもエキサイトしてネットフリックスを選んでくれました」

巨額の制作費も見逃せない。2シーズンの制作費としてネットフリックスはハリウッド基準でも破格の1億ドルを用意した。フィンチャーにとって魅力的な要素は制作費以外にもあった。同社経営陣はコンテンツには一切関与せず、監督への全権委任を確約したのである。

ネットフリックスはアポイントメントテレビに対して痛烈な一撃も放った。テレビ業界の常識を覆して、『ハウス・オブ・カード』の第1シーズンの全話（全エピソード）を一気に配信したのだ。

アナリストは「同時配信直後の加入者増は一時的な現象。全話を見終わった新規加入者はすぐに契約を切る」と予測した。しかしながら、アナリストの予想とは裏腹に同社の契約者数は拡大し続けた。『ハウス・オブ・カード』第1シーズンの配信（13年2月1日）から1年以内に契約者数は3割以上増え、その後も勢いは止まらなかった。

制作現場を一変させたビッグデータ

ネットフリックスは成功を追い風に、ビッグデータ主導のオリジナルコンテンツ制作を加速させた。同じ2013年には、専門家からは高い評価を受けていながら低視聴率に甘んじていたコメディドラマの新エピソードを制作・配信した。ジェイソン・ベイトマンとポーシャ・デ・ロッシが出演し、フォックステレビが放送した『アレステッド・ディベロップメント』だ。オリジナルコンテンツとしては同社初のホラードラマ『ヘムロック・グローヴ』も登場した。

ネットフリックスは制作現場の在り方を一変させた。ベテランプロデューサーの直感や過去の常識に縛られず、ビッグデータを信じて監督や俳優を選ぶことを基本にした。海外展開を加速させていたため、海外の契約者の好みに合ったコンテンツを制作していくうえでもビッグデータを全面活用した。

ネットフリックスの初期オリジナルコンテンツで『ハウス・オブ・カード』に続くヒットドラマになったのは、女性刑務所を舞台にしたドラマ『オレンジ・イズ・ニュー・ブラック』。国境を越えて多くのファンを得たほか、批評家からも高く評価された。エンターテインメント系ウェブサイトであるＩＧＮのデビッド・グリフィンはインタビューに応じて次のように語っている。

「ネットフリックスらしさという点では『オレンジ・イズ・ニュー・ブラック』はいい例ですね。

従来のケーブルテレビや地上波テレビのドラマとはまったく違うんですよ。特に注目すべきは出演者の人種や性的指向などの多様性。これまでテレビでの出番がまったくなかったようなキャラクターがたくさん使われているんです。このように多様な登場人物を見て、同じく多様な視聴者が何年もかけて感情移入していく――これが『オレンジ・イズ・ニュー・ブラック』です」

同作の出演女優ダーシャ・ポランコも同意見だ。15年の全米映画俳優組合賞授賞式で「このドラマは世界の縮図です」としたうえで、「多様性は一つの流行です。でも、これこそ本物。ここで語られている物語はアメリカばかりか世界の本当の姿を映し出しているんです」と語っている。

しかしこの年、「テレビ界のアカデミー賞」とも称されるエミー賞で、ＨＢＯが１２６部門でノミネートされたのに対して、ネットフリックスのノミネートは26部門にとどまった。世界全体の契約者で見ても、ネットフリックスはＨＢＯの半分にすぎず、大差を付けられていた。これを見て、映画スタジオとケーブルテレビの両業界は安心してしまったようだ。ＨＢＯは誰にもまねできないノウハウを備えており、ネットフリックスがビッグデータで攻め込んだところで太刀打ちできるわけがない――このように結論したのだ。ＨＢＯはオリジナルドラマに絶対の自信を持ち、『ザ・ソプラノズ　哀愁のマフィア』『セックス・アンド・ザ・シティ』『ゲーム・オブ・スローンズ』などの大ヒット作を送り出してきた老舗だ。

明らかに市場環境は変化していた。「アラカルト的に質の高いコンテンツを個別に買いたい」「テレビドラマの中に自分自身と同じような人間を見いだして感情移入したい」「いつどこで見るのかはもちろん、どのデバイス上で見るのかも自分で決めたい」――このように消費者は思うようになっていたのだ。

それでもハリウッドは現実に目を向けようとしなかった。タイムワーナーのＣＥＯビュークスは

「コードカッティング（ケーブルテレビを解約すること）は現実というよりも概念ですね」と言った。「いずれミレニアル世代は切り詰めた生活を卒業します。まともな住居へ引っ越して、テレビを買います。そうしたらどうすると思います？　ＨＢＯを契約しますよ」。ＨＢＯはワーナー傘下のケーブルチャンネルだ。

しかしながらケーブルテレビを取り巻く状況は厳しい。若い世代を中心にケーブルテレビの契約世帯は減少する一方だ。

消費者運動も起きた。２０１２年、ＨＢＯファンの一人ジェイク・カプートは「テイクマイマネーＨＢＯ」と名付けたウェブサイトを立ち上げた。ウェブサイト上で消費者調査を実施したうえで、ＨＢＯに対してケーブルテレビと縁を切り、単独でストリーミングサービスを始めるよう呼び掛けたのだ。

『ゲーム・オブ・スローンズ』もストリーミングへ

それでもビュークスは動じなかった。ＨＢＯのケーブルテレビ収入は親会社タイムワーナーにとって数十億ドルに上るドル箱であり、それを無視するわけにはいかなかった。しかも、ＨＢＯのストリーミングサービス化を強行すれば、ケーブルテレビ業界全体を敵に回しかねなかった。

そんななか、ＨＢＯの『ゲーム・オブ・スローンズ』は大規模な海賊行為に遭い、世界で最も違法にダウンロードされたテレビドラマシリーズになった。

一方で、ネットフリックスは『ハウス・オブ・カード』をテコにして１００万人単位で新規契約者を増やしていた。15年半ばには契約者ベースは世界40カ国で5千万人――このうちアメリカ３６００万人――の大台に乗せた。アメリカ全体のケーブルテレビ契約世帯数は５６００万世帯だから、同社はケーブルテレビ業界全体を射程内に収めたわけだ。

こうなるとさすがにビュークスも静観していられなくなった。15年3月9日、ケーブルテレビ業界に爆弾を落とした。ＨＢＯがアップルと組んでストリーミングサービス「ＨＢＯナウ」を始めるとぶち上げたのだ。

ＨＢＯのＣＥＯリチャード・プレップラーは、アップルのＣＥＯティム・クックと共にサンフランシスコの会場に現れた。熱狂的な聴衆を前に「ＨＢＯにとって大転換です」としたうえで、「これはミレニアル・ミサイルです」と宣言した。ケーブルテレビを契約せずにインターネットのブロードバンド回線だけ契約している１千万世帯――ミレニアル世代が中心――をターゲットにする方針を鮮明にしたのだ。

ミレニアル世代は大喜びした。ローンチから１カ月以内でおよそ１００万人がＨＢＯナウに新規申し込みをした。対照的にケーブルテレビ業界は怒り心頭に発した。業界全体でＨＢＯ放送のために40億ドル支払っているから、ＨＢＯのストリーミング参入に危機を覚えるのは当然だった。ケーブルテレビ大手チャーター・コミュニケーションズのＣＥＯトム・ラトリッジは「ＨＢＯ経営陣はインターネット上でコンテンツを売りながら、一方でケーブルテレビのバンドルの対象であり続けたいのか？　何か勘違いしているのではないか？」と批判した。

プレップラーはＨＢＯナウのローンチ後、経済ニュース専門局ＣＮＢＣの番組「スクォークアレー」に出演して反論した。

「全体のパイが大きくなりますから、まったくカニバリゼーション（共食い）は起きないとみています。ＨＢＯナウは純粋に上乗せです。ケーブルテレビ業界も絶対に付いてくると思います。自分たちにとってプラスになると気付くからです。そもそも何のためにＨＢＯを放送してくれているのでしょう？　われわれに恩を売りたいからじゃなくて、自分たちの事業を拡大したいからなんですよ」

ＨＢＯナウは確かに爆弾に相当した。タイムワーナーのようなコンテンツ大手がケーブルテレビ業界と一線を画したのだ。ケーブルテレビ業界は、ネットフリックス主導のストリーミング革命にのみ込まれて二度と立ち上がれなくなるのではないか、との読みが背景にあった。

ビュークスはＨＢＯナウ向けプロモーションの一環として『ザ・ソプラノズ　哀愁のマフィア』のスター俳優２人を呼び出し、ジェイク・カプート――ウェブサイト「テイクマイマネーＨＢＯ」の創設者――と引き合わせた。旧敵と仲直りしたわけだ。最初は間違ってしまったけれども、これからはファンの声にきちんと耳を傾けていくよ！

ネットフリックスはさらに先を行っていた。翌16年1月6日、ヘイスティングスはラスベガスで開かれた家電見本市「コンシューマー・エレクトロニクス・ショー（ＣＥＳ）」に参加し、世界１３０カ国で新たにストリーミングサービスを開始したと発表。これで世界１９０カ国への進出を果たし、中国を除いて実質的に全世界を網羅した格好になった。

ＣＥＳの聴衆を前にヘイスティングスは「本日、真にグローバルなインターネットテレビネットワークが誕生しました」と宣言した。「シンガポールでもサンクトペテルブルクでも、サンフランシスコでもサンパウロでも、世界中の消費者がテレビドラマと映画を楽しめるようになったのです。みんな同時に、待ち時間なしに、ですよ。インターネットの登場によって主役は消費者になりました。いつ、どこで、どんなデバイスで見るのかを決めるのは、あなた自身なのです」

ＣＥＳでヘイスティングスはもう一つ大きな発表を行なった。オリジナルコンテンツの大幅強化だ。具体的には、新作とリメークを合わせて30本以上のドラマシリーズのほか、20本以上の長編映画や30本の子ども向けドラマシリーズ、多数のスタンドアップコメディ番組を制作する計画を明らかにした。並行してストリーミングアプリの対応言語数を20カ国語以上へ増やしつつ、各国の消費者ニーズに合わせた現地制作コンテンツを充実させる方針も示した。コンテンツ制作費は16年の60億ドルから年を追うごとに増えていく計画を示した。

第2のテレビ黄金時代が到来

これはエンターテインメント業界全体への警鐘であり、消費者の好みや行動が激変する未来へのロードマップでもあった。今回は業界の大物は危機意識を持って反応した。ＨＢＯは制作費を25億ドルへ拡大、テレビネットワーク大手ＣＢＳはコンテンツ予算を40億ドル投下、アマゾンはストリーミングサービス「プライムビデオ」用コンテンツに45億ドル支出――。いわば「エンターテインメント版の軍拡競争」が始まったのだ。

競争で優位に立ったのはストリーミングサービスを手掛けるＩＴ系巨大企業だ。株式市場では目先の利益よりも成長を目指すよう求められており、大胆に行動できるからだ。旧来型のメディア大手――タイムワーナー、ディズニー、バイアコム、ＣＢＳ――はまともに勝負できなかった。株式市場から安定的な利益や配当を期待されているからだ。コンテンツに巨費を投じたり高リスクの成長戦略を打ち出したりするわけにはいかない。

「利益を出していない企業と競争するのは不思議だし、興味深いですね」とケーブルテレビ局ＦＸのＣＥＯジョン・ランドグラフは語った。「市場シェアを奪うために果敢に投資し、意図的に赤字を出している――そんな企業を相手にして勝負するんですよ。仮にうちが負けてつぶれたら？　敗因は利益を出していることだとしたら？」

ネットフリックスは目先の利益よりも成長を優先する典型的ＩＴ企業だ。18年までにコンテンツに１３０億ドル投資し、このうち85％をオリジナルコンテンツへ回す計画を策定した。サランドスがニューヨークのメディア会議で語ったところによれば、同社のオリジナルドラマシリーズは18年末までに累計千本に達し、このうち半分は同年中にストリーミング配信される予定になっていた。

ネットフリックスに刺激されて各社がコンテンツ強化に一斉に乗り出したことで、１９９０年代のテレビ黄金時代を彷彿とさせる状況がアメリカに出現している。

もちろん違いはある。１９９０年代は男優を中心としたアンチヒーロードラマのオンパレードで、同質的だった。『ザ・ソプラノズ』『マッドメン』『ザ・シールド　ルール無用の警察バッジ』が代表例だ。２０１０年代のテレビドラマは型にはめるのが難しい。登場人物、ジャンル、言語、ストーリー展開――。いろいろな点で多種多様なのだ。ネットフリックス制作ドラマでは『ストレンジャー・シングス　未知の世界』がＳＦホラーながら大ヒットした。このほか『オレンジ・イズ・ニュー・ブラック』は人種のるつぼ状態になっている女性刑務所の実態を赤裸々に示し、『ナルコス』はコロンビアの麻薬組織を舞台にした血なまぐさい物語を主にスペイン語で描いた。アマゾン制作ドラマでは、カミングアウトした父親と向き合う家族を題材にした『トランスペアレント』が評判になった。

映画スタジオ大手――21世紀フォックス、ディズニー、ＮＢＣユニバーサル、ワーナーメディア――もストリーミング用のコンテンツ制作に乗り出した。ストリーミングサービスの共同出資会社Ｈｕｌｕ向けに新ドラマシリーズ『ハンドメイズ・テイル／侍女の物語』を制作し、アメリカで誕生した架空の全体主義国家を描いた。このドラマは非常に高い評価を受け、17年にエミー賞ドラマ部門で作品賞を受賞した。ストリーミング専用作品が同賞を受賞するのは初めてだった。テレビドラマは広告の制約から解放され、自由を得た。同質的な視聴者にアピールする作品である必要はなくなり、第2のテレビ黄金時代が到来したのである。

そうしたことから、俳優や監督、脚本家ら映画界のクリエイターがこぞってストリーミング向けドラマの世界へ流れ込んでいった。ストリーミングの世界であれば、コンテンツの形式やテーマについて大きな自由があり、限界に挑戦できると思ったのだ。

アメリカで主流だったケーブルテレビのバンドル契約が消費者から見放されるなか、インターネット企業によるストリーミングサービス参入が相次いでいる。動画投稿サイトのユーチューブは有料のサブスクリプション型（定額課金制）サービス「ユーチューブ・プレミアム」をスタート。短文投稿サイトのツイッターはアメフトプロリーグ「ＮＦＬ」と提携し、レギュラーシーズン木曜夜の試合を独占配信する権利を獲得した。

「スキニーバンドル」と呼ばれるストリーミングサービスも続々と登場している。インターネット経由で地上波テレビやケーブルテレビなどの番組を配信するサービスだ。バンドル化されているチャンネル数が少ない代わりに月額料金が格安――最低で20ドル――なのが特徴だ。衛星放送大手ディッシュ・ネットワークは「スリングＴＶ」、通信大手ＡＴ&Ｔは「ディレクＴＶナウ」、ソニーは「プレイステーションビュー（ＰＳ Ｖｕｅ）」、ユーチューブは「ユーチューブＴＶ」、Ｈｕｌｕは「ライブＴＶ」をローンチした。

二つの「ネットフリックス・キラー」

伝統的なメディア企業が失速していく傍らで、ネットフリックスの株価はにわかに信じられない水準にまで上昇し続けた。13年の『ハウス・オブ・カード』配信直後の株式時価総額はまだ１００

億ドルで、敵対的買収を誘発してもおかしくないほど割安だった。それが17年末には８８０億ドルに達し、敵対的買収のリスクはほぼゼロになった。

伝統的なメディア企業はネットフリックスにどう立ち向かったらいいのか？　市場シェアを拡大し、コンテンツを増やし、デジタル配信のノウハウを得るにはどんな手段を取ればいいのか？

17年以降になって各社が一斉に大型Ｍ＆Ａに乗り出し、ネットフリックスが引き起こした環境激変を乗り切ろうとしている。ディズニーが７１３億ドルを投じて21世紀フォックスの買収に踏み切り、ＡＴ＆Ｔが８５０億ドルを投じてタイムワーナーの買収で合意した。バイアコムとＣＢＳが合併交渉に入ったとの観測も浮上。コムキャストは大型買収で立て続けにディズニーと競り合った。21世紀フォックスの買収ではディズニーに競り負けたが、英有料テレビ大手スカイの買収ではディズニーに競り勝った。

伝統的メディア企業の中で「ネットフリックス・キラー」の一番手はディズニーだとみられている。同社は19年に独自のストリーミングサービス「ディズニープラス」をローンチする予定だ。主なコンテンツとして、『スター・ウォーズ』シリーズやディズニーとピクサーのアニメ映画、マーベルのスーパーヒーロー作品を持っている。そのうえ、21世紀フォックスの買収によって、『Ｘ－ＭＥＮ』シリーズやテレビアニメ『ザ・シンプソンズ』のほか、『サウンド・オブ・ミュージック』『エイリアン』『タイタニック』『アバター』などの大ヒット映画なども新たに獲得。ハリウッドの中でも頭一つ抜けたコンテンツの巨人であることは間違いない。

ディズニーは「ディズニープラス」開始に合わせてネットフリックスへのコンテンツ供給を全面停止する方針を示した。これまで独占配信権を得ていたネットフリックスは、コンテンツに大きな穴をあける格好になる。しかしヘイスティングスは平静を装っている。

「ディズニーのストリーミングは成功するでしょう。いいコンテンツがあるし、私も会員になるつもりです。でもそれほど脅威には感じていません。これまでもＨｕｌｕと競争してきましたから。それに昔ほどディズニーに依存していないので、ディズニーのコンテンツがなくてもわれわれは引き続き成長できます」

ネットフリックス・キラー二番手はタイムワーナーの買収を決めたＡＴ＆Ｔだ。トランプ政権から独禁法違反として横やりを入れられたが、19年２月には司法省との法廷闘争に勝った。世界最大級の通信会社と世界最大級の娯楽・メディア企業が合体して打倒ネットフリックスに動きだした。

ＡＴ＆Ｔ・ワーナーメディア連合は19年後半にストリーミングサービス「ウォッチＴＶ」を始める計画だ。証券取引委員会（ＳＥＣ）へ提出された文書によれば、ワーナーメディアが持つ映画やテレビドラマ、資料映像、ドキュメンタリー、アニメなどのコンテンツを全面活用するという。

ＡＴ＆ＴのＣＥＯランダル・スティーブンソンは２０１８年暮れ、大手金融機関ＵＢＳ主催のメディア会議に出席して「大手メディア企業が膨大なコンテンツを巨大なバンドルに詰め込んで消費者に押し付ける――こんなやり方はもう通用しません」と言い切った。

ＡＴ＆Ｔ・ワーナーメディア連合が計画するウォッチＴＶは、格安料金――月額15ドル――のスキニーバンドルだ。ニュース専門局ＣＮＮやドキュメンタリー専門局ディスカバリーなど30チャンネル前後が視聴可能になる。一方、ネットフリックスは地上波テレビやケーブルテレビの配信サービスには参入していない。

メディア業界の再編が続くなか、ネットフリックスの時価総額は一段と拡大した。18年半ば時点で１８００億ドルを記録。アナリストの間では「明らかに割高」との指摘も聞かれた。ウェドブッシュ証券アナリストのマイケル・パクターは「ワーナー・ブラザースとＨＢＯを傘下に抱えるタイムワーナーが８４０億ドル、21世紀フォックスが９００億ドル。ネットフリックスはワーナー・ブラザース、ＨＢＯ、21世紀フォックスの３社合計よりも大きいのでしょうか？　ばかげてます」との見方を示した。

株式市場での高い評価をテコにして、ネットフリックスは一流プロデューサーや監督、脚本家を片っ端からスカウトした。ジェンジ・コーハン（『Ｗｅｅｄｓ～ママの秘密』『オレンジ・イズ・ニュー・ブラック』）、ライアン・マーフィー（『アメリカン・クライム・ストーリー』『アメリカン・ホラー・ストーリー』『ＮＩＰ／ＴＵＣＫ　マイアミ整形外科医』）、ションダ・ライムズ（『グレイズ・アナトミー　恋の解剖学』『スキャンダル　託された秘密』）、エリック・ニューマン（『ナルコス』『ヘムロック・グローヴ』）――。大物がこぞってネットフリックスと手を握ったことで、ハリウッド全体が驚愕した。これによってネットフリックスはドラマコンテンツの面で向こう10年の体制を固めた。

大きな不確定要素の一つはアップル

大きな不確定要素が一つある。アップルだ。

11年秋、死を目前にしてベッドに横たわったスティーブ・ジョブズは、伝記作家のウォルター・アイザックソンに、テレビについての自分の考えを語った。コンピューターや携帯音楽プレーヤー、スマートフォンでやったことをテレビでもやってみたい――これが彼の夢だった。シンプルでエレガントな「アップルＴＶ」のアイデアがひらめいたというのに、それを見届けられないことを悔しがっていたという。

「完璧に使いやすい統合型テレビを世に送り出したかった。あらゆるデバイスやｉＣｌｏｕｄとシームレスに同期し、ＤＶＤプレーヤーやケーブルテレビのような複雑で使いにくいリモコンは不要になる。シンプルさでは突出したユーザーインターフェイスを備えたテレビだ」

18年、アップルはオリジナルコンテンツ制作に向け大規模なスタジオを開設している。すでに新ドラマシリーズの制作に向け、大枚をはたいてスティーブン・スピルバーグやリース・ウィザースプーン、グウィネス・パルトローらハリウッドの大物との契約も済ませている。

誰がアップルの新スタジオを運営するのか。アップルはソニー・ピクチャーズのテレビ制作部門に目を向け、『ブレイキング・バッド』や『ザ・シールド』などのヒット作を飛ばした最高幹部を引き抜いた。19年にはオリジナル作品のストリーミングサービス「アップルＴＶ＋《プラス》」を始める予定であり、オリジナルコンテンツ制作にとりあえず10億ドルの予算を割り当てた。２０２２年までに42億ドルへ増額する方針だ。

ＨＢＯは引き続き健闘している。契約者数は拡大しているうえ、契約者の中心層はどんどん若年化している。ＨＢＯが誇る特大ヒット作『ゲーム・オブ・スローンズ』は世代を超えて広範なファンを獲得しており、この部分では誰も――ネットフリックスでさえも――太刀打ちできない。

ネットフリックスを取り囲むライバルは枚挙にいとまがないのだ。

アメリカ全体で制作されたテレビドラマシリーズは18年に５００本以上に達し、過去10年間で３倍になっている。こうなってくると明らかに供給過多だ。ＨＢＯのＣＥＯプレップラーは今後のカギを握るのはドラマの本数ではなく品質だとみている。「われわれはドラマの本数で勝負するつもりはありません。多ければいいというもんじゃない。あくまで品質で勝負します」

品質に加えて利益も必要だろう。17年の営業利益で比べると、ＨＢＯの22億ドルに対してネットフリックスは８億３９００万ドルにとどまっている。

ヘイスティングスは壮大な未来を予測している。ネットフリックス伝統の「郵便ＤＶＤレンタル」は終わるとみて、「最後のＤＶＤは自分の手で配達する」と公言している。さらに、地上波テレビの時代は２０３０年に終わりを迎え、それ以降はインターネットテレビの時代が１００年以上続くという。

ほんの10年前を思い返すと、あまりの違いにあぜんとしてしまう。車を走らせて、近所のビデオレンタル店で映画をレンタルしていた。それが当たり前であり、今後もずっと続くと思い込んでいたのだ。

これからもＨＢＯやＦＸ、アマゾンなどの有力企業がさまざまな形で競争を続け、エンターテインメント、メディア、ＩＴ各業界の勢力図を大きく変えていくだろう。ただし一つだけ決して変わらないことがある。どれだけ各社が大金をつぎ込み、目もくらむようなテレビドラマを制作したところで、１日は24時間しかない。食べたり、働いたり、散歩に出掛けたり、ソーシャルメディアをチェックしたり――。残った時間を各社で奪い合う競争でもあるのだ。

ヘイスティングスはもう一つ予測している。ひょっとしたらそれはもう起きているかもしれない。

「死ぬほど見たい映画やドラマがあったらどうしますか？　夜更かしするしかないでしょう。つまり競争相手は睡眠。ここでもわれわれは勝ちつつあります！」

本書の成り立ち

本書は主に通信社記者時代の取材と本書用の独自取材によって構成されている。私は2004年から2010年にかけて英通信社ロイターのロサンゼルス支局記者としてエンターテインメント業界を取材し、業界に関する情報を多く集めた。加えて、本書執筆のために独自取材を進め、合計で100人以上にインタビューした。

一部を除いてインタビューはすべてオンレコ（記録あり）で実施し、相手の同意を得たうえで録音して文字に起こした。電子メールを通じて多くの追加取材も実施した。

取材の過程で、2年以上かけて全米各地へ何度も出張した。本書の登場人物に直接会うのはもちろんのこと、彼らが語る情景を自分の目で見て確認するためだ。ロイター時代の取材を通じて登場人物の大半をすでに熟知しており、本書中では私自身の印象に基づいて人物描写している。必要に応じて別の調査で得た情報も加味している。

財務・経営情報は主に三つのルートから収集した。①四半期決算説明会の内容を記した資料（合計2千ページ前後）②ネットフリックス、ブロックバスター、ムービーギャラリー、ハリウッドビデオの4社による投資家説明会③4社を中心とした主要企業が起こした訴訟資料や法廷開示資料――である。足りない部分については通信社記者として書いた記事――どちらかと言えば実利的な内容――に加えて、多数の一流メディアやブログからも引用した。本書の中ではできる限り引用元を明示した（引用元の記事・書籍は新潮社のＨＰにまとめてある）。

共同創業者リード・ヘイスティングスとマーク・ランドルフの家系について一言記しておきたい。ヘイスティングスの家系を調査中、ニューヨーク・タイムズ紙の社交面で百万長者の科学者アルフレッド・リー・ルーミスとのつながりを発見した。ここではジェネット・コナントの名著『タキシードパーク――第2次大戦を変えたウォール街の大物と秘密の科学宮殿』に大いに助けられた。同書はルーミスを詳細に描写しており、科学とマーケティングの融合――その産物がネットフリックス――の意味合いについて私が深く考えるきっかけを与えてくれた。

ランドルフの大叔父エドワード・L・バーネイズに関しては、バーネイズ自身の著書から多くを学んだ。バーネイズがアメリカ文化に多大な影響を与えた点については、ラリー・タイ著『スピンの父――エドワード・L・バーネイズとPRの誕生』が参考になった。

ネットフリックス創業チームの協力を得られなければ、株式公開前の同社創業期に焦点を当てた第1～4章を書くことはできなかった。本書の調査のために惜しみない協力を申し出てくれたのは、ランドルフのほか、ミッチ・ロウ、クリスティーナ・キッシュ、ティー・スミス、ジム・クック、コーリー・ブリッジス、ボリス・ドラウトマン、ビータ・ドラウトマンらだ。彼らはインタビューに応じてくれたばかりか、資料やスクリーンショット、写真、メモも提供してくれた。

ヘイスティングスにも本書向けにインタビューを申し込んだものの、協力を得られなかった。しかし、7年に及ぶ記者時代に20回以上も単独インタビューしていたうえ、ネットフリックスの四半期決算や商品発表などのイベントを通じて何度も話を聞いていた。必要な情報はあらかた入手していたと思っている。

また、ヘイスティングスはネットフリックスの現役員・社員に取材協力の許可を与えなかったとはいえ、私が知る限りは元役員・社員に圧力をかけることもなかった。シリコンバレーはいろいろな意味で小さな村社会だ。本書の取材を進めている時期、ヘイスティングス株は急上昇していた。多くの人が彼のような有力者を怒らせてはいけないとびくびくしていた。

結果として、一部の取材先はヘイスティングスにとって不利と考えられる情報を提供する際に匿名を条件にした。当該情報を直接知る第三者による検証が可能であれば、私は匿名の条件を受け入れた。このような場合、ほぼ例外なく2人以上の第三者によって事実関係を検証できた。

登場人物の会話を直接引用で再現するとき、原則として会話の当事者と目撃者から聞いた話を基に構成した。つまり、会話の当事者双方に確認するのを基本にしつつ、必要に応じて会話の現場を目撃した第三者にも確認して直接引用した。同時期に会話の内容を知らされた第三者に問い合わせることもあった。

直接引用できない場合、少なくとも2人以上の関係者に確認したうえで会話の要旨を地の文で記した。ここでの関係者とは会話の当事者ではなく、会話の現場を目撃した第三者か、同時期に会話の内容を知らされた第三者のことだ。

私がネットフリックスとブロックバスター両社に最初に本書出版計画を伝えたとき、両社経営陣からは「素晴らしい本になるのではないか」との反応を得られた。両社の対決とエンターテインメント業界の変貌をテーマにした本に興味を抱いてくれたようだ。

ブロックバスターの元役員から協力を得るのは比較的容易だった。ジム・キーズが最高経営責任者（CEO）に就任すると、経営の軸足がオンライン型レンタルから店舗型レンタルへ逆戻りした。それを受けて多くの役員が転職し、新しい職場でブロックバスター失墜の原因について質問攻めに遭った。事実関係を明確にしておきたかったのだろう。

私はブロックバスターに対して、何カ月にもわたってキーズとの直接インタビューを打診した。

結局のところ、同社広報部の協力を得られず、なしのつぶてだった。とはいっても、ロイター時代にキーズに何度かインタビューしており、彼の思考や戦略観について本書の中できちんと伝えることができたと思っている。

すでに述べたように、ネットフリックス側ではヘイスティングスが取材協力を拒否した。しかし、尊敬すべきケン・ロスとスティーブ・スウェイジーは親切にも私の原稿に目を通し、事実関係をチェックしてくれた。おかげで、ほかの取材源では裏付けを取れなかった事実についても確認できた。

取材に応じてくれたネットフリックス役員の多くは寛容であり、新たな取材源として同僚も紹介してくれた。結果として、本書で描かれる同社の物語はよりカラフルになった。

インタビューではネットフリックス役員はそろって赤裸々に自己評価し、失敗も含めて正直に語ってくれた。私はジャーナリストとして長い間金融界・政界・法曹界を取材してきたが、このような取材先に巡り会うことはあまりなかった。間近で彼らと思考や感情を共有できたのは、望外の喜びである。

NETFLIX コンテンツ帝国の野望

GAFAを超える最強IT企業

目次

ED NETFLIXED NE

NETFLIXED NETF

TFLIXED NETFLIX

装幀　新潮社装幀室

NETFLIX コンテンツ帝国の野望

GAFAを超える最強IT企業

私を彼らの物語へといざなってくれた
ネットフリックスとブロックバスターの人々、
そして私を支えてくれた母マーガレット・ロメオと
弟ジョン・A・ソーパック3世に捧げる

プロローグ

——2012年

ここからすべてが始まった

1997年の春、カリフォルニア州スコッツバレー。サンタクルーズ山脈の南の麓にあるこぢんまりした都市だ。平日の早朝、栗色をしたボルボのステーションワゴンが駐車場に現れた。

当時はインターネット株バブルの勃興期で、駐車場は20代の若い男女の通勤者でごった返していた。みんなコンピューターオタクだ。ここから車に相乗りしてサンタクルーズ山脈を越え、北側にあるシリコンバレーの職場へ向かうのだ。

彼らが手にしているキャンバス地のパソコンバッグに描かれているロゴマークを見れば、これからどこへ行くのか一目瞭然だ。アップルやサン・マイクロシステムズ、オラクルなど、イケてるハイテク企業ばかりだ。外見も似たり寄ったり。何しろ、大半はシリコンバレーの〝制服〟を着用しているのだ。下は短パンかジーンズ、上はよれよれのTシャツとフリースジャケットが定番。靴はテバブランドのサンダルが目立つ。朝にシャワーを浴びていないから寝ぐせで髪の毛が跳ねている人もいるし、連日の寝不足でうつろなまなざしの人もいる。

ボルボは奥のほうにある一角に向かった。そこはがらんとしていて、メタリックブルーのトヨタアバロンが止まっていた。運転席にはドアを開けっ放しにして一人の男が座っている。ボルボを目にするや否や運転席から飛び出してきた。

男はリード・ヘイスティングス。30代半ばで背が高くて痩せている。アイロンを掛けたリーバイスのジーンズをはき、着古したコーデュロイのボタンダウンシャツの下には白いTシャツを着ている。足元は真っ白なランニングシューズと黒い靴下。茶色の髪の毛は短く刈り込まれ、顎ひげはきれいに整えられている。青い目は鋭く、表情は常に用心深い。

モニターの前で何年も座り仕事をしてきたせいか、少し前かがみで猫背だ。自然現象であろうと人工現象であろうと、数学的アルゴリズムによって定義できないものはないと信じるアルゴリズムオタクの証しだ。急成長中のソフトウエア会社ピュア・エイトリアの創業者である。

ヘイスティングスはジーンズのポケットに手を突っ込みながら、何か待ちきれない様子で、近づいてくるボルボに歩み寄った。ボルボの運転手は何度か駐車をやり直して、ようやく満足すると、車を止めて中から出てきた。マーク・ランドルフだ。ボルボの屋根越しにヘイスティングスとあいさつを交わした。

30代後半のランドルフは能天気な性格で、厳格なヘイスティングスと対照的だ。体はしなやかで痩せており、黒い髪は薄くなりつつある。茶色の目は愛嬌があり、大きめの口はちょっと困惑しているように見える。屈託ない笑顔がチャームポイントだ。営業マンを探しているのなら彼こそうってつけの存在といえる。

正反対の性格にもかかわらず、2人は明らかに意気投合している。お互いに信頼していたし、仲間意識で結ばれている。そろって上流階級出身で価値観を共有できるのだろう。世の中に変革を起こしたいという思いでも同じだ。

ラフな格好のランドルフ――フリースジャケット、Tシャツ、よれよれのジーンズ、ビーチサンダル――はボルボの周りをぐるりと歩き、ヘイスティングスの横に立った。

ここでヘイスティングスは口を開いた。「ちゃんとうちに届いたよ」。そしてやおらアバロンの助手席に置いてあるブリーフケース――自分の会社ピュア・エイトリアのロゴマーク付き――に手を伸ばし、その中からグリーティングカード用の封筒を抜き出した。濃いピンク色で定形外の封筒だ。それを見たランドルフはごくりと唾を飲み込むと、ヘイスティングスに向かってうなずき、封筒を開けるよう促した。

ヘイスティングスは胸ポケットからポケットナイフを取り出し、封筒を開けた。中から1枚のCDを取り出して、手に取って綿密にチェック。無傷で完璧な状態だと分かると、どうでもいいことのように「大丈夫だ」と言った。

すると、ランドルフは大きな笑みを浮かべた。「いいね。オンラインの映画レンタル事業は、実際にうまくいくかもしれないってことだ！」

公式説明と真実の物語

多くの成功物語と同じように、世界最大のオンライン映画レンタル会社ネットフリックスの創業物語も、多少の事実を織り交ぜた面白い作り話で出来ている。これに対して冒頭のエピソードは真実に近い。

会社の公式説明によれば、ヘイスティングスは地元のビデオレンタル店で延滞料金を請求されたのをきっかけに、後日スポーツジムでランニング中にサブスクリプションモデルを思い付いた。今ではネットフリックスの会長兼CEOであるヘイスティングスは２００９年、米経済誌フォーチュンの「今年のビジネスパーソン」に選ばれてこう語っている。

「ネットフリックスの起源は1997年です。私は映画『アポロ13』を返し忘れて、40ドルもの延滞料金を払う羽目になりました。金額まで正確に覚えているのは後味がとても悪かったからです。当時はVHSのビデオテープが全盛でした。何となくここには大きな市場が潜んでいるような気がしたんです。

DVDについてはあまり詳しくなかったのですが、友人から『これからはDVDの時代になる』とは聞いていました。そこでカリフォルニア州サンタクルーズのタワーレコードへ行って何枚かCDを買い、封筒に入れて自分宛てに送ってみました。24時間がとても長く感じました。自宅に届いた封筒を開けてみるとCDは無傷。一番興奮した瞬間でしたね」

私は経済記者として、7年間にわたって米エンターテインメント業界を取材した。その間、当然ながら公式創業物語を何度も耳にした。当時は特に深く考えることはなかった。単純で分かりやすい物語だったし、ネットフリックスの本質をうまく伝えていたからだ。ネットフリックスの本質とは、「延滞料金なしで、いつまでも映画を手元に置いておける郵便DVDレンタル」だ。

私が英通信社ロイターのロサンゼルス支局でエンターテインメント業界担当記者になったのは2004年春。当時、小さなネットフリックスが生き残れるとみる向きはほとんどなかった。ビデオレンタル業界ではブロックバスターが世界最大手のチェーンとして君臨し、独自のオンラインレンタルサービスを立ち上げる準備に入っていた。オンライン書店のアマゾンも同様で、オンラインレンタルサービス開始に向けてソフトウエア技術者の求人広告を出していた。

脅威はほかにもあった。小売業最大手ウォルマートは巨大なDVD店頭販売事業を守る狙いで、恐る恐るオンラインレンタルサービスを始めていた。一方で、ハリウッドの映画スタジオ各社は遅ればせながら共同出資会社を設立し、映画のダウンロードサービスの可能性を探り始めていた。ネットフリックスといえば、サブスクリプションプランの契約者数がやっと190万人を記録したばかりで、赤字体質から抜け出せていなかった。

以後7年間、私は記者としてネットフリックスを追い続けた。同社は勝ち目のないアンダードッグと言われながらも、急成長するオンラインレンタル市場でどんどんシェアを拡大していくのだった。ウォール街はオンラインレンタル市場の潜在力を見誤っていたうえに、ネットフリックスを過小評価し、ライバル勢を過大評価していた。

私が目撃したのは才能あふれて規律あるチームだ。カネもうけをするためではなく、既存の業界に変革を起こして「リアル」から「オンライン」へ一気に突き進むために結集し、消費者のビデオレンタル習慣を一変させたのだ。高度なソフトウエアと直感的に操作できるインターフェイスを武器にして、感性のアップル、イノベーションのグーグルに匹敵する存在になった。

ネットフリックスは自ら主催した科学コンテストにおいても世界中から注目を集めた。ここで生み出された人工知能（AI）によって飛躍的な技術進歩を遂げ、潜在顧客の開拓方法に多大な影響を与えた。2010年には海外展開にも着手し、国内外の消費者の映画鑑賞習慣を変えてしまった。

アメリカ流アントレプレナーシップのお手本

2010年、私は本書の出版に向けて本格的に調査を始めた。当初、ネットフリックスの物語はすでに十分に知っているつもりでいた。黒字化の道筋がまったく見えないスタートアップが劇的に成長し、ビデオレンタル業界で年商40億ドルの巨人になる軌跡を長年つぶさに観察してきたのだ。同社周辺も多角的に取材した。郵便料金の設定、映画コンテンツの獲得、プライバシーに関する連邦規制、ブロードバンドの利用、インターネット上のトラフィック――。同社なしでは語れなくなった分野は枚挙にいとまがない。

ネットフリックスの創業期にまつわるいくつかの謎はまだ解明できておらず、新たに外部の取材先を開拓する必要もあった。なぜなら、同社の広報チームは会社の方針にあくまで忠実だったからだ。記者や投資家、消費者を相手にしているとき、会社にとって不都合な問題については徹底して情報統制を敷き、隠し通そうとするのだった。

ネットフリックスが公式に回答してくれなかった疑問点を三つだけ挙げておこう。第1に、共同創業者の一人であるマーク・ランドルフに何が起きたのか？　なぜ彼への言及が一切ないのか？第2に、『アポロ13』をめぐる創業物語の舞台は当初サンタクルーズ市内のブロックバスター店だったのに、2006年になってすでに閉店しているラホンダ市の家族経営の店に書き換えられたのはなぜか？　第3に、創業チームの一員であるミッチ・ロウがネットフリックスを辞めて、ビデオレンタル自販機「レッドボックス」の新事業を立ち上げた理由は何か？　なぜネットフリックスの事業としてやれなかったのか？

最初、これらの疑問点は些細なことだと思っていた。私が経済メディアの最前列で取材してきた創業物語とそれほど重要なつながりがあるようにも見えなかった。ところが、ある謎が解けると新たな謎がまた出てきて、ウサギの穴に落ちた「不思議の国のアリス」よろしく、ネットフリックスについて知っていると思っていたものがすべてひっくり返されてしまった。

私が見つけたのは、会社の公式説明よりも格段に奥深く、微妙で、複雑な物語だ。本当のネットフリックス史は長くて曲がりくねった旅路である。そこにはいくつもの大失敗や大当たり、裏切り、苦難がある。分かりやすいサクセスストーリーではなかった。

ネットフリックスは根拠のない物語を創作したわけではない。公式物語は単純明快で会社にとってとても使い勝手が良かった。同社では会社の目標達成に役立たなければすべてが切り捨てられた。２１８０人の社員（年間の離職率は20％）も役立たなければ首になるし、四半期決算説明会の台本も役に立たなければ破棄される。創業物語も例外ではない。

結局、赤字を垂れ流していた小さなシリコンバレー企業が生き残れた決め手は、経営チームの規律と集中だ。ネットフリックスは市場規模80億ドルのビデオレンタル業界の３巨人（ブロックバスター、ムービーギャラリー、ハリウッドビデオの３社）を破綻に追い込み、アマゾンの脅威をはね返し、ハリウッドの映画スタジオ業界のデジタル化を後押しした。その後は同じ手法を使ってケーブルテレビと衛星放送業界とさや当てを演じている。ただし、表面上は紳士的に振る舞っている。こっそりと新市場に潜り込み、競争相手に打ち勝つ作戦であるようだ。

ネットフリックスは２０１１年に入って、契約者ベースでケーブル業界最大手コムキャストを初めて上回ったことを明らかにした。それを受けてヘイスティングスは「われわれはまだ小さな存在です。業界の巨人を相手にして第２次世界大戦や第３次世界大戦を始めようなんてまったく思っていません」と語っている。

ヘイスティングスはまるで他者には見えない星に導かれながら会社を経営しているかのようだ。例えば、確実に売り上げが立つ事業でも、必要であれば躊躇なく撤退する。誰よりも得意とする事業に全精力を注ぎたいのである。

ウォール街と経済メディアの見方は違った。ネットフリックスはソフトウエア・倉庫・ＤＶＤの３要素を組み合わせれば完成する単純なビジネスモデルだった。しかも強大なライバルに囲まれており、いつ買収されてもおかしくない。このような見方を反映して、ネットフリックス株が急落するのは日常茶飯事だった。ヘイスティングスは気に留めていない様子だったが……。

最終的に正しかったのはヘイスティングスだ。市場の圧力にさらされながらも信念を曲げず、業界全体に変革を起こした。ビジョナリーと言ってもいいだろう。だからこそネットフリックスの創業物語はとりわけ魅力的なのだ。アメリカ流アントレプレナーシップ（起業活動）のお手本ともいえる。

私が「ウォール街版おとぎ話」とも呼べるネットフリックス物語を書こうと最初に思い付いたのは、2008年のリーマンショックのころだ。素晴らしいアイデア、きれいなバランスシート（貸借対照表）、誰も思い付いたこともないようなビジネスプランの完璧な遂行――。これらをうまく組み合わせれば、ネットフリックスのような新興企業が、肥大化した大企業の1社か2社を倒し、トップに立つことも夢ではないと思った。

私は本書の取材・執筆に取り掛かった。まずはネットフリックスのもう一人の創業者、マーク・ランドルフへのインタビューだ。場所はシリコンバレーに近い、カリフォルニア州サンタクルーズ市、晴天で風の強い日のことだった。

もう一人の創業者による見学ツアー

2010年8月、シリコンバレーの一角を占めるロスガトス市のレストランでマーク・ランドルフと朝食を共にしながら、話を聞くことになった。どんな話が出てくるのか想像もできなかった。共同創業者である彼がネットフリックスを飛び出したいきさつについては、それまで誰も語ってくれることはなかったのだ。

ランドルフは健康的で活気に満ちている男だ。私がレストランの屋外テーブルで先に待っていると、フリースのパーカーとジーンズというでたちでやって来た。退職後は気ままな生活を存分に楽しんでいるのが伝わってきた。

ランドルフは座ってエッグベネディクトを注文すると、早速本題に入った。ヘイスティングスが『アポロ13』で延滞料金を払わされ、ネットフリックスのビジネスモデルがひらめいたという物語について語り始めたのだ。

「あれはまったくのデタラメだよ」とランドルフは言った。「実際に起きた話じゃないんだ」

ランドルフによれば、『アポロ13』はネットフリックスのビジネスモデルを説明するうえで便利なフィクションだ。それが後になって実際の創業物語と勘違いされるようになったという。アメリカのロックバンド「レイジ・アゲインスト・ザ・マシーン」のような衝撃的なデビューを人々が求めていたからだ。

以後、私はランドルフを何度か追加取材するなかで、ネットフリックス創業の地を訪ねてみたいと思うようになった。6カ月後、ついに希望がかなった。創業の地は、サンタクルーズ市の中心街にある閑静な一角だという。

ランドルフの提案に従って、私はシリコンバレー発の通勤バスを利用し、曲がりくねった州道17号線でサンタクルーズ山脈を越えることにした。かつてランドルフとヘイスティングスが毎日通勤していた道だ。

ネットフリックス創業前、ランドルフは同じサンタクルーズ市民のヘイスティングスと一緒に車に乗り、ピュア・エイトリア本社のあるシリコンバレーのサニーベール市まで通勤していた。

1997年春のある日、2人は通勤ドライブ中に新事業のアイデアをめぐっていろいろと語り合った。当時、ピュア・エイトリアは業界大手のラショナル・ソフトウエアに買収されようとしていた。それを機にランドルフはピュア・エイトリアを辞めて独立し、新事業を立ち上げようと計画していた。

ピュア・エイトリアでマーケティング責任者の立場にあったランドルフにとって、ダイレクトメール――カタログ、特売案内、割引クーポン券など――はかねて関心の高いテーマだった。消費者はどのようにダイレクトメールに反応するのか？　ヘイスティングスを含め多くの人にとって何がジャンクメールとなるのか？

インターネットであれば、消費者がどんな売り文句に反応するのかを見極め、それに応じてオンライン店舗を魅力的に修正していくという作業が瞬時にできる。ランドルフに言わせれば「ドーピング使用のダイレクトメール」だ。

「へぇー、これならうまくいくかも」

通勤バスでのドライブは散々だった。霧深い山の中で細くて曲がりくねった2車線道路で、私は神経をすり減らしてぐったりしてしまった。通勤バスがスコッツバレーのバス停で止まったときには、アルプスにあるレトロなスキーリゾート地に着いたかのような錯覚を覚えた。

スコッツバレーはサンタクルーズ山脈の麓にある裕福なベッドタウンだ。ここに15年間住んでいたランドルフはバス停で私を出迎え、ぴかぴかのボルボステーションワゴンに乗せてくれた。彼が住むビクトリア様式のファームハウスは森の中にあり、50エーカー（東京ドーム4個分に相当）の敷地に建っている。以前の住まいもそこから5キロと離れていない。こちらもビクトリア様式だ。黄色くて四角い家で、太平洋に面するサンタクルーズビーチのすぐそばにある。

ランドルフがボルボで連れて行ってくれたのは、州道17号線沿いにある地中海様式のオフィスパークだった。パーク内はほとんど空っぽだ。かつて彼はここで10人以上の仲間――マーケティング、プログラミング、オペレーションの専門スタッフ――と一緒に働き、98年4月14日にネットフリックスのウェブサイト立ち上げにこぎ着けたのである。その日にはヘイスティングスもオフィスを訪れ、スタッフにねぎらいの言葉を掛けた。オフィスは93平方メートルのワンルームで、オフィスパークの裏手にあった。

続いてランドルフは5キロ近く南下し、サンタクルーズへ向かった。市の中心街でボルボを止めると歩き始め、古い映画館や高級チェーン店、地元のブティックを通り過ぎた。途中、「ルル・カーペンターズ」というおしゃれなカフェの横で立ち止まり、私に目配せした。そこでは人々が歩道に置かれたテーブル席に座り、朝方の柔らかな日差しを浴びていた。

ランドルフとヘイスティングスは昔、このカフェの常連だった。ここで新事業について議論し、最後にはネットフリックス創業につながるビジネスプランにたどり着いたのである。

ある日のこと、2人はウェブサイト上のオンライン店舗経由で映画レンタルサービスができるのではないかとの仮説を立てた。そこで、ビデオの新規格であるDVDを使って実験することにした。第一種郵便（普通郵便）であればダイレクトメールと同じように荒っぽい扱いをされるので、実際に全米各地に郵送しても大丈夫かどうか確認する必要があったのだ。

2人ともDVDに触れたことがなかった。当時は一部の小売店で試験的に販売されているだけだったから、当然である。だが、数ブロック先の地元店「ロゴス・ブックス＆レコーズ」で音楽CDを入手できた。続いて、すぐ近くのギフトショップで封筒入りのグリーティングカードを購入した。封筒は大きめで、包装を取り去った後のCDをすっぽり入れることができた。

封筒の表にヘイスティングスの自宅住所を書き込み、サンタクルーズ中央郵便局まで歩き、第一種郵便料金を払って投函――。ここからCDは短いけれども極めて重要な旅に出るのだった。

後にネットフリックスがアメリカ郵政公社（USPS）と協力したときに判明するのだが、サンタクルーズ中央郵便局では地元の郵便物はすべて「ハンドキャンセル」されていた。つまり、機械が郵便物を仕分けして消印を押すのではなく、郵便局スタッフが手作業で消印を押していたのだ。ランドルフによれば、もし2人がそのことを知っていたら、すべてが変わっていたかもしれなかった。

1、2日後の朝、2人はスコッツバレーの駐車場で落ち合った。これから一緒に車でサニーベールまで通勤する予定だ。

「ちゃんとうちに届いたよ」とヘイスティングスは車の中に乗り込みながら言った。「大丈夫だ」

ランドルフは私をスコッツバレーのバス停まで送り届ける車中、「その瞬間に思ったのは『へえー、これならうまくいくかも』だった」と当時を振り返った。「もしネットフリックスの創業物語に『なるほど！』という瞬間があったとすれば、まさにそれだったね」

第1章　暗闇でドッキリ　“A Shot in the Dark”

――１９９７〜１９９８年

意識したのは「書籍以外を扱うアマゾン」

失職すると分かったその日、マーク・ランドルフは「新事業を立ち上げよう」と思った。どんな事業になるのか具体的に思い描いていたわけではなかった。はっきりしていたのは、インターネット上で何かを売るということだけだ。言い換えれば「書籍以外の何かを扱うアマゾン・ドットコム」。ただ、それが何かは分からなかった。

時は１９９７年春。その数カ月前にランドルフはピュア・エイトリア社でマーケティング責任者に就いたばかりだった。

というのも、96年の暮れにピュア・エイトリアがソフトウエア開発のスタートアップを買収したからだ。このスタートアップは社員９人の小さな所帯で、ランドルフは共同創業者でマーケティング責任者の立場にあった。

ランドルフは買収後に追い出されると思っていた。ところが、買収後もマーケティング責任者として残り、ピュア・エイトリアの成長を支えるよう依頼された。依頼主は同社の共同創業者兼ＣＥＯである36歳の起業家、リード・ヘイスティングスだ。

インターネット時代の幕開け期、ランドルフはいくつものスタートアップを転々とする起業家として活躍していた。起業家に転身する前はソフトウエア大手ボーランド・インターナショナルに所属し、ＢｔｏＣ（企業対消費者取引）のマーケティング部門を7年間にわたって率いていた。だが、非常にクリエイティブで爆発力のあるスタートアップの世界に魅せられてしまった。特に刺激的だったのは、スタートアップが買収されたり、ＩＰＯ（新規株式公開）を行なったりするときだ。高額な退職手当、持ち株の高値売却、長い休暇——。夢のような「エグジット」が待っているのだ。

それは１９９０年代のシリコンバレーではありふれた光景だった。豊かな緑と青い空に恵まれたシリコンバレーは、東側でサンフランシスコ湾南端、西側でサンタクルーズ山脈に挟まれた平地だ。誕生後１、２年で多額のベンチャーキャピタル資金を取り込み、それから間もなくして大口投資家や大企業に買収されるスタートアップが続出していた。

買収側が夢見ていたのは「ネクスト・ビッグ・シング」だ。ソフトウエアや遺伝子工学、通信などの先端分野はもちろん、進化し続けるインターネットの世界で起きる新たな一大イノベーションのことだ。「新ゴールドラッシュ」とも呼べる時代だった。１９９０年代が終わるまでに、総額７００億ドル以上のベンチャーキャピタル資金が地元スタートアップに投じられた。

当時のシリコンバレーではすべての物事が猛スピードで動いていたし、カネはあり余っていた。だから大半の起業家にとってスタートアップを黒字化させるチャンスさえ訪れなかった。そもそもその必要がなかったし、一つの会社を長く経営する必要もなかった。

すべてが猛烈で度を越していた。起業家は事業が成功するか失敗するかはっきりするまで毎日全力で働くよう期待された。1日16時間労働を何カ月も続けるケースも珍しくなかった。カネはいくらでも入ってきたとはいっても、期待されるリターンもケタ違いだった。初期投資額の数十倍どころか数百倍のリターンを求めるベンチャーキャピタルも存在した。

言うまでもなく、極端に高いリターンの裏側にあるのは極端に高いリスクだ。これについては誰もが認識を共有していた。起業家やベンチャーキャピタルに限った話ではなかった。不動産会社や事務機器リース会社さえも高リスク・高リターンの世界に魅せられていた。何しろ成功すれば想像を絶する富を懐に入れることができたのだ。ならば失敗したら？　そのときはやれやれと肩をすくめて別の「ネクスト・ビッグ・シング」へ飛び乗ればよかった。

そんな状況下だったので、ランドルフはすぐにイエスと返事できなかった。数カ月ほど休暇を取り、妻のロレインと3人の子どもを連れてゆっくり旅行することもできた。これまでに共同創業者として何社ものスタートアップを立ち上げた実績を持っており、引く手あまたなのも間違いなかった。

ピュア・エイトリアはコンピューターのバグ発見を専門にするソフトウエア開発会社だった。バグが発生しやすいのは、複数の会社が共同でプログラムコードを作成するときだ。その点に注目したヘイスティングスがマーク・ボックスと共同で1991年に創業し、買収を重ねながら急成長した。ヨーロッパとアジアに事務所を設けるなど海外にも進出していた。ランドルフはヨーロッパとアジアのマーケティング部門を取り仕切る役割を与えられた。

ピュア・エイトリアはプレッシャーの高い職場だったが、ランドルフは気にしていなかった。短期間でのソフトウエア開発、昼夜続く長時間労働、カオス状態のスタートアップ――これが当たり前の世界にいたのだ。それと比べれば同社でのマーケティングは左うちわといえた。わくわくすることはないけれども、規則正しくて安定した仕事に思えた。新しいボスになるヘイスティングスにも何度か会い、非常に熱心で頭が切れる男だと感じた。

ランドルフとヘイスティングスは正反対の性格を持ちながらも、同じ話題や価値観を共有できた。共に裕福な家庭に生まれて東海岸で育ち、小規模な名門私立大学に通っている。卒業後にすぐに就職しなかった点でも共通する。情熱を傾ける仕事が見つかるまで数年間にわたってぶらぶらと〝遊学〟していたのである。

しかし、もっと重要な共通項は、2人ともシリコンバレーで急成長しつつあるハイテク産業に魅了されていたことだ。それぞれが自己流で強力なリーダーシップを発揮して、起業家を夢見る若手有望株の間では「天才」とあがめられていた。

華麗なヘイスティングス一族

ウィルモット・リード・ヘイスティングス・ジュニアはアメリカ上流階級の出身だ。自分の能力や見解に絶対の自信を見せるのはそのせいかもしれない。母方の家系はアメリカ版紳士録「ソーシャル・レジスター」の原メンバーであり、一族の出生や結婚など重要なイベントはニューヨーク・タイムズ紙の社交欄に記録されている。

母方の曾祖父アルフレッド・リー・ルーミスは著名投資家であり著名物理学者でもある。数学的才覚を生かし、1929年にウォール街が株価大暴落に見舞われた際に大もうけしている。裕福な一族の中では冷徹で奇異な存在と思われていた。物理学を駆使して兵器技術を開発することに熱を上げていたからだ。

実際、自己資産を惜しみなく使って、ニューヨーク州タキシードパークの豪邸内に特別物理学研究所（俗称タワーハウス）を設立している。そこに世界中で最も優秀な科学者を集めて、技術の軍事利用を実現しようとしていた。成果は出た。タワーハウスを舞台にした科学的飛躍が、レーダーや原子爆弾、全地球測位システム（GPS）の開発につながったのである。第2次世界大戦後、連邦政府は「国防高等研究計画局（DARPA）」を設立し、純粋な軍事技術研究機関として事実上タワーハウスの役割を受け継いだ。DARPAの科学者集団はその後、「ワールド・ワイド・ウェブ（WWW）」の先駆けとなる技術を開発。これによって遠く離れたコンピューター同士が国防上のデータをリアルタイムで共有できるようになった。

ヘイスティングスの母ジョーン・エーモリー・ルーミスは名門女子大学のウェルズリー大学を卒業し、将来ヘイスティングスの父となるウィル・ヘイスティングスと1958年に結婚。2人が知り合ったのは、同じ時期にパリのソルボンヌ大学へ1年間留学していたからだ。

3人の子どものうちヘイスティングスは長男として1960年に生まれ、ボストン郊外のベルモントで育った。リベラルであり、質素ながらも裕福な環境で子ども時代を過ごした。一族の伝統に従って私立校へ通っていたものの、大学ではハーバードかエールに進学するという一族の伝統を無視し、ボウドイン大学へ進学した。同大はメーン州にあるリベラルアーツスクールである。

曾祖父と同様に、ヘイスティングスは「美しくて魅力的」な数学に熱中した。ボウドイン大学では2年生と4年生のときに数学で最優秀の成績を収めた。卒業後は世界を見るために旅に出て、平和部隊の数学教師としてアフリカ南部のスワジランド（現エスワティニ王国）で3年間生活。帰国後、マサチューセッツ工科大学（MIT）大学院には落ちたが、その代わりに西海岸のスタンフォード大学大学院に進み、コンピューターサイエンスの修士号を取得した。

結局、これがきっかけになってシリコンバレーの起業家になった。シリコンバレーのハイテクブームを目の当たりにし、魅了されてしまった。30歳で最初のスタートアップであるピュア・ソフトウエアを設立し、95年にはIPOを実現。翌年には東海岸ボストンのソフトウエア会社エイトリア

&インテグリティを買収。エイトリアアは、ランドルフが共同創業者として設立したスタートアップだった。

仲間集めに走るランドルフ

ランドルフはヘイスティングスに自分と同じ起業家魂を見いだし、一緒にやっていけると思った。そこでマーケティング責任者のポストを受け入れ、プレゼンや発表イベントで二人三脚で動くようになった。

東海岸のエイトリアを訪ねるために、2人で一緒に長距離便に乗って大陸横断したときのことだ。ヘイスティングスは席に着いてシートベルトを締めると、エイトリアとピュアの両社をどのように統合する計画なのか、合計6時間にわたって熱っぽく語り続けた。ランドルフは感心した。買収を決めたばかりだというのに、ヘイスティングスはエイトリアの内部事情を細部まで把握しており、経営統合によってピュアに悪影響が及ばないように全力を挙げる決意でいたのだ。

フレンドリーでおしゃべりなランドルフは、議論しながら異なるアイデアや考え方も柔軟に受け入れるタイプだ。冷徹で分析好きで、自分の意見を決して曲げないヘイスティングスと対照的だ。それでありながら2人は不思議とウマが合った。ヘイスティングスがスーパーコンピューターのような頭脳を駆使して完璧なビジネスプランや組織再編案、新商品・サービスを考え出すと、ランドルフが顧客や社員、一般大衆向けに上手に売り込むのだ。

97年春、ランドルフはピュア・エイトリアでマーケティングスタッフの募集に着手した。真っ先に電話したのがクリスティーナ・キッシュだ。スポーツ好きで美人の32歳はカリフォルニア生まれで、いつも全力で仕事をする製品マネジャーだ。

キッシュはランドルフのことはよく知っていた。以前、スキャナーメーカーのビジョニアで一緒に働いたことがあったからだ。彼女にとってビジョニア時代は楽しい思い出として残っていた。ランドルフがつくった職場環境には、緊張感の中にも仲間意識が育まれており、あたかもパーティーをやっているような楽しさがあった。

そんなわけで、3年後にランドルフから声を掛けられると、キッシュは迷わず転職を決めた。しかも、今度の職場はすでに安定した経営基盤を築いているソフトウエア会社だ。提示された役職も顧客データベースの構築担当であり、大きなストレスを伴うポストではなかった。彼女は当時、ダイアルアップ接続のISP（インターネットサービスプロバイダ）会社ベスト・インターネットに勤めていた。ランドルフからの誘いを受け入れると、2週間の休暇届を提出して夫と一緒にイタリア旅行に出掛け、帰国と同時にピュア・エイトリア入りした。

次にランドルフがアプローチしたのは、「ティー」ことテリーズ・スミスだ。彼女もランドルフ一派だ。当時はボーランド社の一部門だったスターフィッシュ・ソフトウエアに所属し、最新の個人情報管理ソフト「サイドキック」の対消費者マーケティングを担当していた。童顔の40歳。茶色の縮れ毛を長く伸ばし、強いボストンなまりでしゃべる。ランドルフの誘いを受けて退社し、数週間の休暇取得後の4月上旬にピュア・エイトリアで働くつもりだった。

ランドルフが新マーケティングチームの給与や手当など待遇面を交渉しているとき、実はピュア・エイトリアはラショナル・ソフトウエアとの統合条件を詰めている真っ最中だった。両社が株式交換比率で合意し、経営統合を発表したのが97年4月7日。買収金額は8億5千万ドルに相当し、シリコンバレーのM&Aとしては過去最大の案件となった。

96年暮れ、ヘイスティングスは取締役会と協議のうえでやや唐突にピュア・エイトリアの身売りを決めていた。売り上げがウォール街の期待を下回ったことから、株価暴落が起きかねないと判断し、過去に一度は拒んだラショナル・ソフトウエア傘下入りを選んだのである。

その後に株価が急落したため、買収金額は5億8500万ドルにまで減少した。それでもヘイスティングスは突如として途方もない富を手に入れた。巨富を得た点ではベンチャーキャピタル業界も同じで、彼が英雄と見なされるようになるのも当然の成り行きだった。

キッシュがピュア・エイトリアのおしゃれなオフィス——エスプレッソマシンやドライクリーニングサービスも備えている——を楽しんだのは5日間だけだった。新しい職場で迎えた最初の日曜日、彼女はランドルフから電話をもらい、「独禁当局に経営統合が認められ次第、僕も君も失職するよ」と言われたのだ。スミスにいたっては初出社の日にランドルフから解雇を告げられた。

ランドルフ、キッシュ、スミスの3人は4カ月の猶予期間を与えられた。その間はピュア・エイトリアのサニーベール本社へ出社するだけで給与をもらえることになった。スミスはいくつか新商品の発表を手掛けたものの、ランドルフとキッシュは毎日出社してオフィスの机に座るだけで、特に何もすることがなかった。ただし、ランドルフには大きなホワイトボード、高速のインターネット環境、それに新事業のアイデアがあった。

ピュア・エイトリアに入って以来、ランドルフはいつもヘイスティングス——時にはヘイスティングス以外の役員も含め数人——と一緒に通勤し、細くて曲がりくねり、よく渋滞する州道17号線をたっぷり1時間かけてドライブした。経営統合が完了したら何をしようか——これが通勤中の2人が交わした会話の中心テーマだった。

ヘイスティングスはスタンフォード大学大学院で教育学修士を取得するのを優先したかった。身売りで手にする巨富を教育分野の慈善活動に使い、瀕死状態にあるカリフォルニア州公立学校を救うのだ。一方、ランドルフは新事業を立ち上げる計画を打ち明けた。「インターネット上で何かを売ろうと思う。その何かはまだ分からないけれども」。電子商取引（ｅコマース）が急拡大している状況を目の当たりにしたことで、新事業立ち上げについて運命的なものさえ感じていた。

ダイレクトマーケティングに情熱を傾ける

ヘイスティングス同様に、マーク・バーネイズ・ランドルフも恵まれた環境で育った。緑豊かなニューヨーク郊外を故郷として、父スティーブンと母ミュリエルの長男として生まれた。スティーブンはオーストリア出身の元核技術者で投資顧問業者、ミュリエルはニューヨーク・ブルックリン地区出身の不動産業者だった。

スティーブンは精神分析の創始者ジークムント・フロイトと親族関係――フロイト兄弟の孫に当たる――にあるのを誇りにしていた。しかし、フロイトの甥であるエドワード・バーネイズについてはあまり語らなかった。バーネイズは「広報の父」と呼ばれる有名人で、フロイトの理論を使って近代的な広報活動の基礎を築いたことで知られている。ただし、強大な顧客――アメリカン・タバコやユナイテッド・フルーツ、アメリカ連邦政府など――のための広報・宣伝キャンペーンで物議を醸すこともあった。

バーネイズを最も有名にしたのは、人々が無意識に持つ欲望――愛情、尊敬、セックスなど――を解放し、アメリカ人の消費行動に働き掛ける手法を確立したことだ。この部分ではランドルフも似ていた。いわゆる「プロダクトメッセージング（商品・サービスの説明や意味合い、関連性、価値のこと）」を駆使してどのように消費行動に影響を与えるか――これが彼の主要テーマになるのだった。

近代社会を動かす大きな力は、アメリカ流の消費主義とハイテクだ。前者でバーネイズ、後者でヘイスティングスの曾祖父ルーミスが大きな軌跡を残した。２人の登場からおよそ3世代後、ランドルフとヘイスティングスが消費主義とハイテクの融合を目指してスタートアップを立ち上げた。科学を駆使して消費者に奉仕することで社会にインパクトを与えつつ、大きな利益も上げることになるのである。

ランドルフは高校から大学時代にかけて、夏になると、ワイオミング州ランダーにある「全米野外指導者学校（ＮＯＬＳ）」で山岳トレッキングのガイド役を務めた。まだティーンエージャーでありながら自分の倍の年齢のトレッキング集団を引き連れて、不完全な情報を頼りに即断・即決したり、全体の統制が取れるよう指示を出したりした。少人数のスタートアップを経営するうえで理想的なトレーニングを積めた。

ランドルフが人生を懸けて情熱を注げる対象を見つけたのは、ニューヨーク州にある名門ハミルトン大学を卒業した後のことだ。彼は大学で地質学を専攻していたのに、父スティーブンの口添えでニューヨークの音楽出版社チェリーレーン・ミュージックで事務職を得た。地質学から音楽への転身は不思議にもバーネイズの経歴と似ている。バーネイズは大学で農業学を専攻していながら、ブロードウェイのプロモーターとしてマーケティングやＰＲに興味を抱くようになったのである。

ランドルフはマーケティングやダイレクトメールについては何の知識も持っていなかったが、通販事業責任者に任命され、楽譜集の裏表紙にある小さな申込書を処理する仕事を与えられた。顧客は楽譜集から申込書を切り取り、チェリーレーンに送れば楽譜集リストをもらえる。ランドルフは申込書を集めて顧客に楽譜集リストを送る作業をしながら「どの楽譜集から最も多くの申込書が切り取られているのか」「楽譜集リストを受け取った顧客は実際に新しい楽譜集を購入しているのか」などを注意深く観察するようになった。

これが実に面白く、魅了された。そこで申込書に手を入れ始めた。配置、色合い、大きさ――。いろいろ調整して顧客の反応が変わるかどうか実験してみた。続いてカタログ作成の許可を得て試験的に郵送した。そのうちにダイレクトマーケティングについて専門的に学ぶ必要性を感じ、関連する集まりに積極的に出席したり、ベストプラクティスを学ぶために専門書を手当たり次第に読んだりするようになった。そこで得た新たな知見についてはチェリーレーンで検証対象にした。

デスクトップパソコンと在庫管理ソフトが登場すると、ランドルフは通販用業務システムのプログラム設計要員に抜擢された。チェリーレーンが新雑誌を発行すると、顧客サービス・購読者データ管理プログラムの設計も手掛けるようになった。

ソフトウエアの進化によってダイレクトマーケティングの世界に新たなビジネスチャンスが出てきた。新規申し込みや更新手続き用紙のデザインを即座に変更したり、顧客の勧誘・維持に有効なアプローチを把握したりできるようになったのだ。

１９８４年、ランドルフはパソコン誌「マックユーザー」のアメリカ版創刊に関わった。同誌はアメリカでパソコンブームが出現しつつあるのを受け、イギリスの出版人フェリックス・デニスとアメリカの起業家ピーター・ゴッドフレイによって創刊された。1年後、ゴッドフレイの依頼を受けてランドルフはコンピューター関連用品の通販事業をスタート。マックウエアハウスとマイクロウエアハウスだ。自ら商品を選び、通販カタログを作成し、テレマーケティング（電話による直販）部隊を設置した。

ここでランドルフは大きな発見をした。第一級の顧客サービスと翌日配達を組み合わせると、売り上げを増やせるだけでなく、顧客離れを防げるのだ。そこで翌日配達で急成長中のフェデラルエクスプレス（フェデックス）と提携し、配達ミス根絶を目標に掲げた。以後、顧客窓口担当者は一日の終わりに、配達の遅れた顧客にお詫びの電話を入れるようになった。ランドルフのスローガンは「一度つかまえたお客は絶対に逃がすな」だった。

始動するネットフリックス創業チーム

ヘイスティングスが「数学は美しい」と感じたように、ランドルフは「ダイレクトメールは美しい」と感じた。通勤中、ヘイスティングスに向かって「ダイレクトメールの素晴らしさは、顧客との関係性で中間業者が一切介在しない点なんだよ。だから完璧にしようと思えば完璧にできるんだ」と説明した。

カギは商品カテゴリーだった。小型で携帯性に優れているなど、オンライン取引に適した商品が多数そろっていなければならない。2人は当初、有力な商品カテゴリーとしてビデオレンタル・販売を検討していた。年間126億ドルの巨大市場であり、アマゾンがオンライン販売を急速に伸ばしていた書籍販売市場の年間120億ドルに匹敵した。

ビデオレンタル業界の1位と2位——ブロックバスターとハリウッドビデオ——はオンラインレンタル・販売に興味を示していなかった。オンライン化が実店舗の売り上げを侵食する「カニバリゼーション（共食い）」の恐れがあったためだ。ただし、より資金力のあるアマゾンなどのプレーヤーが映画のオンライン販売を始める可能性は十分にあった。その場合、利益率の低下は不可避となり、一部の大手以外は生き残れなくなるかもしれなかった。

もしビデオレンタルのオンライン事業を始めるならビジネスモデルの差別化は不可欠、とランドルフは考えた。ヘイスティングスには「現実的に考えればオンラインレンタルはやれるはず。こちらから相手に発送し、後で相手から返送してもらえばいい」と説明した。

結局、2人は商品カテゴリーとしてビデオレンタルを諦めた。理由は二つあった。一つは在庫コストだ。当時の主流規格であるVHSを在庫として抱えると、テープ1本当たり65〜80ドルものコストが発生する計算になった。もう一つは配送コストだ。VHSは大きくてかさばり、郵便代が掛かり過ぎるのだ。

もっとも、ランドルフはその後の調査で新しい光ディスクの規格であるDVDの存在に気付いた。映画スタジオ大手と家電メーカーが一部の小売店で試験販売をしており、97年暮れまでには正式に販売スタートとなる見込みだった。5インチの光ディスクであるDVDは表面上、CDと瓜二つだった。

そこで、2人は試しにヘイスティングスの自宅へ1枚のCDを郵送してみたのだ。結果はプロローグで紹介した通りだ。1、2日後に配達されたCDには傷一つ無いことが確認できた。

このころまでに2人は新事業のアイデアについてキッシュと情報を共有するようになっていた。ある日、キッシュはランドルフに呼ばれてオフィスに行くと、そこにヘイスティングスも居た。椅子に座るとランドルフがドアを閉めるのが見え、「これから何が起きるの?」とうろたえた。

2人がキッシュに語ったのは、ヘイスティングスがランドルフのスタートアップを支援するために200万ドル拠出するという計画だ。どんなアイデアに実現可能性があるのか調べ、新事業のマーケティングを手伝ってほしいという。キッシュは要望に応え、ランドルフと協力して6カ月かけて事業計画を練り上げることになった。

「郵便DVDレンタル」というビジネスモデルで基本合意すると、キッシュはホームエンターテインメント産業の経済メカニズムを解明するために、ブロックバスターとハリウッドビデオの事業・財務内容の徹底分析に取り掛かった。ところが一筋縄ではいかなかった。数字を駆使してモデル化しても、ブロックバスターの収益構造がはっきり見えてこなかったのだ。店舗リース料と在庫コストが重くのしかかっていたのに、なぜか利益が出ていたのである。

キッシュはランドルフのオフィスに置かれているホワイトボードを使って、対ブロックバスター戦略を一緒に練る日々を送るようになった。長年使いなれた実店舗を放棄し、仮想空間にしか存在しない店舗へブロックバスターの顧客を誘導するにはどうしたらいいのか？　1日に何時間でも2人は議論した。仮想空間モデルでは、顧客が映画を手にするまでに1週間かかると予想された。ここから考えると、ブロックバスターに勝つのは無理難題に思えた。ただ、アマゾンを精査していたらセールスポイントも見つかった。新会社はＤＶＤ映画の品揃えでは世界最大になれるのだ。

ランドルフとキッシュの考えでは、カギを握るのはウェブサイトのインターフェイスだった。ビデオレンタル店のレイアウトとカタログの商品写真・説明がうまく融合し、1週間待つだけの価値はあると顧客に思わせなければならない。注文プロセスの簡易さも重要ポイントだ。実店舗で映画を選び、鑑賞後に返却するプロセスよりも複雑であってはならない。

ランドルフは消費者のハートを揺さぶる必要性もよく認識していた。消費者に対してパーソナルな空間を演出しなければならない。ドアを開けて入店すると、そこにはあたかも自分専用に設計されたオンラインビデオ店が用意されていると感じさせるのだ。

97年の初夏のこと、ヘイスティングスはランドルフとキッシュを呼び出した。ホワイトボードであぁだこうだやるのはもう終わりにして、誰かに先を越される前にさっさとアイデアを事業計画に落とし込んでほしい、と指示した。

ピュア・エイトリアがラショナル・ソフトウエアに吸収された結果、名実共に無職の身分になったヘイスティングスはちょっと落ち込んでいた。自分で創業した会社との接点を完全に断たれたのだ。スタンフォード大学で教育学専攻の大学院生になり、政治にも関心を示し始めていた。それでもシリコンバレーの起業文化には愛着があり、関係を断ちたくなかった。

ウェブサイトの設計・構築については、ヘイスティングスの紹介で入った才能あふれるフランス人プログラマーのエリック・メイエが当たることになった。ランドルフはティー・スミスを招き入れ、広報と新規顧客開拓を任せた。この分野ではスミスは経験者だ。

新チームはあちこち場所を変えてミーティングを重ねた。当初はシリコンバレーのレストラン。その後、スコッツバレー市内のホテル「ベストウェスタン」へ移動し、薄暗い会議室を使うようになった。オフィスの確保、家具の調達、チームメンバーの報酬と肩書――。やらなければならないことはいくらでもあった。

チームメンバー――キッシュ、ランドルフ、メイエ、スミス――にとって、すべてがスリリングであるとともにあまりにも荒唐無稽であるように思えた。ここにちっぽけなスタートアップがある。アメリカのエンターテインメント業界の巨人に正面から立ち向かい、自分たちのアイデアと夢が実現するかどうか試そうというのだから。

ミッチ・ロウとの出会い

新チームはマーケティングとソフトウエア開発については十分な経験を備えていながらも、ビデオレンタル業界にもエンターテインメント業界にも何の知見も持っていなかった。そこでランドルフはその夏、外部の専門知識を得ようと考えてラスベガスで開催中の「ビデオソフトウエア・ディーラー協会（ＶＳＤＡ）」年次大会に参加した。ＶＳＤＡはホームエンターテインメント業界の新製品のほかＶＨＳビデオの新作が発表される巨大な見本市だ。ＶＨＳビデオは映画スタジオだけでなく、映画スタジオの天敵であるビデオレンタル業者にとっても重要な収益源だった。

ハリウッドの映画スタジオは長らくビデオレンタル業者を「侵略者」と見なして毛嫌いしていた。ビデオレンタル業者はホームエンターテインメントの勃興を追い風にして急拡大し、何のリスクも取らずに映画スタジオの利益を吸い上げている——このように映画スタジオ側は考えていた。

VSDA年次大会の最終日、ランドルフはバックパックを肩に引っ掛け、巨大な会場内に並んだブースをあちこちのぞいていた。セールストークに熱心に耳を傾け、できる限りの情報収集に努めた。小売店向けのソフトウエアを売っているブースで立ち止まり、長髪で馬蹄形のひげをたくわえた愛想が良さそうな男に話し掛けてみた。

44歳のミッチ・ロウは、サンフランシスコ北部のビデオレンタルチェーン「ビデオドロイド」のオーナーだという。合計で10店舗持っていた。副業としてビデオレンタル店向けに、顧客データベース管理用ウェブサイトの構築プロジェクトを立ち上げたばかりだった。

ロウは何年間にもわたって店のカウンターに座りながら、合計1万3千時間もかけて顧客行動を綿密に観察してきた。顧客はどの通路に頻繁に行くのか？　目を引く対象は何か？　どの映画が実際にレンタルされているのか？　どの作品がヒット商品になりそうなのか？　1本のVHSビデオで利益を出すには何回レンタルされなければならないのか？　観察対象は多岐にわたった。

ランドルフはロウの知識や見識に感服した。そこで、カウンターにおいてある名刺を1枚取りつつ、「いつかこちらから電話をかけてもいいかな？　ビジネスの話をしたいので」と言った。

「もちろん構いませんよ」とロウは答えた。ランドルフが立ち去ろうとしているのを見て、とっさに彼のバックパックをつかんだ。「ちょっと待って。一体何をやろうとしているのですか？」

ランドルフは情報交換のために1週間後にロウと会う約束をした。その後、年次大会のプログラムを改めて眺めていたら、ＶＳＤＡ理事長と会話中のロウの写真が目に入った。穏やかで親切なロウはビデオレンタル業界の中では尊敬されていたのだ。業界全体がＶＨＳからＤＶＤへ移行する過程でも、ビデオレンタル店や映画スタジオ、ビデオ卸売業者など利害が対立するグループの調整役を担っていた。

ランドルフとロウは意気投合し、ほぼ毎週ミーティングを重ねるようになった。そこからさまざまなアイデアが生まれ、ネットフリックスで実際に採用された。

例えば「フリックスファインダー」と「フィルムファクツ」。前者はタイトル名、俳優名、監督名から映画を探せる検索エンジンであり、後者は作品のあらすじや「ＰＧ12」などのレイティング、キャスト・スタッフの一覧、ＤＶＤの特典などへのリンクだ。「ブラウズ・ジ・アイル（店舗内の通路をぶらぶら見て回ること）」もある。これを使えば特定のジャンルやテーマに合致した作品をひとまとめにして表示できたし、好きな映画に類似した作品を一覧にできた。実店舗であれば通常は店員が行なう機能だ。

ロウとのミーティングは実りが多かったので、よくキッシュにも同行してもらったし、ヘイスティングスを呼ぶこともあった。もちろん新しいスタートアップに加わるよう何度も説得を試みた。ロウはなかなか首を縦に振らなかった。第1に、ウェブサイトの構築プロジェクトとＶＳＤＡの仕事を優先し、ビデオレンタルチェーンの経営に以前ほど力を入れていなかった。第2に、郵便で映画をレンタルするビジネスモデルについて妻ザモラと3人の子どもが否定的だった。

とはいっても、ロウは小売業とテクノロジーの融合という点には魅力を感じた。そもそも10年前にビデオレンタル店の頼りないスタッフとばかにならない人件費に愛想を尽かし、自分で「ビデオレンタル自販機」を組み立てて、日本人向け病院に設置したこともあるのだ。いわば「ビデオのキオスク（自販機）」だ。投資の回収はできなかったとはいえ、実験意欲を失ったわけではなかった。

11月になり、自身のウェブサイト構築プロジェクトが行き詰っていることが明白になった。ロウはランドルフの誘いを受け入れ、まだ社名も決まっていないスタートアップに加わることで同意した。ビデオレンタルの専門家としてウェブサイトの立ち上げに関わるほか、映画の品揃えを担う購買責任者のポストを引き受けた。

小さなオフィスは元銀行支店

新会社はスタートアップでありながら比較的恵まれていた。ヘイスティングスがエンジェル投資家として出資したほか、ランドルフの両親とインテグリティQAの共同創業者スティーブ・カーンも追加的に資金援助してくれたからだ。おかげで当初からオフィススペースを確保し、スタッフに給与や手当を払い、パソコンなど必要な機器を購入することができた。プログラマーとしてビータ・ドラウトマンとボリス・ドラウトマンの2人――メイエが採用したウクライナ出身の若い夫妻――と業務・財務責任者としてジム・クックが新たに加わり、創業チームは合計8人になった。

ランドルフがスコッツバレーで見つけた小さなオフィスは、州道17号線沿いのオフィスパーク内にあった元銀行支店。床には明るいグリーンのカーペットが敷かれていたから、みんなは「これはわれわれがいずれ手に入れるカネの色（ドル紙幣の色はグリーン）」と冗談を言い合った。好都合だったのは片隅にある奇妙な部屋だ。装甲ドアを備え、細長い。ランドルフの見立てでは金庫室として使われていた。大量のDVDを保管するのにもってこいだ。

ランドルフは折り畳み式の長机と格安の事務椅子を多数仕入れ、オフィス中央の大部屋に列にして並べた。これでメイエが最上位機種のデスクトップパソコンと高額のオラクル製ソフトを購入しても、置き場所に困ることはなくなった。ランドルフ自身は大部屋の周辺にある小部屋の一つを自分のオフィスとして選んだ。ほかの小部屋のうち一つはスミスとキッシュの2人が使い、もう一つは全員が会議室として使うことになった。クックも小部屋の一つを与えられたものの、いつも金庫室で作業していた。ドラウトマン夫妻とメイエの作業場は、デスクトップパソコンが置かれた折り畳み式長机になった。

誰もが二つの大きな仕事について発言権を持っていた。一つはウェブサイトの構築。魅力的で使いやすいインターフェイスを持ち、スムーズに動くバックエンドを備えなければならない。もう一つはＤＶＤの配送。顧客の手元にまでＤＶＤをできるだけ早く無傷で届けなければならない。

キッシュとメイエは早速ウェブサイトに取り掛かった。キッシュはいろんな色のクレヨンを使ってイメージ図を描き、メイエとボリス・ドラウトマンに見せた。顧客がバーチャル店舗を訪れ、支払いを終えるまでは一つの旅路である。顧客は旅路の途中でいろいろなステップを踏み、最後は「近いうちに商品を受け取れる」との期待を抱いて立ち去る。彼女がイメージ図で示したのは個々のステップだ。

一方で、ビータ・ドラウトマンはジム・クックと協力して業務・財務システムの構築に着手した。主に①ＤＶＤレンタル・販売を記録する②在庫を管理する③ショッピングカートの中のＤＶＤを出し入れする④顧客のクレジットカード会社に代金を請求する——などに必要なプログラムの開発だ。

ドラウトマン夫妻は移民である。10代で知り合い、大学生として別々にアメリカへやって来た（ビータは政治難民）。それぞれ違う会社でプログラマーとして働いていたところ、メイエからスタートアップへの参画を打診された。最初にメイエの誘いを受け入れたのはビータだ。小柄でいつも元気なビータは、国際的な会計事務所ＫＰＭＧでメイエと一緒に働いたことがあった。背が高くて大らかな性格のボリスも誘いを受けたが、すぐに会社を辞めず、夜の時間を利用してコンテンツ管理システム（CMS）の構築に協力した。それから数カ月後にビータに続いた。

2人とも当初はためらった。それぞれ安定した職を得ていたにもかかわらず、そろって同じスタートアップへ転職することにリスクを感じたのだ。それでも一緒に働けるし、メイエと職場を共にすることも魅力的だった。加えて、2人ともまだ20代で、チームの中で最年少だ。当時のシリコンバレーでは、若いプログラマーにはいくらでも職があった。

インターフェイス、在庫管理、発送、カード決済──。これらを統合して、マーケティングチームの意向を踏まえながら、ユーザーにとって直感的に使えて親しみやすいソフトウエアに仕上げるのだ。これは非常にやりがいのあるプロジェクトで、メイエ、ビータ、ボリスの3人はへとへとになるまでプログラミングしても、むしろ遊んでいる気分だった。マーケティングとテクノロジーが一緒にワルツを踊って調和するプロセスを初めて経験していたのだ。

メイエは大胆な考えを持っていた。オラクル社製ソフトウエアをカスタマイズして、検索機能とフルフィルメント（受注、商品仕分け、梱包・発送、在庫管理、決済処理などの業務全般）機能については利用者が1千万人に達しても対応できるようにしておくべき、と主張した。これを聞いてビータはあっけに取られた。「1千万人はちょっとばかげている。最初の1カ月で100件の注文を取るだけで御の字なのに」。ほかのみんなも同じように思った。

メイエは時間的・資金的制約からウェブサイトの立ち上げには間に合わなくても、将来的に柔軟に機能を拡張できるプラットフォームを築いておくようにビータとボリスに指示した。将来的機能として、過去の行動パターンから顧客の好みを探り出し、お勧めの作品を表示するレコメンド（推薦）エンジンのほか、以前にフラグを立てておいた作品を読み出すリマインダー機能や定額で見放題のサブスクリプションプランを念頭に置いていた。

当初のビジネスプランでは、いわばアラカルト方式でＤＶＤをレンタル・販売する構想を描いていた。その構想に従えば、新会社はディスク１枚当たり４ドル（ほかに送料２ドル）で、１枚追加ごとに３ドル上乗せするレンタル料金を採用し、実店舗のＶＨＳビデオレンタルと同じにする。レンタル期間は７日間にし、返却時の郵便料金を会社負担にする。さらには、レンタルしたＤＶＤを購入したい利用者に対しては、小売価格の３割引きで販売する。実店舗がまねできない最大の強みは品揃えだ。新会社は発売済みＤＶＤ映画のほぼ１００％を在庫に持てるのだ。

ただ、97年暮れの時点では品揃えという点でも心もとなかった。保有ＤＶＤは５００タイトルにとどまり、しかも古い作品が中心だった。当時、リスクを取って新作映画のＤＶＤ化に踏み切ったのはワーナー・ホームビデオだけ。トップのウォーレン・リーバーファーブがたまたま新規格ＤＶＤに理解があったからにすぎなかった。

「郵便ＤＶＤ」の実証実験

ランドルフのビジネスプランに積極的に疑問を示したのがジム・クックだ。彼はソフトウエア会社インテュイットでキッシュと一緒に仕事をしたことがあったため、チーム入りする前から好意でランドルフとキッシュとミーティングを重ね、問題点を洗い出すなど協力を惜しまなかった。

クックの強みは、オンラインショッピングの草分けであるインターネット・ショッピング・ネットワークで業務・財務担当副社長を務めた経験である。それを踏まえると、ランドルフが思い描くビデオレンタル事業は穴だらけに見えた。第１に、注文処理に必要な労働コストが高過ぎる。第２に、配送中に破損・紛失するＤＶＤの取り替えコストが予測できない。第３に、ＤＶＤプレーヤーがなお高価過ぎる。第4に、マスマーケットに訴えるにはタイトル数が少な過ぎる。第5に、複製技術が未成熟で標準化されていないため、あらゆるDVDがあらゆるプレーヤーで再生できるとは限らない。

ランドルフとキッシュはクックとのミーティングが終わると、オフィスに戻って個々の問題点について解決策を見いだした。そして修正プランを用意して、改めてクックとのミーティングに臨むのである。

ある時、ランドルフは言った。「ジム、君が指摘している問題点をすべて解決できたとしよう。それって、とてつもなく高い参入障壁を築いたことにならないかな？　だって、そんな難題を解決できる人なんていないはずだから」。クックがネットフリックス入りを決めた瞬間だった。

クックは最初の3カ月は郵便局で働いた。アメリカの郵便システムがどのように機能しているのか身をもって学ぶために、サンノゼ市のメリディアン通り沿いにあるサンノゼ郵便局で集配責任者に就任した。新会社は郵便によって低コストかつスピーディーに商品を顧客まで送り届けなければならない。しかも傷つけずに。それができるかできないかで新会社の運命が決まるのだから、郵便局については何でも知っておく必要があった。

DVDを入れる封筒のデザインを担当したのはスミスだ。彼女は外部のデザイン事務所と契約し、「失敗から学ぶ」をモットーに試行錯誤を繰り返した。レイアウトや大きさ、インク、原紙を変えて数十種類ものバージョンを試した。

全国各地でモニターを使った実証実験も行なった。まずはクック、キッシュ、ロウの3人に頼り、各地の友人や親族をモニターとしてスカウトしてもらった。3人は数週間かけて各バージョンを各地のモニターに郵送し、封筒とDVDの状態について電子メールで報告を受けた。モニターからD

VDを郵便で返却してもらい、オフィス内のDVDプレーヤーで無傷かどうか確認することもあった。当時はDVDプレーヤーがほとんど普及していなかったからだ。

チーム内では議論が尽きなかった。DVDの盗難防止のためには、封筒に社名を書かないほうがいいのではないか？　郵便物を機械で自動仕分けする郵便区分機を回避するには、バーコードの位置をどこにしたらいいのか？　ちなみに区分機の回避は必須だった。区分機に入ると、封筒が破れてディスクが破損する事故が後を絶たなかったからだ。サンノゼ郵便局は親切にもクックに実験許可を与えた。彼は毎日のように区分機にDVDを放り込み、どうなるのか観察するようになった。

何十回も実験を重ねた結果、チームは有効なフルフィルメントモデルに一歩一歩近づいていった。ランドルフが発見したのは「スキップシッピング（飛ばし発送）」だ。自動化プロセスをすべて回避するために、DVD入り封筒を配達地域ごとに27個の郵袋に仕分けして、ドック（郵便トラックに郵便物が積み込まれる場所）へ直接持ち込む、というやり方だ。ネットフリックスが本番稼働してから、クックは夜になってよく郵便局へ駆け込んだ。夜9時の受け付け締め切りに間に合うように、27個の郵袋を愛車メルクール・スコーピオの中に放り込み、ドックへ行くのである。

実験の成果物が3層構造のオリジナル封筒だ。丈夫だが軽い厚紙製で、ディスクが3枚まで入る。宛先のステッカーをはがせば、そのまま返却用封筒になる。

クックのもう一つの仕事は、金庫室をDVD倉庫へ改修することだった。彼はいろいろなレイアウトを用意し、それぞれで作業時間を計測した。「作品を見つける」「封筒に入れてラベルを貼る」「仕分けして郵袋へ詰める」といった作業を最速で行なえるレイアウトを探し出すためだ。

結局、最も効率がいいのは、ブロックバスター店のミニチュア版だと判明した。グラシン紙封筒に入ったDVDがペグボード（等間隔で穴が空けられた板）に掛けられ、壁全体を覆う。部屋の中央には何列にもわたって棚が置かれる。通路は非常に狭く、大人一人がやっと通れるほど。労働安全衛生局が定める安全基準におそらく違反していただろう。しかしクックは気にしなかった。顧客からの注文が増えるのに合わせて徐々に改良を加え、フルフィルメント業務の完成度を高めていけばいいと考えていたのだ。

社名決まる

社名は何週間たってもずるずると決まらないままだった。ランドルフは会社登記時にとりあえず社名を「キブル」としていた。犬が「キブル（ドライドッグフード）」を食べないことには何も始まらない、という意味を込めた。

スコッツバレーのオフィスに引っ越して間もなく、ランドルフ、キッシュ、カービー（キッシュの夫）の3人は一度集まって、ブレインストーミングをして社名のリストを作った。このときに設けたルールは一つだけ。インターネット系の言葉と映画系の言葉を組み合わせて2音節の社名にすること。

ある日の午後、3人はランドルフのオフィスに集まってホワイトボードを二つの列に分け、片方をインターネットスラング、もう片方を映画用語で埋めていった。

ランドルフはホワイトボード上のリストを消さずに、チームメンバー全員に自由に追加していくよう指示した。個人的なお気に入りはリプレー・ドット・コム。ほかに有望視されたのはディレクトピックス・ドット・コム、ナウショーイング・ドット・コムなど。ドラウトマン夫妻とメイエはルナが気に入っていた。ランドルフが毎日職場に連れてくる愛犬ラブラドールレトリバーがルナだ。新会社がルーナティック（狂気）であるという意味も込められていた。

そうこうしているうちに、ＰＲやプロモーション用に会社のロゴマークをデザイン・印刷するタイミングが迫ってきた。スミスが決断を求めたところ、意見はすでに一つに収斂していた。その日、何のファンファーレもなくあっさりと決まった。「われわれはネットフリックスだ!」。社名の中にある大文字の「F」はフィルム（映画）への関連性を強調している一方、紫と白のロゴはリールを回して映画を上映している様子を示していた。

98年1月、ランドルフとスミスはコーリー・ブリッジスの助けを借りて、ウェブサイトのローンチと顧客開拓の準備に入った。2人はブリッジスと職場を共にしたことがあり、性格が明るくてエネルギーにあふれる29歳の能力を評価していた。ブリッジスはネットスケープ・コミュニケーションズで伝説的なウェブブラウザーのローンチに携わり、強烈な体験をしている。ユースネットのニュースグループ（テーマや目的別にネット上で情報交換するグループ）やディスカッショングループ（ブログの先駆け）を駆使して技術オタクにアプローチし、口コミで新商品の情報を広めるのを得意にしていた。

ブリッジスはハリウッドで脚本家として身を立てるつもりでいたため、当初は全面協力するのを渋った。それでもネットフリックスのローンチが2カ月後に迫ると、2人からの熱心な誘いを断り切れなくなった。ランドルフを尊敬していたし、穏やかで能力のあるスミスと一緒に働くのも悪くなかった。ただし「週50時間、長くても60時間しか働かない」と宣言していた。

ブリッジスがインターネットに魅せられたのは、カリフォルニア大学バークレー校在学時だ。きっかけは、ルームメートに影響されて興味を持ったユースネットだ。

大学をベースにしたインターネットの先駆け的存在であるユースネットでは、ニュースグループが活発な議論を繰り広げていた。難解なサイエンスを話題にするグループもあれば、純血種の子犬を話題にするグループもあった。さまざまなオンラインコミュニティーが次から次に生まれ、それぞれのコミュニティーにはみんなの支持を得て全体をリードする人、威張り散らしていつも誰かを罵倒する人、小心者でなかなか発言できない人が現れた。要するに現実の世界と同じなのだ。ブリッジスは勃興しつつあるバーチャル社会のダイナミズムを目の当たりにして、ネット時代の幕開けに積極的に関わるようになった。

マーケットテストの対象として理想的なのは、ＤＶＤプレーヤーのオーナーだ。筋金入りの技術オタクであり、オンラインコミュニティーでは早くも「最新のおもちゃ」をめぐる自慢話を披露して盛り上がっていた。

ブリッジスはインフルエンサー（オンライン上で大きな影響力を持つ人）に影響を与えようとして、消費者を装って積極的にオンラインコミュニティーに加わった。インフルエンサーを見つけると、水面下で連絡を入れて「今面白いプロジェクトに関わっています。きっと興味を持ってもらえると思うのですが」と伝えるのである。

数十人のインフルエンサーが見つかった段階でマーケットテストの開始だ。ブリッジスの依頼を受けてインフルエンサーはモニターになり、ウェブサイトのベータ版（テスト版）を実際に使って問題点の洗い出しに協力することになった。見返りは？　ウェブサイトのローンチ日にネットフリックス誕生のニュースを独占的に発信する権利だ。

インフルエンサーは誰一人としてブリッジスの依頼を断らなかった。ブリッジスは大喜びし、ランドルフとスミスに向かって言った。「樽の中に入れた魚を撃つかのごとく、ばかばかしいほど簡単でした。何しろネットフリックスを餌にすればいいだけだったから。ネットフリックスは技術オタクの誰もが見たがるイノベーションなんですよ」

ローンチ当日にウェブサイトがクラッシュ

98年春にはウェブサイトとバックエンドシステムが完成した。つまり、顧客はオンライン上で映画の在庫を検索して注文できるということだ。もっとも、最初はしょぼいウェブサイトだった。ユーザーが個々の作品を検索すると、白くて広い背景に小さな画像と短い説明が出てくるだけだった。

作品情報充実のためにネットフリックスが頼ったのが「オールムービー・ドット・コム」という映画ファン向けウェブサイトだ。ネットフリックスは当初、ＤＶＤジャケットのアートとタイトルを自らのウェブサイト上で使おうとした。だが、ハリウッドの映画スタジオに拒否された。そこでケースからジャケットを取り出してスキャンすることで対応した。映画スタジオから警告状が送り付けられてきたら？　そのときはそのときだ。

ローンチ日が近づくにつれて、スタッフが増えていった。新しいプログラマーが採用されて折り畳み式長机はどんどん窮屈になり、キッシュのオフィスは新しいマーケティング担当者を受け入れてぎゅうぎゅう詰めになった。

ドレスコードは緩いどころではなかった。オフィスで寝泊まりし、数時間睡眠で仕事に没頭していたランドルフは、一晩床に脱ぎ捨てられたままになっていたジーンズとＴシャツ姿で朝方オフィスに現れることもあった。もちろんジーンズとＴシャツはしわくちゃだ。オフィスでの寝泊まりが常態化していたという点ではキッシュも同じだ。自宅までは山脈越えドライブが必要だったので、オフィスで寝るほうが楽だったのだ。

オフィス環境もひどかった。換気システムがきちんと動いていないなか、大勢の人間が小さなスペースにひしめきながら戦闘準備に入っていた。体臭が充満して息苦しいことこのうえない。オフィスの片隅では、廃棄処分待ちのDVDジュエルケースが山積みになっていた。

ネットフリックスの全チームメンバーが人生を懸けていた。白熱した議論をしているうちに怒鳴り合いになることもしばしばだった。大学を卒業したての若者が立ち上げる典型的なスタートアップとは違った。メンバーの大半は大きなソフトウエア会社で管理職を経験したベテランであり、大幅な年収カットを受け入れてネットフリックス入りしていた。消費者相手の新ビジネスに飛び込んで、自分たちの知的DNAを受け継ぐ会社をつくるという共通の夢を実現しようとしたのだ。

ウェブサイトのローンチ日を目前にした98年3月、ビータ・ドラウトマンは感慨に浸っていた。みんながあらゆる決定に深く関わり、会社というよりも家族という意識を持つようになっている！

98年4月14日――プログラムの1行目が書かれてからちょうど半年――ネットフリックスの準備は完了し、ウェブサイトが立ち上がった。ヘイスティングスはウェブサイトのローンチに立ち合ったものの、オフィスの片隅にいるだけだった。大学院の2学期目に入っていた。過去6カ月間はランドルフと頻繁に意見交換していたとはいえ、オフィスを訪れることはまれで、新しいスタッフの大半とは面識さえなかった。

ローンチ日の朝、ランドルフとスミスは電話会議形式で2回記者会見を開いた。会見に参加したジャーナリストの顔触れは文句なしだった。めぼしいところでは、地元の有力紙サンノゼ・マーキュリー・ニュース、ハイテク専門誌レッドヘリングやアップサイド、ハイテク系ウェブサイトのCNETだった。

ウェブサイトがローンチとなるや否や、ブリッジスはニュースグループのインフルエンサーを自由にさせた。興味津々の訪問者がぞくぞくとバーチャル店舗に現れた。ウェブサイトは予定通りにきちんと動いていた。ただ、訪問者が増えるにつれてメイエは不安になっていった。

ローンチから90分後、サーバーが容量いっぱいになって……クラッシュした。メイエはボリス・ドラウトマンを呼び、ぼろぼろのトヨタ製ピックアップトラック――経理担当グレッグ・ジュリアンが運転する車――で近所のコンピューター専門店フライズ・エレクトロニクスへ行かせた。サーバー修復に取り組んでいる間、新しいコンピューターを10台調達して容量をアップさせようと考えたのだ。

一方、ＤＶＤ倉庫ではプリンターが詰まり、大量に入ってくる注文をさばけなくなった。ＤＶＤが掛けられたペグボードは混乱状態になり、中途半端に処理された注文書はベンチの上で山積みになっていた。そんななか、作業員は狭い通路を行ったり来たりで大わらわだった。

サーバー修復に関わっていないスタッフは全員で注文処理に当たった。ウェブサイトが復活するたびに大量の注文が舞い込んでくる。これの繰り返しだった。深夜までに注文件数は１００件以上に上り、発送しなければならないディスク数は５００枚以上に達した。にもかかわらずメイエはウェブサイトを安定させることができず、なお四苦八苦していた。

ヘイスティングスはスタッフを前にして言った。「ウェブサイト上で何かメッセージを出すべきじゃないかな。『店が大変混雑しております。もう少ししてからご来店ください』とか」

これを聞いたスミスは思った。それはおかしいよ、ここはインターネットなんだから、店が混雑するなんてあり得ないでしょう――。この瞬間になってハッと気付いた。ネット上では閉店時間なんてあり得ないのだ！

第2章　続・夕陽のガンマン　“The Good, the Bad, and the Ugly”

——1998〜1999年

夢想だにしていなかった成功

　最初はあいまいなアイデアにすぎなかった。そこからコンセプトが生まれ、ビジネスプランへ進化し、実際のビジネスがスタートした。すべてたったの1年の間に、である。ネットフリックスのチームは挑戦者として強大な業界に揺さぶりを掛けるという夢を見ていた。その夢はウェブサイトのローンチ日に現実となった。

　チームメンバーは初日からこれほどの成功を収めたり、これほどの注目を集めたりするとは夢想だにしていなかった。こうなるともはや失敗できないから、にわかに大きな責任を感じるようになった。虎のしっぽをつかむ——自らを苦境に追い込んでしまうという意味のことわざ——とはこういうことなのか、とキッシュは思った。

　ロウはローンチ日の夜に帰宅すると、妻に向かって不安を口にした。「これまでネットフリックスのローンチに心血を注いできたけれども、次に何が起きるのかさっぱり分からない」。これに対して妻は「赤ちゃんが生まれたようなものよ。もう生まれてしまったのだから、嘆いても仕方がない。どうするか考えなくちゃね」と応じた。

まさに赤ちゃんが生まれたときと同じように、ネットフリックスの誕生によってチームメンバーは連日のように眠れない夜を過ごすことになった。誕生1年目にして業界の２大パラダイム――ＶＨＳ規格のビデオと実店舗型のビデオレンタル――を大混乱に陥れたのだから、大きな苦労を味わうのは当然の成り行きだった。

業界誌オーディオウィークはネットフリックスのローンチの翌週、次のように書いている。

〈先週、ネットフリックスのウェブサイトを利用したが、注文を入れるのに苦労した。それはわれわれだけではなかったようだ。サイト上には「オープニング1週目は非常に注文が多く、ネットフリックスストアは動きが遅くなっています」というメッセージが流れていたのだ。

広報担当者は「4月14日のローンチ以降、ウェブサイトに予想を超える数の訪問者が訪れています」と言うが、具体的な数字は示さなかった。ただし、「われわれは多くの注文に対応できるようサーバーの容量を3倍にしました。週末までに状況は改善しているはずです」と述べた〉

環境変化が追い風になっていたのは間違いない。ＤＶＤプレーヤーの販売ペースはＶＨＳビデオレコーダーをはるかに上回り、１９９７年３月に初めて市場に登場してからわずか6カ月間で40万台を販売した（ＶＨＳはその半分の20万台を達成するまでに2年を要した）。１台当たりの平均価格は98年４月時点で５８０ドルであり、１年前の１１００ドルから大きく下がっていた。

当初はＤＶＤ規格採用に慎重だった映画スタジオも、市場のＤＶＤシフトを無視できなくなり、毎月１００タイトルのペースでリリースするようになった。ネットフリックスが倉庫で保有するタイトル数も膨れ上がり、98年夏までに１５００タイトルに達した。一方、ブロックバスターとハリウッドビデオは店舗にＤＶＤを置くのを拒否した。そのため、夏の間はネットフリックスがＤＶＤレンタル市場を独占する格好になった。

つまり、よちよち歩きのネットフリックスがつまずいて転倒する不確定要素がいろいろあったにもかかわらず、結果的にすべてが吉と出た。マスコミも援護射撃した。この年の夏、CNNの記者デニス・マイケルはニュース番組「ショービズトゥデイ」に出演し、「皆さん、人気タイトルが入荷されたらすぐにレンタルできるように、ネットフリックス・ドット・コムをブックマークしておくといいでしょう」と語った。

消費者の間でDVD規格が急速に普及していくのと歩調を合わせる形で、ネットフリックスの利用者は増えていった。ローンチから4カ月間で同社の倉庫からレンタル用に合計2万枚のDVDディスクが発送され、返却された。ネットフリックスの月間売上高は10万ドルを記録し、理論上は早くも年商100万ドル企業になった。

予約リスト「キュー」につながったリマインダー機能

ローンチ日のクラッシュは、それから何カ月にもわたってネットフリックスのチームメンバーに起きることの前触れだった。やらなければならない仕事は山ほどあった。

例えば、ウェブサイトを魅力的で使いやすくするためのさまざまな機能の導入だ。ローンチ前のブレインストーミングでランドルフ、キッシュ、メイエの3人はそれらについて議論しながらも、ローンチの期日を優先し、導入を見送っていた。

まずキッシュとメイエが導入したかった機能は、見たかった映画を思い出させてくれるリマインダー機能だ。キッシュの発案である。彼女には書店で新刊本をチェックし、後日図書館で借りる習慣があり、それがヒントになった。

社内メモでは当初「ザ・リスト」と呼ばれた。しかし、1年後にメイエが導入したときには「キュー（順番待ち）」へ呼び名を変えていた。この機能を完成させる技術的ハードルは高い。個々の顧客が自分のアカウント内でネットフリックスの在庫を調べて、見たい作品の優先順位を付けるのである。ここでは一種の人工知能（ＡＩ）が必要になる。メイエはローンチ前にリマインダー機能に振り回されて、時間を浪費する事態を避けたかった。

その代わりに、メイエとキッシュは「リマインドミー」アイコンを作成した。これを使えば、顧客は興味ある作品を指定しておくことができる。社内のプログラマーチームはリマインドミーのアイコン――赤い蝶ネクタイを巻いた人差し指――をやぼったいと嫌い、「ブラディフィンガー」と呼んでキッシュをからかうこともあった。

ロウが欲しかった機能は「デジタル・ショッピング・アシスタント」だ。ビデオドロイドのオーナーとして顧客を間近で観察してきた経験からヒントが生まれた。顧客にしてみれば、映画の好みについて同じセンスを共有しているのは店長ではなく店員なのだ。

理想的なデジタル・ショッピング・アシスタントは顔写真とともに人間的な個性を備えている。それだけではない。ネットフリックスが保有する巨大な映画ライブラリの中からお勧め作品を案内してくれる。ローンチ日に間に合わなかったものの、レコメンドエンジン――初期メンバーがホワイトボードで戦略を練っていた段階の構想――を作る土台になった。

ロウには一つ譲れないことがあった。ブロックバスターのように陳列棚に空っぽのＶＨＳケースを並べるなど、顧客の期待をあおってはいけないということである。検索エンジンの「癖」がきっかけになった。顧客はキーワード検索しているうちに映画ライブラリの奥深くへ案内され、新作映画から遠ざけられる。メイエはここに着目し、映画ライブラリ内の全作品を表示するのではなく、在庫にあってレンタル可能な作品――主に旧作映画――へ顧客を誘導する仕組みをプログラミングした。

新作映画を目立たないようにする狙いは在庫コストの抑制だ。ネットフリックスは需要の急増によって在庫コストの上昇に直面していた。ロウはどうにかしてDVDの仕入れ価格を引き下げようと考え、会社を代表して映画スタジオとのミーティングに臨んだ。しかし冷たくあしらわれるのがオチだった。「なるほど、発想は面白いけど、絶対にうまくいくはずがない。映画は売ってあげますが、値引きは期待しないでください」

映画スタジオ側が1作品当たり15ドルの卸売価格を引き下げないと分かり、ネットフリックスはウェブサイト上で賢くプロモーションするすべを学んだ。最新作や話題作を特集するのをやめて、祝祭日や人気俳優、ニュースに引っ掛けて旧作のプロモーションを展開するのだ。当初は在庫の大半が人気のない旧作で占められていたため、在庫管理のうえではいかに旧作のレンタル収入を増やせるかがカギを握っていた。

そこでネットフリックスが導入したのが映画評価システムだ。「メンターグループ」をつくり、もともとは選択肢に入っていなかったような作品へ顧客を誘導するのだ。これは専門用語で「協調フィルタリング」と呼ばれる。例えば、顧客AとBの2人が10本の映画を同じように評価したとしよう。その場合、AはBが高く評価する別の映画も好きであり、BはAが高く評価する別の映画も好きであると推論できる。

一方で、ロウが初期利用者の中にインド系留学生やエンジニアが多いと気付いたことで、ネットフリックスは外国映画などニッチ分野に力を入れ始めた。ボリウッド（インド映画産業の俗称）映画を見ようにも、地元のインド系ビデオレンタル店を利用するしか選択肢がなく、彼らは満足できなかったのだ。実際、ロウの依頼でウェブサイトチームが顧客調査を行なったところ、ヒンディー語映画への関心が極めて高いことが判明した。

これがきっかけで、ネットフリックスはインド系以外の移民コミュニティーでも知れ渡った。さらには、日本のアニメ映画や中国のカンフー映画などを好む映画オタクの間でも品揃えの豊富さから人気になった。

ネットフリックスは当初こそソフトコア作品を仕入れていたものの、成人向けのX指定は一切取り扱わなかった。ランドルフは道徳的に反対していたわけではなかった。わいせつをめぐる法規制が州ごとにばらばらであったことから、連邦レベルで明確な統一基準が出てくるまで待ちたかったのだ。

「わいせつ絡みで訴えられ、法廷に引きずり出されるのはごめんだ」とランドルフは言った。「どこかの小さな町の地方選挙に地方検事が出馬し、世論調査で負けていたらどうすると思う？　巻き返しを図って何をしでかすか分かったもんじゃない」

DVDプレーヤーに無料クーポン券

7月までにスコッツバレーのオフィスはいよいよ限界に達し、ランドルフは新たなオフィスを探さなければならなくなった。

ブリッジスが見つけたインフルエンサーが引き続き集客エンジンとして中心的役割を果たしていた。しかし、ブリッジスとスミスは違うアプローチも検討し始めていた。限られた広告費を使い、巨大なメインストリーム（一般大衆）の消費者を開拓しようというのだった。

ウェブサイトのローンチ後、スミスはアマゾンをまねして「アフィリエイト（成果報酬型広告）プログラム」を開始した。ニュースグループのインフルエンサーがフォロワーにネットフリックスを訪問するよう促すことで、報酬を得る仕組みだ。

スミスは一部のウェブサイトにも広告費を使いたかった。ブリッジスと一緒にランドルフを説得し、映画ニュースサイト「エイント・イット・クール・ニュース（AICN）」の創設者ハリー・ノウルズとDVDニュースサイト「ザ・デジタル・ビッツ」の創設者ビル・ハントに声を掛けた。両サイトは熱烈な映画ファンに支持されていたから、そこでノウルズとハントの2人がネットフリックスに定期的に言及すればインパクトは大きかった。

そもそも最初から顧客開拓のハードルは高かった。DVDプレーヤーを保有すると同時に、オンラインショッピングを楽しむ顧客層を見つけ出さなければならなかったのだ。千本のバナー広告を出しても顧客になるのは1人だけ、ということもあり得た。そのうえ、ヘイスティングスは売る商品もないのに高価な広告キャンペーンに打って出るスタートアップを目にすると、軽蔑のまなざしを向けるのだった。

当時、ネット通販は全米の小売売上高の1％未満を占めるにすぎなかった。だからこそランドルフは「メインストリーム市場の一般消費者にアピールするためには従来型マーケティング戦略を採用する必要がある」とにらんだのだ。そこでランドルフ、スミス、キッシュの3人は「DVDプレーヤーの箱の中にクーポン券を入れればいい」とひらめき、日本を中心とした外資系家電メーカーへの売り込みを開始した。

ランドルフが頼ったのはキッシュの夫、カービー・キッシュだ。カービーは当時DVDプレーヤー用のマイクロプロセッサー製造会社に勤務しており、外資系家電メーカーの現地法人内に人脈を築いていた。

カービーはラスベガスで開かれた世界最大の家電見本市「コンシューマー・エレクトロニクス・

ショー（ＣＥＳ）」でソニー、東芝、パイオニア、フィリップスなどの担当者を見つけては片っ端から声を掛けて、通路の片隅で５分間のセールストークを行なった。

もっとも、ウェブサイトなし、スクリーンショットもなしのセールストークでは、ネットフリックスの革新的ビデオレンタルサービスは理解してもらいにくかった。メーカー側担当者はとりあえず話を聞いてくれたものの、懐疑的な姿勢を崩すことはなかった。「どうしてブロックバスターと対抗できると思うのですか？」「このコンセプトは理解不能です。ＶＨＳビデオをレンタルするやり方と全然違いますね」――。多くは早々と会話を切り上げ、立ち去ってしまった。

それでもカービーはどうにかして東芝の担当者を説得し、ランドルフが同社のニュージャージー事務所を訪ねることで合意した。プレゼンはうまくいった。「うちと組めばシェア首位のソニーも追い落とせますよ」というランドルフの誘いに東芝側が乗ってくれたのだ。ちなみに、ソニーはランドルフからの電話を無視していた。

東芝との提携が追い風になってヒューレット・パッカード（ＨＰ）とアップルとの提携も実現した。ＨＰからはインターネット対応の新型パビリオン、アップルからはインターネット対応の新型パワーブックが登場したばかりで、どちらのパソコンもＤＶＤ‐ＲＯＭドライブを備えていた。数カ月後にＨＰやアップルとの提携話が公になると、ソニーも重い腰を上げてランドルフとのミーティングを受け入れた。

メーカー側は売り上げが伸び悩む原因となっていたジレンマを解消する糸口を見いだし、ネットフリックスとの提携に前向きになった。消費者は小売店にＤＶＤ映画が置いていないという理由でＤＶＤプレーヤーを買いたがらず、小売店は誰もＤＶＤプレーヤーを持っていないという理由でＤＶＤ映画を置かない――これがジレンマだ。ＤＶＤプレーヤーの箱の中にネットフリックスのクーポン券を入れれば、メーカーは消費者に対して「千タイトル以上の映画ライブラリにアクセスできます」と宣言できる。

カギは部品表への記載だ。そうすれば、クーポン券は自動的に箱の中に入る。時間はかかったが、98年暮れまでに実現した。

ロウはカービーからメーカーとの交渉を引き継ぎ、エンターテインメント業界の人脈をフル活用した。まずは発足したばかりの非営利ロビー団体「デジタル・エンターテインメント・グループ」の理事長を務め、業界内で発信力を持っていたデビッド・ビショップに接触した。ビショップは98年6月にラスベガスで開かれたイベントに参加したときに、ロウの依頼通りにスピーチの中でネットフリックスに言及した。

ビショップはネットフリックスがどのようにDVDをプロモーションしているのかに少し触れただけだったのに、効果は抜群だった。ホームエンターテインメント業界の有力者が入れ代わり立ち代わりロウに話し掛けるようになった。徐々にではあるが、デジタルエンターテインメントのエコシステムの中で、同社はキープレーヤーになりつつあった。

ロウは映画スタジオ大手ワーナー・ブラザースと共同でプロモーションに取り組むことでも合意した。ワーナーのホームビデオ部門責任者ウォーレン・リーバーファーブは、後に「DVDの父」と呼ばれるようになった人物だ。ヒット作『L・A・コンフィデンシャル』と『ブギーナイツ』をDVDでリリースしたほか、2万5千ドル払ってシリコンバレーの地元紙サンフランシスコ・クロニクルに全面広告を出したことで知られている。

リーバーファーブは小売店で手ごろな価格――1本当たり最低25ドル――でDVD映画を売れば、ビデオレンタル店に奪われたホームエンターテインメント収入を取り戻せる、というシナリオを描いていた。だからこそ映画業界の中では誰よりも積極的にＤＶＤ規格を支持し、ワーナーがＤＶＤで新作をリリースする第一号になるように動いた。結局、２０００年にはワーナーとしてＶＨＳ規格からの完全撤退を決めている。

綱渡りの状況が続く

リーバーファーブは統一規格としてＤＶＤの採用を強引に推し進めたが、当初は一筋縄ではいかなかった。ライバルの映画スタジオと契約する法律事務所が家電量販店サーキット・シティと組み、別の規格「ＤＩＶＸ」を支持していたからだ。皮肉にも、リーバーファーブはＤＩＶＸ規格に打ち勝つために、ネットフリックスも含めたビデオレンタル業界に肩入れしなければならなかった。一般消費者の間でＤＶＤ規格の認知度を高める狙いで、ビデオレンタル業者向けにＤＶＤプレーヤーと無料レンタル券の販促用キットを提供したのである。

ＤＩＶＸはＤＶＤ陣営にとって脅威だった。利用者は４ドル払えば互換性のあるプレーヤーで48時間再生できる。ただし、48時間経過後に視聴するには追加料金を支払わなければならない。一方でプレーヤーにはモデムが内蔵してある。高度に暗号化されたＤＩＶＸディスクが再生可能かどうか——顧客が料金を支払っているかどうか——視聴のたびに本部が確認するのだ。

サーキット・シティはＤＩＶＸ規格を広めるため、映画スタジオと小売店向けの「市場開発ファンド」も含め総額１億ドルの投資を決定した。ＤＩＶＸのローンチについては98年９月を予定していた。

ランドルフはリーバーファーブ率いるワーナー・ホームビデオに信頼を寄せていながらも、当初はＤＶＤ対ＤＩＶＸの規格争いに深入りしないようにしていた。ネットフリックス内部ではコーリー・ブリッジスがＤＩＶＸ規格採用に強硬に反対していた。予算上の制約を理由に挙げていたが、それだけではなかった。ＤＩＶＸについて「消費者を食い物にする商品」と決めつけ、「おカネを払っても自分のモノにできないなんてひどい」と手厳しかった。

もし規格戦争でＤＶＤ陣営が負ければネットフリックスは生き残れない、とブリッジスは思っていた。そこでＤＩＶＸをつぶすための「秘密工作」を考え出した。

ブリッジスはまず「靴下人形」と呼ばれる偽名アカウントを多数作成した。これを使ってニュースグループ内の議論を特定のトピックや見解へ向かわせるのだ。靴下人形は外国政府の内部に忍び込ませたスパイのような役割を担う。ニュースグループ内で白熱した議論を演出し、ＤＩＶＸの信用を傷つけたり悪口を言ったりするのだ。「秘密工作」はうまくいった。多くの消費者が議論に加わり、閉鎖的なシステムであるＤＩＶＸに対する反感を強めていった。

ランドルフはブリッジスに対して「秘密工作」の指示を与えたわけではなかったが、やめさせることもなかった。実のところ、ウインクしたり流し目で見たりして、ニュースグループ内でいろいろなメッセージも流すよう暗にほのめかすこともあった。

98年暮れまでにランドルフは立場を変え、ＤＶＤが成功するほうにネットフリックスの未来を懸けた。ＤＶＤとＤＩＶＸ両方を在庫として抱えたら経営的に持たなくなる、との判断があった。

ヘイスティングスからエンジェル資金を得て以降、ネットフリックスは日常の運転資金については彼のベンチャーキャピタル人脈――エンジェル投資家2人ほど――に頼っていた。そんななか、8月になってベンチャーキャピタルのインスティテューショナル・ベンチャー・パートナーズから600万ドルの出資を受けた。それでもなお98年末までに運転資金が底を突いてしまい、綱渡りの状況に変わりはなかった。

ネットフリックスはＤＶＤレンタルの注文を受けるたびに赤字を出していた。理由は大きく二つあった。一つは、無料レンタルのクーポン券の負担が非常に重かった。もう一つは、物流部門が労働集約型で高コストだった。厄介な問題はほかにもあった。ランドルフとキッシュがウェブサイト経由で日々市場動向を調べていたところ、クーポン券使用後に多くの顧客がネットフリックスから離れていくということが判明したのだ。

ネットフリックス最大の収入源はＤＶＤ販売だった。しかしアマゾンやウォルマートなどの小売り大手がＤＶＤ販売に乗り出したら、太刀打ちできないのは自明だった。ランドルフとキッシュは顧客のつなぎ留めに向けていろいろ試してみた。スタンプカードの導入、10本まとめてレンタル、2週間レンタル、1日99セントでレンタル――。どれもうまくいかなかった。

ある夜のことだ。ランドルフはスコッツバレーのオフィス内から外の駐車場をぼんやり眺めていた。会社経営とは、自動車ローンや住宅ローンを抱え、一生懸命に生きている人たちの人生を背負っているということなんだ……。重圧に押しつぶされそうになった。

市場環境は悪くないはずだった。インターネット・レコーディング・メディア協会（ＩＲＭＡ）によれば、98年に北米でのＤＶＤプレーヤー販売台数は80万台を記録し、２００２年までにインストールベース（家庭で使われているＤＶＤ対応機器の累計台数）で８６０万台に達する見通しだった。ＤＶＤプレーヤーを初めて購入した人は、ＤＶＤ映画を15～20本買っていた。それなのになんでネットフリックスは有効なビジネスモデルを見いだせないのだろう、とランドルフは思った。

ランドルフは後年、若い起業家に宛てた手紙の中で「僕たちは当時、ネットフリックスを生き永らえさせるために何年にもわたって血尿を出し続けていた。その間にどうにかして解決策を見つけられないかと思ってね。シリコンバレーで起業家として成功しようと思ったら、みんな同じような洗礼を受けるんだ」と書いている。

ヘイスティングス、政治活動からスタートアップへ

同じころ、ヘイスティングスはオフィスに以前よりも顔を出すようになっていた。教育を取り巻く社会問題を解決することよりも、取得した学位をテコに高報酬を得ることに関心があるスタンフォードのクラスメートに幻滅したためだ。

当時のヘイスティングスは、ハイテク業界ロビー団体テクノロジー・ネットワーク（テックネット）の初代理事長に就任して政治アクティビストとして活動したり、カリフォルニア州の教育改革にも関わったりしていたが、それにも見切りをつけたようだった。テックネットの活動では、ヘイスティングスのリベラル寄りのアジェンダが保守派グループの反発を招くこともあった。

ヘイスティングスが復帰したころのネットフリックスは、まるでマッドサイエンティストが集まるラボのようだった。作業スペースはクリエイティブだけれども雑然としており、家具は間に合わせの作業台のまま。勤務時間に定時はなく、議題を決めた定例ミーティングもなし。スタッフは必要なときにオフィスに顔を出し、プロジェクトを抱えていれば昼夜を問わずにオフィスで働き続けた。ミーティングをやるかどうかはトップダウンではなくボトムアップで決まり、通知はいつも開催1、2時間前。同僚が何をやっているのか誰もが把握していたから、どんなプロジェクトであっても全員が何らかの形で意見を言えた。

ランドルフは上級管理職らとは過去に別の職場で一緒に働いたことがあり、全幅の信頼を寄せ、基本的に放任主義を貫いていた。権力者としてイエスマンの部下に指令を下すよりも、大きな方向性と指針だけを示し、対立があれば必要に応じて仲裁役として介入するやり方が好きだった。

経営陣とスタッフが事実上一体化して密にコミュニケーションできたので、ランドルフは苦悩を抱えながらも非常にクリエイティブな時間を過ごしていた。ヘイスティングスとの関係も会社に活力を与えると思った。中国の陰陽思想に例えると、理性的なヘイスティングスが「陰」であるならば直感的な自分は「陽」であり、2人でバランスが取れるわけだ。

もっとも、ヘイスティングスにしてみれば混乱や対立は無用の産物であり、いらいらの原因になった。彼は感情を爆発させることはなかったとはいえ、明らかに反対意見を嫌がった。実際、経営を主導するようになって以降、異論を唱えるスタッフについては社内評価を下げたり窓際へ追いやったりした。

ネットフリックスに戻って間もないころ、ヘイスティングスは幹部ミーティングの場で前置きなしに「これからネットフリックスの経営を担いたい」と宣言した。ランドルフと共に共同ＣＥＯを務めるというのだ。ミーティング参加者の一部はランドルフの顔を見てうろたえた。笑っていなかったからだ。ランドルフは事前に相談を受けていなかったのか、あるいはミーティング直前に唐突に知らされたのか、そのどちらかに違いなかった。

続いてヘイスティングスはリサ・バッタリア・ライス――ランドルフがボーランドから引き抜いたばかりの人事責任者――を見て、同僚の目の前で解雇すると発表。同僚の多くはショックを受けてあっけに取られた。ヘイスティングスはライスの代わりにピュア・エイトリアからパティ・マッコードをスカウトし、人事責任者に抜擢するつもりだった。

ピュア・エイトリア時代、マッコードはお目付け役だった。ヘイスティングスはぶっきらぼうに振る舞ったり、臆せずに鋭い批判を浴びせたりするので、スタッフ――特に非エンジニア系スタッフ――との間に溝を生じさせることが多かった。それを防ぐために彼女はヘイスティングスのそばに控え、感情面の足りない部分を補う役目を担っていた（少なくとも彼をよく知る人たちはそのようにみていた）。

家族的職場が競争至上主義のスポーツチームへ変貌

後年本人が複数のインタビューの中で語ったところによると、ヘイスティングスはネットフリックスでは経営者として幸運に恵まれたと考えているという。ピュア・エイトリア時代に若いCEOとして犯したミスを教訓として生かせたからだ。

ピュア・エイトリアでは、官僚主義がはびこり意思決定のスピードが失われると、ヘイスティングスは容赦なく組織にメスを入れた。そしてコアコンピタンス（中核となる強み）を発揮できる一つか二つの分野以外は有無を言わさずリストラした。戦略的には正しくても、社員との調和を図るという点では明らかに失敗した。とはいっても、決して意地が悪い人間ではなかった。社員に対して最高の成果を求める点でも、会社全体の利益を考えて行動する点でも一貫していたので、社内では尊敬と忠誠を得ていた。要は、人間関係も含めて物事をすべて数式に落とし込んでいたのだ。だから異を唱えたりいらいらさせたりした社員についても、解雇に伴うコストが過大な場合には使い続けた。

ヘイスティングスは共感という名のDNAを持ち合わせていなかったようだ。人と自然に打ち解けるランドルフとはまるで違った。予算目標が達成されなかったり、プロジェクトの期日が守られなかったりしたからといって、ランドルフは担当部長に強く当たるのを決して好まなかった。長年の同僚を解雇するなんて論外だった。

ヘイスティングスがランドルフと正反対の経営スタイルを持ち込んだことで、ネットフリックス社内は明らかに変わり始めた。ヘイスティングスの頭脳と決断力はネットフリックスの足りない部分を補ってプラスに働いた。その傍らで、スタッフがやや不快に感じるほど社内プロセスや手続きが重視された。結果として、スタートアップらしい突拍子もない創造性が乏しくなり、混沌としながらも和気あいあいとしたムードも失われていった。

もっとも、社内でどんどん増殖するソフトウエアエンジニアにとってヘイスティングスはロックスターだった。カリスマ性を備えたボスで、最優秀の人材を見つけ出して生産的な競争環境に放り込むすべを知っているのだ。ランドルフがクリエイティブな家族的職場をつくったとしたら、ヘイスティングスは結果がすべてのプロスポーツチームに職場を例えた。このような物の言い方に元気づけられたスタッフがいた一方で、息苦しさを感じたスタッフもいた。

「一箱二つ入り」とも言われた共同ＣＥＯ制の下でヘイスティングスはエンジニア部門を引き受けた。ウェブサイト、バックエンドシステム、フルフィルメント担当ということだ。ランドルフの担当はウェブサイトのデザイン、顧客サービス、コンテンツ獲得となった。

ランドルフは当初、ヘイスティングスに経営の一部を委ねるということに抵抗を感じた。創業メンバーの中に「ヘイスティングスが正当なリーダーを追い出した」といった不満があることも知っていた。それでも共同ＣＥＯ制を達観するように努めた。ネットフリックスの誕生・成長に必要ならば何でも受け入れなければならないし、次のステップ――徹底した最適化と容赦ない成長路線――は自分の得意分野ではない、と考えるようにしたのである。

実際、ネットフリックスは早急に多額の資金を調達する必要があり、今後の方向性についてつらい決断をしなければならなかった。こんな局面で能力を発揮できるのはヘイスティングスだ。

当時のシリコンバレーではカネがうなっていた。ベンチャーキャピタル業界は１９９８年に過去最高の54億ドルをスタートアップに投じていたし、いわゆるドットコム株ブームもなお続いていた。とはいっても、事業の継続性に難があり、利益を出すシナリオが見えないスタートアップについては投資家が及び腰になっていたのも事実である。

その面ではヘイスティングスは有利だった。ピュア・エイトリアで成功した経歴があったので、ベンチャーキャピタル各社を訪問すると、例外なく前向きな反応を得られた。ただしネットフリックスの売却は別だ。自分も含めエンジェル投資家が投下資金を回収できるほど高い値段を付けてもらえなかった。

ネットフリックスは足元では顧客離れを食い止める必要に迫られていたうえ、唯一利益を出しているDVD販売事業からの撤退を急がなければならなかった。詰まるところ、DVDレンタルサービスを軌道に乗せられなければ、会社をたたむしかないのだ。

ベゾスとのトップ会談でアマゾンと提携

そんななか、ランドルフとヘイスティングスはアマゾンの創業者ジェフ・ベゾスに期待を寄せた。ベゾスがネットフリックスとの提携を模索しているということが分かり、2人でシアトルへ飛んだ。DVD販売事業を譲渡する見返りに、アマゾンの顧客にネットフリックスのオンラインDVDレンタルを宣伝してもらえないかと持ち掛けるのである。同時に、ヘイスティングスは価格に納得できれば、アマゾンへのネットフリックス売却も考えていた。

シアトルでのミーティングでは、ランドルフとベゾスはお互いにウェブサイトのローンチ日の体験談を語り合ってたちまち意気投合した。だが、ヘイスティングスは浮かれた気分になれなかった。ベゾスが提示した価格が1200万ドルにとどまったからだ。その代わりベゾスとはクロスプロモーションで合意した。ネットフリックスはＤＶＤ購入希望者をアマゾンへ誘導する一方で、アマゾンは自社ウェブサイト上にネットフリックスの広告を載せて反応があればロイヤルティーをもらう、という内容だ。

ネットフリックスは１９９８年11月にアマゾンとの提携を発表した。社内では提携への反発が大きかった。一部のチームメンバーは「ベゾスへＤＶＤ販売事業を譲渡するなんてあまりにも時期尚早」と感じた。特に怒り心頭に発していたのがカスタマーリテンション（顧客維持）担当のキッシュだ。ライバルのウェブサイトへ顧客ベースを移すアイデアはこれまでの努力をすべて無駄にしかねないばかりか、マーケティングの基本原則にことごとく反している、と抗議した。

この年の夏、ネットフリックスはハリウッドビデオにも接触していた。ロウとヘイスティングスはハリウッドビデオ創業者兼社長のマーク・ワトルズを訪ね、オンラインＤＶＤレンタルを含めてクロスプロモーションを打診した。だが、ワトルズは少しのためらいも見せずにクロスプロモーションを拒否した。

メディア大手バイアコム傘下のブロックバスターもネットフリックスとの提携を見送った。同社役員は「ＶＨＳビデオレコーダーは今でも年間１３００万台のペースで売れている」と指摘し、ＤＶＤへシフトする緊急性を認識していなかったようだ。

ブロックバスターとハリウッドビデオとの商談をアレンジしたのはロウだ。２社とも相次ぎ提携話を蹴ったのだから、簡単には出口が見えてこないのは間違いなかった。ネットフリックス救済に名乗り出る白馬の騎士は現れないという前提に立たなければならない。要は自力で資金繰りを改善しなければならないし、自力で顧客流出を食い止めなければならないのだ。

クリスマスの年末商戦はネットフリックスにとっては悲喜こもごもという表現がぴったりだった。

ＤＶＤプレーヤーの値段は年末に向けてついに1台当たり２００ドルを割り込み、史上最速で売れた家電商品になった。そんなヒット商品の箱の中に入っていたのがネットフリックスのＤＶＤ映画を無料でレンタルできるクーポン券だ。同社は一刻も早く赤字から抜け出さなければならなかった。大量のクーポン券が使われれば資金繰り悪化が加速し、たちまち窮地に追い込まれる。早急に行動しなければ点火装置が起動して爆発し、丸ごと粉々に吹き飛ばされてしまう。

第3章　黄金狂時代　“The Gold Rush”

——1999～2000年

深刻なキャッシュフロー問題

ヘイスティングスは社内スタッフの一部と折り合いが悪かったとはいえ、投資家の間では高い評価を得ており、ファンも多かった。だからこそ1999年に入って投資家に協力を求めたのである。98年にはネットフリックスは1100万ドルの赤字を計上していた。予想外のことではなかったし、スタートアップとしてはとりわけ大きな赤字幅でもなかった。しかしながら、手元資金は劇的に減少しており、警戒信号を発していた。

キャッシュフロー問題が一段と深刻化したのは、アマゾンと提携してDVD販売事業を手放したためだ。とにかくネットフリックスは多額の現金を必要としていた。年末商戦でDVDプレーヤーが飛ぶように売れ、無料クーポン券が大量にばらまかれていたから、待ったなしだった。クーポン券の利用増を反映して、ウェブサイトへのアクセスは幾何級数的に増えていた。ネットフリックスは早急にDVD在庫を積み増すとともに、プログラマーを新規採用する必要に迫られていた。

99年1月までに累計110万台のDVDプレーヤーが売れ、同年末までに400万台を記録する見込みだった。DVDプレーヤー市場が拡大するのと歩調を合わせて、今では3千タイトルに達していたDVDライブラリを拡充するコストははね上がっていった。

そんな状況下で、ランドルフは新たな機能やビジネスモデルをテストする準備に入った。投資家の信頼を勝ち取るためには、顧客離れを食い止める対策を見せなければならなかった。

ランドルフとメイエはネットフリックスのウェブサイトを、市場調査プラットフォームとしても使えるように設計していた。これを使えば、特定のウェブページや機能を複数バージョン用意し、顧客の反応や嗜好を調べて精緻なデータを収集できる。

ランドルフが行なったのはいわゆる「ABテスト」だ。これによって、新規顧客を獲得するうえで赤いロゴ（選択肢A）と青いロゴ（選択肢B）のどちらがより効果的なのか測定できる。顧客生涯価値（LTV）や顧客維持率（CRR）といった数字も算出できる。ランドルフはウェブサイト担当のエンジニアと一緒にテストを行なう作業が楽しくて仕方がなかった。実験結果がきれいに出るように細心の注意を払い、一度に一つの変数しかエンジニアにテストさせなかった。

テストの実施、顧客データの収集、ウェブサイトの調整——。この一連のプロセスを繰り返したことで、ネットフリックスは顧客と継続的に対話するパイプを築き、来たる店舗型ビデオレンタルチェーンとの競争で切り札として使うのだった。

ランドルフとキッシュは無数のグループインタビューやABテストを通じて、利用者の多くはネットフリックスへの訪問を楽しんでいるし、ウェブサイトの使い方も理解しているということを突き止めた。ただし、DVDプレーヤーを購入して無料クーポン券でDVDをレンタルしている顧客層は違った。クーポン券を使い終わると消え去ってしまう。無料クーポン券から新規顧客を開拓する有効策をなかなか見いだせず、2人は焦燥感を募らせた。

ウェブサイトのローンチ日から1周年を控え、マーケティングチームは顧客つなぎ留めに向け新しいソフトウエアをテストしてみた。これを使えば、レンタル歴を基に個々の顧客のニーズに合った電子メールを送り、ウェブサイトを再び訪れるよう促せる。過去にレンタルした映画のレビューを送ったり、気に入りそうな映画を推薦したりするのだ。

当時のインターネット業界の常識に従えば、コンテンツが魅力的であれば顧客のリピート率が高まる。そこでランドルフは映画史に詳しい人気評論家レナード・モルティンに声を掛けた。CBSのニュース番組「エンターテインメント・トゥナイト」で活躍しているモルティンにDVD最新作をテーマに月1回のコラム連載を依頼し、承諾を得た。同時に、音楽小売り大手サム・グッディ（ミュージックランド傘下）や家電量販店ベストバイとクロスプロモーション契約を結んだ。

ランドルフからヘイスティングスへ経営権移譲

一方、ヘイスティングスとランドルフは再び資金調達に乗り出した。以前ほど環境に恵まれていなかった。経済全体が冷え込んだのを背景に、1999年初めまでにベンチャーキャピタルはドットコム型スタートアップへの投資に慎重になっていた。一昔前の記録破りのペースと比べて様変わりだ。ミーティングのやり方も変わった。1年前までヘイスティングスはあいさつするだけで、プレゼンはランドルフに任せていたのに対し、今回はプレゼンもすべて自分で引き受けた。

それはそれで仕方がない、とランドルフは思った。というのも、ヘイスティングスが2年前にピュア・エイトリア売却に踏み切ったことで、大株主のベンチャーキャピタルは目を見張るほど多額のリターン（売却益）を手にしたのである。ヘイスティングスが英雄扱いされるのは自然な成り行きだった。それと比べてCEOとしてのランドルフの力量は未知数である。シリコンバレーでは「競走馬ではなく騎手に賭けろ」が合言葉になっていただけに、ヘイスティングスの影響力をむしろありがたく思っていた。

ランドルフは社内で少しずつだが着実に経営権を失いつつあった。1999年春に投資家を訪問しているとき、「経営から退くタイミングかもしれない」とふと思った。98年暮れにすでに社長へ降格となり、共同CEO制に終止符を打っていたのに続き、99年にはエグゼクティブプロデューサーへもう一段降格となるのだ。すべては投資家に対して「実績に裏付けされたCEOが経営を担っている」とアピールするためだった。

ランドルフの降格と入れ代わる形でヘイスティングスは会長兼CEO兼社長ポストを得た。ハイテク業界ロビー団体テックネットの理事長を辞任した後には完全にネットフリックスの「顔」となった。取締役会も刷新して、ランドルフの代わりに投資家を招き入れようと考えた。もっとも、これについては取締役会残留を望むランドルフが強く反対した。

ランドルフが結成した創業チームも、ヘイスティングスとマッコードの2人によってやる気をくじかれたり、ポストを取り上げられたりして徐々に離散していった。代わりに入ってきたのは、ヘイスティングスによって選ばれたヘイスティングス信奉者だ。

99年半ばごろには社員数はついに100人を突破し、ネットフリックスは本社移転を決めた。スコッツバレー市を離れてシリコンバレーの中心部に大きなオフィスを構えることになった。サンタクルーズ山脈越えの通勤ドライブを嫌がるエンジニアが多く、マッコードが人材確保に苦労していたためだ。

ランドルフにとってはつらい展開だった。自宅から徒歩で通える場所で働くのが理想だったからだ。新しい本社はシリコンバレー南部にあるロスガトス市のユニバーシティ大通りにある。低層で何の変哲もないビルだ。

創業メンバーは「ランドルフは追い出された」と見なし、苦々しい思いで事態の成り行きを眺めていた。給与の大幅カットを受け入れてネットフリックス入りし、共通の夢を実現するために２年間にわたってランドルフと一心同体で心血を注いで働いてきたのである。もちろん最後まで見届けたかった。

創業者が途中で経営の第一線を退き、外部から経営のベテランを招き入れるのは珍しいことではない。シリコンバレー流の英知ともいえる。ランドルフも経営の第一線から平然と退いた。その後は顧客相手にさまざまなマーケットテストを実施したり、社内ミーティングでヘイスティングス――遠慮ない物言いで何かと物議を醸す――が仕掛ける戦いに挑んだりするようになった。

資金調達では大きな進展があった。一大高級ブランド帝国ＬＶＭＨ（モエヘネシー・ルイヴィトン）を築いたフランス人実業家ベルナール・アルノーから協力を得られたのだ。

アルノーは99年に入り、ドットコム企業に投資するため、米ベンチャーキャピタルであるテクノロジー・クロスオーバー・ベンチャーズ（ＴＣＶ）共同創業者のジェイ・ホウグにアドバイスを求めた。ホウグは元ファンドマネジャーであり、ベンチャーキャピタリストとしてピュア・ソフトウエアに投資したことがあった。そこでアルノーには投資対象としてヘイスティングスの最新スタートアップであるネットフリックスを勧め、ヘイスティングスとランドルフの２人とのミーティングの場を設けた。

これがうまくいき、この年の７月にはアルノーの持ち株会社が３千万ドルの出資を実行した。ネットフリックスは資本を食いつぶしていたこともあり、アルノーはいきなり筆頭株主に躍り出た。

これが呼び水になり、それから18カ月間で、ヘイスティングスは追加的に総額１億ドルの資金調達に成功した。新たな出資者にはホウグのＴＣＶのほかファウンデーション・キャピタルやレッドポイント・ベンチャーズといったベンチャーキャピタルが含まれていた。ランドルフも起業家として成功してきたが、「自分では決してまねできなかっただろう」と思わずにいられなかった。

追加資金調達に成功したことで、ヘイスティングスはネットフリックスの経営権を完全掌握した。ベンチャーキャピタルからの後押しを受け、これから社内の企業文化を大転換させることになる。つまり、ランドルフが築いた家族的クリエイター集団文化と決別し、実績を積んだ経営のプロが主導するトップダウン型組織へ転換するのである。数学的素養のあるエンジニア出身者が経営の中枢を占めるのが理想的だ、とヘイスティングスは考えていた。

経営刷新で消え去るランドルフ組

マッコードがスタッフの採用・解雇を取り仕切るなか、ヘイスティングスはアルノーの出資完了を待って経営陣の刷新に着手した。ランドルフの創業チームはすぐに自分たちの運命を悟った。自分たちに経営ポストは用意されない、ということだ。

まずはジム・クック。ネットフリックスの初代最高財務責任者（CFO）ポストを希望していたが、ヘイスティングスから代わりに業務担当副社長の継続を打診されて退社を決めた。スミスもすぐにクックに続いた。ブリッジスは「まるでシャンプーの説明書きに従って泡立てとすすぎを繰り返しているようだ」と退屈なルーティンワークにうんざりして辞めた。キッシュは長期の病気休暇を取って二度とフルタイムで復帰することはなかった。2年間にわたる1日16～20時間労働で疲弊して持病に苦しんでいたうえ、会社の方向性に納得できずにやる気を削がれていた。

ヘイスティングスが新たに経営幹部として採用したのが45歳のバリー・マッカーシーだ。元投資銀行家で、ケーブルテレビ・衛星放送向けの音楽番組制作会社ミュージック・チョイスのCFOだった。99年４月19日付でネットフリックスの初代ＣＦＯに就任している。

東海岸のニュージャージー州プリンストン市に住むマッカーシーが最初にネットフリックスとヘイスティングスについて耳にしたのは、スキー休暇中にヘッドハンターから電話をもらったときだ。マッカーシーはヘイスティングスの経歴に感銘を受け、ネットフリックスでは大きな裁量権を与えられると聞き、１週間後には転職を決めた。提示された報酬はあまり高くなく、給与は年17万ドル、仕事で成果が出た場合のボーナスは２万ドルだった。

マッカーシーは頭が切れて何事にも厳しかった。愚かな失敗に対しては――自分の失敗も他人の失敗も含めて――我慢ならなかった。激しい気性の持ち主で、ふだんは落ち着いているのに時として感情を爆発させることがある。しかも口汚くののしるので二重に警戒された。その意味で常に冷静なヘイスティングスの引き立て役になれた。一方、ヘイスティングスはマッカーシーの抜け目なさと、ノーと言える資質を高く評価した。

上昇志向が強いのに、マッカーシーは昔ながらの忠誠心を持ち、企業内の序列を尊重していた。その延長線上でヘイスティングスとランドルフに敬意を払うのを忘れず、ランドルフのことは「ミスター・ファウンダー（創業者さん）」と呼んでいた。ＣＦＯとしても厳格であり、経営の透明性確保と長期的視点を何よりも重視していた。

ほぼ同じタイミングでトム・ディロンのネットフリックス入りが決まった。マッコードがあまり深く考えずにスカウトしたディロンは、クックの代わりにフルフィルメント業務を担うことになった。マッコードにとってはシーゲート・テクノロジーズの元同僚で、ネットフリックス入りを決めた時点ではフラットパネルディスプレイ製造会社で最高情報責任者（ＣＩＯ）のポストを得ていた。マッコードからは電話で「ネットフリックス再生に向けて誰か紹介してほしい」と頼まれ、その日のうちに自分自身の履歴書をファクスした。

独学のプログラマーであるディロンはたちまちヘイスティングスと打ち解けた。倉庫管理で豊富な経験を積んでおり、自分で管理している倉庫内の機械をカスタマイズするためコンピューターにハッキングしたこともある。ヘイスティングスがエンジニアらしく人間ドラマを忌み嫌い、ビジネス上の問題を論理的に解決するため数学的手法を好んで採用する点に親近感を覚えた。背が高くて体が大きく白髪。いたずら好きでユーモアのセンスを備えているのに、表面上はいつもぶっきらぼうに振る舞っていた。

ランドルフとヘイスティングスは当初ディロンの採用に躊躇した。そもそも大した給与を払えなかったし、ディロンがネットフリックスのＤＶＤ倉庫に溶け込めないかもしれないと不安だった。ＤＶＤ倉庫はオートメーション化されておらず、少人数の作業員で成り立っていた。つまり、責任者は現場で細かく指示を出す必要があった。大手のシーゲートで国際物流部門を担当していたディロンにとってこんな環境での仕事は初めてのはずだった。

当時55歳だったディロンは不安顔のランドルフとヘイスティングスに対してこう言った。「時代の先端を行く人たちと一緒に働くのは楽しくて面白そうだし、その点でネットフリックスは完璧だからぜひやらせてほしい」。善意を示すため給与の大幅カット――従来の３分の１――を受け入れた。結局、マッカーシーと同じ日に採用となった。

採用前、ディロンはシーゲートの元同僚に電話し、探りを入れている。契約ベースでネットフリックスの物流を担当していた元同僚からは「これはうまくいかないよ。ネットフリックスは現在、１日当たり２千枚のＤＶＤを発送しているけれども、利益を出すためには10万枚のＤＶＤを発送しなければならない。絶対に無理だね」と言われた。それでもひるまなかった。墜落して丸焦げになるかもしれないけれども、やってみなければ何も分からないじゃないか、と思った。

翌日配達の意外な効果

ネットフリックスの収益を圧迫している主因の一つは注文処理・発送プロセスで、注文１件当たりの人件費・発送費・郵便代は合計６ドルに達していた。ディロンはこれを２ドル以下にすることを目標にした。ネットフリックスが顧客から徴収する送料が２ドルなのだ。

まずディロンは発送方法を見直した。当時、多くの顧客は一度に３枚のディスクを注文し、一つの封筒でまとめて受け取っていた。これには多大な労力が発生していた。彼が独自に分析したところ、３枚そろうまで待ってまとめて発送するよりも、発送準備が整ったディスクから１枚ずつ順次発送するほうが低コストであることが判明した。

次にディロンはＤＶＤ倉庫内の体制に改良を加えた。ネットフリックスは郵便区分機に頼らずに発送スピードを向上させるため、クックとメイエが開発した独自ソフトウエアに頼っていた。これを使えば郵便番号に応じてＤＶＤ入り封筒を仕分けし、正しい郵袋へ割り振れる。ディロンによる改良はスーパー向けの携帯式スキャナーの導入だ。これによって20人前後の作業員がそれぞれスキャナーで注文書のバーコードを読み取り、ＤＶＤ入り封筒をどの郵袋に詰め込めばいいのか把握できる体制になった。初歩的システムだがすぐに効果が出た。ディスク１枚当たりの発送コストが目標の２ドルを下回ったのだ。

ネットフリックスは顧客行動の収集・分析にも余念がなかった。ただし、分析の不備のせいで、危うく配達スピードと顧客獲得率との相関性を見誤るところだった。ランドルフは当初、翌日配達の実現で顧客維持率が高まると想定していた。ところが、何度実験しても両者の間に相関性を見いだせなかった。

翌日配達が重要でないと知らされ、ディロンは完全自動化した巨大物流ハブをサンノゼに一点集中的に構築しようと考えた。しかし、物流ハブ用不動産のリース契約締結前に、マーケティングチームから新事実を知らされた。サンフランシスコ・ベイエリアで実験したところ、翌日配達と顧客獲得率に紛れもない相関性が読み取れたというのだ。翌日配達はまるで魔法のようだった。利用者が翌日配達の良さについて友人に語り始め、「翌日配達のネットフリックス」という情報が口コミでどんどん拡散していった。

本当に翌日配達理論は有効なのか？ ディロンは別の市場でも有効性を確認する必要があると考え、2000年に近くのサクラメント市に暫定的な「ハブ」を設けた。サンノゼの物流センターから「ハブ」まで毎日車を運転して封筒を運んでは持ち帰り、サクラメント市内で翌日配達を実践したところ、新規申込件数を劇的に増やすことに成功した。

この発見は物流・マーケティング戦略を根本的に変えるきっかけになった。翌日配達が可能な地域の利用者が友人に勧めたことで、新規顧客獲得に必要なマーケティングのコストが下がっていった。物流の在り方を改めて考え直さなければならない、とディロンは思った。

そこでディロンは郵便局の配達データが入ったCDをハッキングしてソフトウエアプログラムを作った。ここに顧客の住所を入力すると、最寄りの郵便局を中心にして放射状の翌日配達エリアを描き出せる。彼はこのプログラムを駆使して、集配郵便局である「地区集配センター」にできるだけ近い場所に個々の物流センターを設置していった。

ディロンの計算によれば、一つの物流センターを支えるには少なくとも1万5千人の顧客が必要だった。彼は翌日配達エリア外で配達スピードを向上させるために「サテライトハブ」システムも築いた。エリア外の顧客に届けなければならないＤＶＤについては、専用トラックを用意して物流センターからエリア外の郵便局へ運び、翌々日に配達できるようにした。

ディロンが作ったプログラムは柔軟性という点で優れていた。顧客ベースの増大・変化に合わせ、物流センターの最適なロケーションを常に再評価し、必要に応じて変更したのだ。そのためには郵便配達員が日々どのように行動しているのか、配達時間やルートなどを細部も含めて正確に把握する必要がある。どうやって把握したのか？　ＤＶＤをいつ受け取って、いつ返却したのか、個々の顧客に聞いたのである。

ここからネットフリックスは郵便局と綿密な協力関係を築いていくことになった。始まりは郵便監査官へのデータ提供。郵便監査官とデータを共有すれば、配達スピードの短縮やＤＶＤの窃盗防止に役立ててくれる、とディロンは期待した。郵便局にとって厄介なのは金目のギフト券や小切手を狙う郵便物窃盗犯だ。この面でネットフリックスとの協力が威力を発揮し、郵便監査官による窃盗犯逮捕が実現するなど摘発体制が強化された。

ネットフリックスの物流網は効率的だったとはいえ、それを支えるシステムが時に誤作動した。物流網があまりに急ピッチで拡大したことから、どうしてもプログラミングにしわ寄せがいくのだ。例えばこんなことがあった。レンタルしたい作品について顧客は通常予約リストを作っている。ところがある時、ディロンは誤って予約リスト内の全作品を一斉に発送する命令を実行してしまった。その結果、数日間で合計３００枚のディスクを受け取って歓喜する顧客も現れた。

ディロンはネットフリックスの「脱ソフトコアポルノ」も手掛けた。２０００年初め、ある日の幹部ミーティングで、ヘイスティングスは唐突に「カリフォルニア州教育委員会への委員就任を要請された」と発表した。成人映画を扱っていれば政治的に良く思われることはない。そこでディロンに対して「ポルノをやめるか、教育委員会入りを断るか、そのどちらかしかない」と宣言した。その日、ディロンは社内のエンジニアを動員して、夜通しで顧客の予約リストとＤＶＤの在庫からポルノ作品をすべて消し去った。

顧客維持率を上げる統合プラン

99年7月、ランドルフのマーケティングチームは顧客のつなぎ留めに向けて新たな実験を開始した。顧客の間でオンラインレンタルを習慣化させ、最低でも数回の「レンタルターン（顧客が一度レンタルして返却するまでのプロセス）」を経験させるにはどんなコンセプトが有効なのか、探し出そうというのだ。

マーケティングチームが有望視したコンセプトは二つあった。一つは毎月定額で見放題のサービスを提供するサブスクリプションプラン。これは「ホーム・レンタル・ライブラリ」と呼ばれた。もう一つは「シリアライズド・デリバリー（連続配達）」。顧客がレンタルした映画を返却すると直ちに次の映画を自動的に郵送し、同時に課金するというプランだ。

まずはホーム・レンタル・ライブラリ。月額20ドルで一度に6本まで映画をレンタルできるプランだ。どんなに長く映画を手元に置いておいても、顧客は延滞料金を払わなくてもいい。6本をすべて返却し終えた段階で新たに6本レンタルできる。

シリアライズド・デリバリーを選ぶと、作品ごとに異なるレンタル料金を払う形になる。いわばアラカルトプランだ。ただし、顧客がネットフリックス上に自分のアカウントを設けるという部分では定額制のサブスクリプションプランと同じだ。

この年の夏にランドルフが実験したコンセプトはもう一つあった。シリアライズド・デリバリーに加入した顧客が作成・保存する予約リストだ。顧客は返却のたびに次のＤＶＤを指定するのではなく、好きな映画を見たい順番に予約しておく自分専用リストを用意しておくのだ。検索や並び替えなどで自在にリストの内容を充実させることもできる。これはもともとキッシュとメイエが発案したコンセプトであり、後に「キュー（順番待ち）」と呼ばれるようになった。

要するに実験の目玉はホーム・レンタル・ライブラリ、シリアライズド・デリバリー、キューという三つのコンセプトだ。ランドルフとキッシュはそれぞれ独自に実験しようと考えたが、ヘイスティングスに反対された。彼が求めたのは三つ同時の実験だ。三つのコンセプトを一緒にしたことでいわゆる「セレンディピティ（偶然に予想外のものを発見すること）」が起き、結局のところネットフリックスを文字通り救うことになるのだった。

ランドルフとキッシュが立ち上げたフォーカスグループは三つのコンセプトを大いに気に入ってくれた。ホーム・レンタル・ライブラリを使えば、返却期限も延滞料金も心配せずに好きなだけレンタルできる。毎月定額を払いたくなければ、シリアライズド・デリバリーを選べばいい。キューの活用でレンタルターンごとにＤＶＤを指定する煩わしさからも解放される。実験結果を踏まえ、ランドルフは三つのコンセプトを一つの統合プランにまとめることにした。

８月のある夕方、サンフランシスコ市内のサッター通り沿いにあるマーケットテスト用施設内。１週間後に市場調査責任者に就任予定のジョエル・マイアーは横から興味津々にのぞき込んだ。ランドルフ、マッカーシー、ヘイスティングスの３人がマジックミラー越しに、フォーカスグループへのインタビューを真剣に観察していたのだ。

ヘイスティングスは細かく指示を出していた。フォーカスグループの被験者が統合プランに対してノーと言うたびにメモをして、インタビュアーに対して「価格を下げてみて」「月間レンタル本数の上限を上げてみて」などと促していた。これを見ていたマッカーシーは両手で頭を抱え込んだ。利益率がどんどん下がっていくのが明らかだったからだ。

99年9月17日、ついに統合プランのテスト版がネットフリックスのウェブサイト上でデビューした。月額15・95ドルのサブスクリプション型で、顧客は一度に4本まで好きな映画をレンタルできる。ウェブサイト上で統合プランを見た消費者はわずかであったものの、ランドルフとヘイスティングスは成功を確信した。いったん統合プランを示されると、消費者の多くは新規申し込み（あるいは既存プランからの契約変更）に踏み切ってくれたのである。

1週間後、ネットフリックスは統合プランを「マーキープラン」と名付けて全利用者向けに発表した。アラカルトプランも同時並行で続けたので、利用者がどちらに飛び付くのか観察することができた。それから3カ月間の状況を見て経営チームは飛び上がって喜んだ。マーキープランへの新規加入が原動力になり、ウェブサイトへのアクセス数が300％増えるとともに、1週間当たりのDVD発送枚数は10万枚を記録したのである。

ヘイスティングスはプレスリリースを配布し、マーキープランについて「事実上のビデオオンデマンド（VOD）」だと宣言した。

「映画をレンタルする人は返却期限と延滞料金にうんざりしています。ネットフリックスのマーキープランを利用すれば映画レンタルを再び楽しめます。返却期限なんて気にしなくていいのです。見たい映画をまとめて予約しておき、テレビ台の上にはいつもいくつかDVDを置いておきましょう。これで見たい衝動に駆られたときにすぐに見られます」

映画スタジオがDVD規格受け入れる

99年も終わるころ、エンターテインメント業界担当のアナリストはDVD市場の先行きに強気の見方をしていた。向こう1年間で600万台のDVDプレーヤーと2500万本の映画が売れると予測していたのだ。それでも既存のビデオレンタル業界は数年の歴史しかない新規格であるDVDへの移行に躊躇していた。

つまり、DVD映画の品揃え充実を公約していたネットフリックスは最高のポジションにあったのだ。アナリストのトム・アダムスは投資家向けリポートの中で小さなネットフリックスに言及し、「DVDレンタル市場は今後爆発的に拡大し、2002年までに10億ドルを超える。そんな市場で革命的変化を起こそうとしているのがネットフリックスだ」と指摘した。

とはいえ、安心は禁物だった。複雑なロジスティクスや在庫コストの負担を考えると、DVDへのシフトが一筋縄でいかないのは明らかだった。

ライバル勢も苦戦していた。サーキット・シティはすでに2億ドルの損失を計上してDIVX規格から撤退していたほか、2000年に入ってハリウッドビデオ傘下のオンライン映画販売会社リール・ドット・コムは経営難に直面。ハリウッドビデオは見切りを付け、4850万ドルの減損処理を強いられた。1999年に2980万ドルの赤字を計上していたネットフリックスにとって他人事とはいえなかった。

DIVXとの規格戦争が短期間で終わったことで、2000年はDVD映画の発売が過去最高を記録する見通しとなった。映画スタジオ大手6社がようやくDVDの将来性を認め、そろってDVD規格を受け入れたからだ。大手6社はビデオレンタル業界全体を敵視していたが、DVD規格を試すうえでネットフリックスと協力するのも悪くないと考えた。

映画スタジオ大手のホームエンターテインメント部門は、ブロックバスターにかねてから辟易していた。物量に物を言わせて強引に値引きを迫るやり方——とりわけ偉そうに当たり散らすことで有名な法律顧問のエド・ステッドのやり方——に我慢ならなかった。そんなわけで、ネットフリックスと組んで消費者にＤＶＤ規格をプロモーションするのは理にかなっているように見えた。大きなリスクを取らずにうまみの大きいＤＶＤ販売へホームエンターテインメント業界をシフトできる。しかもブロックバスターにぎゃふんと言わせることができるというおまけ付きだ。

ネットフリックスのロウは、映画スタジオ大手とレベニューシェア（あらかじめ決めた比率で将来のビデオレンタル収入を分け合うこと）契約を結ぼうと考えていた。ブロックバスターの新ＣＥＯに就いたジョン・アンティオコが在庫コスト低減を狙い、映画スタジオ大手とレベニューシェアで合意していたが、その後追いだ。

レコメンドエンジン「シネマッチ」が誕生

ネットフリックスは新規契約者の増加で在庫不足に直面していた。レンタルしたＤＶＤを返却せずに手元に置き続ける契約者が多かったから、なおさらだった。だからといって大量のＤＶＤを仕入れ続けていたら、コスト負担に耐え切れずにつぶれてしまう。映画スタジオ大手とレベニューシェア契約を結べれば、大幅値引きによってＤＶＤの仕入れコストを抑制できる、とロウは考えた。

その間、ネットフリックスのエンジニアチームはレコメンドエンジンの開発に取り組んでいた。レコメンドエンジンは顧客維持に役立つ。そのうえ、顧客を人気作から遠ざけ、忘れ去られた旧作——けれども顧客が人気作と同程度に気に入りそうな作品——へ案内することで、映画ライブラリの効率的活用につながる。在庫不足を解決できるわけだ。

結果として、レコメンドエンジンがウェブサイトの編集権を握ることになった。人間の直感の代わりに機械のロジックに頼り、どんなテーマのウェブページでどんな映画の特集をするのか決めることになったのだ。いわばＡＩ主導にしたわけだ。レンタル用に十分にＤＶＤ在庫があるのか？　レンタルしてもらった場合に大きな経済的リターンを見込めるタイトルなのか？　リリースされたばかりの新作なのか？　このような基準に従って機械は消費者に見せるべき映画を選ぶのである。

最終的には独自のアルゴリズムが個々の顧客の好みに合った映画を選び、カスタマイズされたウェブページ上に表示するべきだという結論にたどり着いた。ランドルフがかねて思い描いていたビジョンでもある。そんななか、消費者需要を正確に予測できれば在庫管理もうまくできる、ということにエンジニアチームは気付いた。

ところが、正確な消費者需要予測はひどく複雑であることが判明した。人は特定の監督や俳優を基準にして映画を好きになるにもかかわらず、同じキャスト・スタッフで制作されて内容も似たり寄ったりの映画を嫌いになる。なぜこうなるのか？　エンジニアチームはうまく説明できなかった。必要な数学的手法を見いだせなかった。そこで、ヘイスティングスも含め一部のエンジニアは違う角度から同じ問題に取り組んだ。最後には外部から数学者チームを招き入れて、土台となるアルゴリズムの考案を依頼した。

エンジニアチームはレコメンドエンジンを「シネマッチ」と名付け、２０００年1月にローンチした。「2人の映画」というキャッチコピーでプロモーションを展開。カップルや夫婦を念頭に「シネマッチを使って映画を選ぶときに一致点を見いだそう」という意味合いを込めてある。シネマッチは「顧客クラスター（同じ映画を高く評価する顧客集団）」を生み出すことで、個々の映画の特徴を基準にして類似作品を選び出すという当初のアプローチから進化したのである。

具体的には、シネマッチは五つ星の評価システムを使って契約者の好みを分析し、クラスターをつくる。続いて、クラスター内の一部メンバーから高く評価されている映画を同じクラスター内の他メンバー――この映画をまだレンタルしていないメンバーか、まだ評価していないメンバー――に推薦する。つまり、「協調フィルタリング」を使っているのだ。

シネマッチは自動的に推薦を出すわけではない。ネットフリックスの在庫を1時間ごとに調べ、十分な在庫があると確認できた場合に限って推薦を出す。一方で、五つ星評価で「興味なし」の評価を受けた作品はすぐに消える。具体例はいろいろだ。顧客がたまに孫のためにレンタルする子ども向け映画もあるし、学校の宿題として顧客が一度だけレンタルするアニメ映画もある。

シネマッチが基盤としているコンセプトは、ハリウッドビデオが98年に買収したリール・ドット・コムで編み出された「電子版マッチメーキング」だった。顧客が好きな俳優名か映画名を入力すると、画面上に関連映画の一連が表示されるのが特徴だ。リール・ドット・コムのオンラインカタログは合計8万5千本のVHSビデオで構成され、映画比較に加えて①あらすじ②セックスや暴力などのレイティング③レビューの一覧④俳優や監督の作品リスト――などが含まれていた。リール・ドット・コムのオンラインカタログは一部の映画スタジオ幹部から高い評価を受け、映画の売り上げを押し上げる「完璧な電子ビデオ販売店」と持ち上げられたこともある。ネットフリックスはオンラインDVDレンタルで同じ役割を担いたかった。

IPOへ向けアラカルトプランを廃止

2000年に入ってネットフリックスの取締役会はIPOのタイミングが来たとの結論を出した。ヘイスティングスとマッカーシーは投資銀行を訪問して「DVDレンタル、劇場公開のマーケティング、映画チケット販売のための映画ポータルサイト」としてネットフリックスの売り込みを開始。

投資家の間でドットコム株ブームがしぼみつつあっただけに、事業戦略に広がりを持たせた。そうすれば投資家は赤字垂れ流しの事実を大目に見てくれて、８６００万ドルのマーケティング・契約者拡大計画に協力してもらえると考えたのだ。

ネットフリックスは急成長しながらも赤字体質から抜け出せていなかった。証券取引委員会（ＳＥＣ）にＩＰＯの発行目論見書を提出した２０００年４月までに契約者ベースは12万人に達し、サンノゼの倉庫は毎月80万枚のＤＶＤを発送していた。一方で赤字幅は１９９８年の１１００万ドル（売上高は１４０万ドル）から99年には２９８０万ドル（同５００万ドル）へ拡大していた。

ＩＰＯ前に財務改善を図るため、ヘイスティングスはマーキープランに照準を合わせた。安定した収入源を確保して最終的に黒字化するうえで、マーキープランが最も有効と判断したのだ。そういうわけで、サブスクリプション型のマーキープランと同時並行でアラカルトプランを手掛けるビジネスモデルに異議を唱え始めた。両方ともやるのは非効率で人的資源の無駄遣いにつながるばかりか、消費者を不必要に混乱させる、と主張したのである。

クライマックスは99年暮れか２０００年初めのミーティングだ。経営チームとエンジニアチームの双方が一堂に会した場で、ヘイスティングスがアラカルトプラン廃止を強硬に主張し、一気に張り詰めた空気が流れた。両チームの一部から異論が出た。サブスクリプションプランへの申し込みが増えてもアラカルトプラン廃止に伴う売り上げ減を埋め合わせることはできない、というのだ。

キッシュとランドルフは家電メーカーを怒らせるのではないかと不安を抱いた。メーカーはＤＶＤプレーヤーの箱に入っている無料レンタル券をなお宣伝していたからだ。アラカルトプラン廃止となると、無料レンタル券を手にした顧客は無料で映画をレンタルする選択肢を失う。代わりにクレジットカード番号を提供して１カ月間の無料サブスクリプションプランを試さなければならなくなる。これだと違法なおとり販売だと受け止める消費者やメーカーが出てこないだろうか、とランドルフは思った。

プログラマーのボリス・ドラウトマンは後日反対派の気持ちを代弁し、「これは本当に大きな賭けでした。これがうまくいくかどうかなんて本当に誰も分からなかった」と語っている。

ヘイスティングスは反対派の懸念を一蹴した。ネットフリックスが生き残るためには――たとえ不完全なデータと直感に頼らなければならないとしても――最も有効なビジネスモデルに経営資源を集中投下しなければならない、と信じていたのだ。

２０００年のバレンタインデー（2月14日）、ネットフリックスはアラカルトプランの廃止に踏み切るとともに、マーキープランの名称を「無制限映画レンタル」サービスへと変更して月額料金を19・99ドルへ引き上げた。併せて1カ月間の無料お試し期間を設けるとも発表。新サービス契約者は一度に４本までならば好きなだけ映画をレンタルできる。

ヘイスティングスは経済メディアとの取材に応じ、大半の顧客が1カ月間のお試し期間後に有料会員になるとの見通しを示した。「われわれはアラカルトプランの廃止で顧客ベースの３％を失うかもしれないが、それだけのリスクを取る価値は十分にあります」と自信を見せた。それだけではない。将来的に技術が追い付いた段階で、映画のダウンロードサービスを導入する考えも示した。

社内に「キルゴア」王国

ヘイスティングスが最後に採用した幹部人材は、２０００年春にネットフリックス入りしたレスリー・キルゴアだ。日用品大手プロクター・アンド・ギャンブル（P&G）とアマゾン両社のマーケティング部門を率いていた33歳だ。彼女はランドルフからマーケティング業務の多くを引き継ぎ、

P&Gとアマゾンで学んだ市場調査手法を取り入れた。大々的な広告キャンペーンを打つのに合わせて、ネットフリックスのロゴとイメージを刷新するのが彼女にとって最初の大仕事だった。キルゴアは魅力的かつ精力的な女性だ。エネルギーのすべてを仕事に捧げているように見える点でヘイスティングスと瓜二つといえる。２人とも社会性を欠いており、なかなか他人の感情を理解できない。ただし、似ているとはいっても頭の鋭さではキルゴアはヘイスティングスを超えているとみる向きもあった。

ヘイスティングスがキルゴアをひいきするあまり、マッカーシーはライバル心を燃やすようになった。キルゴアがいずれ経営トップになると思ったのだ。２人の間の緊張感はヘイスティングスの発言で一段と高まった。取締役会で後継者育成計画について聞かれ、「後継者としてキルゴアを考えている」と言ったのである。その場に居合わせたランドルフとマッカーシーは仰天した。

ヘイスティングスはいつもキルゴアの味方をした。彼女がマーケティング予算や「産業スパイ活動」予算の増額を求めれば、ためらわずにOKを出した。会社全体の予算が逼迫している状況下であるにもかかわらず、である。さらには、彼女の指揮下にマーケティング部門と広報部門を集約することにも合意した。この結果、ネットフリックス社内ではいわば「キルゴア王国」が誕生し、以後10年以上にわたって事実上の治外法権を得るのである。

キルゴア王国のナンバー2はジェシー・ベッカーだ。２人はペンシルベニア大学ウォートンスクールとスタンフォード大学ビジネススクール両校の同窓生だ。マッカーシーがヘイスティングスの命令に決して背かないように、ベッカーはキルゴアの命令であれば何でも忠実に実行した。

キルゴアは仕事一筋の伝説的ワーカホリックで、マーケティングチームのメンバーにも自分と同じ自己犠牲を求めた。あるマーケティングチームのメンバーにはこんな体験がある。友人のデステイネーションウエディング（自宅から離れたリゾート地などで行なう結婚式）に出席しながら、大半の時間を高級ホテルの中で過ごす羽目になった。キルゴアから与えられた仕事を早急に処理しなければならず、ホテルの部屋に閉じこもってパソコンと向き合っていたのだ。キルゴアは複数のスプレッドシートを一目見ただけでささいなミスもすぐに発見することができたので、部下の間では恐れられていた。あまりのストレスから心理カウンセリングを受ける部下もいたほどだ。

キルゴアはＩＰＯで調達する資金で大々的な広告・宣伝キャンペーンを打ち、ライバルの実店舗型チェーン勢を一気に引き離す計画だった。オンライン広告、ラジオ広告、テレビ広告、ダイレクトメール、小売店とのコラボ――。Ｐ＆Ｇのブランドマネジャーとして培った経験を生かし、あらゆるチャネルを使ってキャンペーンを展開する。これによって新し物好きのマニアに支えられる存在から脱皮し、一般消費者を顧客として取り込むのである。

キルゴアは間もなくして絶好の広告媒体を発見した。ネットフリックスがＤＶＤレンタル用に使う専用封筒である。これをできるだけ目立つデザインにしたかった。

キルゴアは外部の広告代理店と契約し、ロゴと配色の変更を決断した。消費者にとってピンとくるのはどんなロゴなのか？　ここで彼女は自分の直感に頼らずに実地調査を行なった。サブスクリプションプラン契約者及び契約者予備軍へのインタビューを実施して、何がベストなのが探ったのである。最高評価は白黒で描いた社名をアーチ状にし、劇場の赤いカーテンを想起させる背景を使ったロゴだった。１９３０年代の連続活劇を彷彿とさせるデザインといえた。ブランド認知度が低い企業にとって何よりも重要なのは、とにかく目立つことだ。自宅の郵便受けの中、リビングルームのテレビ台の上、職場の発送待ち書類入れの中――。どんな場所でも新しいロゴは大声で叫んでいるかのように目立ち、注目度は抜群だった。

ＩＰＯを前にしてネットフリックスは全国展開の準備を完了したわけだ。ところが、２０００年以降にドットコム株バブルがはじけ、ネットフリックスは広告・宣伝キャンペーンを取りやめざるを得なくなった。それればかりかＩＰＯの延期にも追い込まれた。投資家が「ｅで始まる社名の企業」や「.com で終わる社名の企業」を敬遠するようになったためだ。

不幸中の幸いと言うべきか、ＩＰＯを前にしてネットフリックスはバランスシート（貸借対照表）を改善できた。ＩＰＯで株価が急上昇すると読んだ既存株主から追加出資してもらえたからだ。手に入れた現金は貴重だった。赤字の垂れ流しで黒字化の道筋をなかなか描けないネットフリックスは、創業以来最大の危機に直面していたが、追加出資によって当面はどうにかしのげることになった。

アロハシャツ姿でブロックバスター訪問

年末に向けてネットフリックスは在庫コスト削減の面でも前進できた。ロウが映画スタジオ大手に提案していたレベニューシェアで合意を得られたのだ。オンラインＤＶＤレンタルという分野でレベニューシェア第一号になった映画スタジオは、ワーナー・ホームビデオとコロンビア・トライスター・ホームビデオだ。

レベニューシェアによってネットフリックスはＤＶＤの仕入れ価格の引き下げに成功し、１枚当たり3～8ドルで購入できるようになった。今までの2～3倍も在庫を持てるようになり、増大する需要に対応できる体制を築けた。ＤＶＤプレーヤーはなおも急ピッチで売れ続け、全米１３００万世帯へ普及していた。

２０００年にはネットフリックスの赤字幅は５７４０万ドルへ膨らむ見通しだった。追加出資があったとはいえ、ヘイスティングスとマッカーシーは安心するわけにはいかず、ブロックバスターとの提携を再び模索することにした。ブロックバスターと組めば膨大な顧客ベースへアクセスできるとともに有力なビデオレンタルブランドを活用できる。実のところマッカーシーは「これはちょっと無理筋ではないか」と思っていた。それでも反対しなかったのは、最大のライバルに対して提携を申し入れるほど大胆なヘイスティングスを尊敬していたからだ。

カリフォルニア州南部のソルバング市――デンマーク風の街並みを備える観光地――で社員旅行中、ヘイスティングスはブロックバスター側の窓口を務めるエド・ステッドから電話をもらった。「話し合いに応じますよ」。翌朝に早速プライベートジェット機をレンタルして、マッカーシーとランドルフを連れてテキサス州ダラスへ飛んだ。プライベートジェット機のオーナーは、昔クイズ番組司会者として鳴らしたヴァンナ・ホワイトだった。

3人ともブロックバスター側からの呼び出しをまったく予期しておらず、ビジネス用の服を持ち合わせていなかった。ダラス中心街へ行き、ガラスと鋼鉄のルネサンスタワー内に入った。CEOのジョン・アンティオコが現れて、3人に握手するため立ち止まった。アロハシャツとジーンズ姿のマッカーシーを見ると、きつい冗談を飛ばした。投資銀行出身のマッカーシーはなおも東海岸金融界の礼儀作法をわきまえていただけに、からかわれて恥ずかしい思いをした。

ネットフリックスをブロックバスターのオンライン部門にするのはどうか――これがヘイスティングスの提案だった。彼の考えでは両社の提携は「ウィンウィン（双方に利益があるということ）」になるはずだった。ブロックバスターはおカネをかけて巨大なVHS在庫をDVD化しなくても済む。一方で、ネットフリックスは一定の手数料を負担すればブロックバスターの顧客ベース――店舗を頻繁に利用するアクティブ会員2千万人――へアクセスできる。

ヘイスティングスの構想では、ネットフリックスが古い作品やニッチな作品に特化するのに対して、ブロックバスターは新作を集中的に扱う（ブロックバスターの売り上げの８割は新作）。彼にはもう一つアイデアがあった。ネットフリックスはブロックバスターの全店舗に宣伝物を置くとともに、加入申し込み用のコンピューターを設置するのだ。

アンティオコは話に乗らなかった。そもそもインターネット企業全般に懐疑的で、「ビジネスモデルが証明されていないのに、ネット企業は株式市場でとんでもなく高く評価される」などと不平をこぼした。この点についてはマッカーシーも密かに同意した。ネットフリックス側は代替案として、５千万ドルでネットフリックスを買収しないかと打診してみた。ステッドにほとんど笑い飛ばされたが、ネットフリックス側の３人は驚きもしなかった。

カリフォルニアへ戻る機中、３人は意気軒高だった。「ブロックバスターは後になって大きなミスを犯したと気付いて、きっと後悔することになる」「結局ネットフリックスのイノベーションをまねできないと自覚し、アンティオコは自分を責めることになる」——。これからは自力でブロックバスターをやっつけるしかない、とランドルフは肝に銘じた。

第4章　宇宙戦争 “War of the Worlds”

——2001〜2003年

ドットコムバブル崩壊

　ドットコムバブル崩壊は、シリコンバレー版ダストボウル（1930年代にアメリカ中西部の大平原地帯を襲った砂嵐）だ。報酬代わりのストックオプション（株式購入権）が一夜で無価値になり、若いエンジニアは空っぽになったオフィスパークをさまよった。そして多くは仕事を探しても無駄だと諦め、弁護士や会計士を目指して再び大学に戻った。

　株価暴落で総額5兆ドルもの富が失われたことで、非難の矛先は未熟で浪費家のインターネット起業家と「根拠なき熱狂」に浮かれた投資家に向かった。ドットコムバブル絶頂期の1990年代後半と比べると、新規ウェブサイトの開設はすずめの涙ほどに落ち込んだ。いわゆる「ニューエコノミー」時代の合言葉「超スピードで大きくなれ、利益は気にするな」は否定された。

　そんななか、ヘイスティングスはウォール街詣でに乗り出した。投資家と対話して、ネットフリックスがドットコムバブル崩壊を乗り切ったのは偶然ではないと証明するのだ。2001年初頭のインタビューでは同年末までに「有料サービス契約者50万人」と「キャッシュフローの黒字化」を達成すると自信満々に予測。キルゴアのマーケティングチームが集めたデータによれば、顧客離れにようやく歯止めが掛かり始めていた。

経営チームはマスコミ対策にも着手した。エンターテインメント系・経済系メディアに的を絞ってネットフリックスの潜在成長力をアピールするのだ。キルゴアとヘイスティングスは01年3月に音楽誌ビルボードの取材に応じ、「04年までに契約者ベースは1千万人に達する」「10年以内に広範な映像コンテンツが一般消費者向けにストリーミング配信できるようになる」と予測した。

ヘイスティングスはまた「契約者が100万人を突破したら、インディー（独立）系の映画監督は大手の映画スタジオを素通りし、ネットフリックスに直接作品を持ち込むようになる」とも予測。そのころにはアメリカ人はネットフリックスを通じてオンラインでDVDレンタルすることにすっかりなじんでいるという。

ただ、ヘイスティングスがあえて言わなかったこともある。マーケティングチームのデータによれば、ネットフリックスは普通のアメリカ人の間では全然浸透していなかった。契約者の8割はなおも「若い男性」「高給取り」「平均以上のコンピューター技能者」と特徴付けられた。つまり大半がパソコンオタク系だ。改めてIPOに挑戦するのであれば、ネットフリックスは一般消費者にアピールする必要があった。

「偉大なストーリー」で反撃

ネットフリックスのウェブサイトは顧客に関するありとあらゆるデータをたたき出す。調査・分析責任者のジョエル・マイアーはこの点を至極気に入っていた。どこに住んでいるのか、何回サイトを訪問したのか、どのページをクリックしたのか、どれだけ長く滞在したのか、何をレンタルしたのか——。このようなデータを分析するのが楽しくて仕方なかった。

目的はただ一つ。消費者がブロックバスターで映画をレンタルする習慣をやめさせ、代わりに自宅でレンタルする習慣を身に付けさせるのだ。マイアーは身近なところから実地調査を始めた。同僚と共にロスガトス市周辺に住む新契約者に電話をかけて、ウェブサイトの利用実態について質問攻めにしたのである。なぜここをわざわざクリックしたのか？　この日に申し込んだのはなぜか？なぜ1週間前に申し込まなかったのか？

もし会話が弾んだら、マイアー——あるいは彼のスタッフ——が「ちょっとお宅にお邪魔してもよろしいでしょうか？　ウェブサイト上で何をされているのか観察したいのです」と聞くのだ。突然の電話に驚きながらもイエスと答えてくれる契約者が意外と多かった。イエスの返事をもらえたら、スターバックスで手土産のコーヒーを買って、車で駆け付ける。マイアーは1メートル95センチの大男であるから、顧客を怖がらせないように、いつもスタッフを契約者宅へ派遣していた。

結局、訪問による実地調査は「釈迦に説法」だと分かった。高学歴・高所得の男性契約者はネットフリックスを熟知し、どう改善したらいいのかいろいろな意見を持っている。マイアーの観察では、このような契約者がユースネットのニュースグループで交わす会話はまるで実況中継のようであり、技術音痴の一般消費者にウェブサイトを使ってもらえるようにするためには何が必要なのか明らかにしてくれる。

例えば01年、オハイオ州シンシナティ出身の投稿者マーク・Vは「もしニュースグループ上の会話だけを頼りにネットフリックスを評価するとしたら、結論はもう出ている。有料で利用するほどの価値はないということ」と書き込んでいる。

〈それでも過去10カ月間の個人的体験で言えば、ネットフリックスは全体としてとてもいいサービスだ。見終わったＤＶＤを返してから次のＤＶＤを受け取るまでの期間が短くなってからは、なお

さらだ。正真正銘の映画好きならネットフリックスに結構満足するに違いない〉

別の投稿者はサブスクリプションプランをキャンセルした。予約リスト「キュー」に入れていた35本の映画がすべて「レンタル中」と表示されていたからだ。

〈そのうちの一つは映画『タイタス』。何と3カ月もの間キューに入れていたのにレンタルできなかった。完全にふざけていて、弁解の余地なし。このニュースグループ内で「ネットフリックスは良くなったよ！」と確認できたら戻ってもいいけど、それまでは絶対に無理だ〉

マイアーが狙う潜在市場はまだ小さかったけれども急ピッチで拡大していた。国勢調査によれば、01年までに全米で上流・中流家庭を中心に全体の6割がパソコン保有世帯になり、そのほとんどがインターネットを契約していた。ただ、当時のアメリカではインターネット接続世帯の多くがアメリカ・オンライン（ＡＯＬ）経由だったので、ＡＯＬがキュレーションした世界しかネットサーフィンしていなかった。ネットフリックスと同じ年に誕生したグーグルという革命的検索エンジンが26カ国語で提供されていたというのに、である。

電子商取引の世界ではアマゾンはなお赤字経営から抜け出せておらず、アップルの音楽配信サービス「ｉＴｕｎｅｓストア」と革命的携帯音楽プレーヤー「ｉＰｏｄ」はまだ秘密のベールに包まれたままだった。また、誰もフェイスブックという名前を聞いたことがなかった。創業者のマーク・ザッカーバーグがまだ高校生だったからだ。

ネットフリックスが期待を掛けていた一般消費者は、引き続き実店舗のブロックバスターやハリウッドビデオ、ムービーギャラリーでレンタルしていた。そこでヘイスティングスとキルゴアはライバルの土俵に飛び込んで勝負することにした。実店舗勢の注目を得るためではなく、ネットフリックスがライバルであることを印象付けるためだ。

ブロックバスターと正面から勝負するのは無謀と考えられた。何しろ同社の登録ユーザー数は5千万人を超えており、このうち頻繁にレンタルするアクティブ会員だけでも2千万人に上るのだ。ネットフリックスの30万人に大差を付けている。しかし「偉大なストーリー」を使う手があった。実店舗勢にとってオンラインレンタル業者が潜在的脅威であるのは間違いなかった。ヘイスティングスにしてみれば、そのような脅威があると最大手のブロックバスター側に認めてもらえさえすればよかった。そうすれば消費者や投資家、マスコミの間でオンラインレンタル業者の存在価値がきちんと認知される。

春から夏にかけて、ヘイスティングスは経営チームのメンバーも巻き込んでブロックバスターに積極的に攻撃を仕掛けた。マスコミに露出したり広告を打ったりして、ネットフリックスがブロックバスターよりも勝っている点をことさら強調したのである。

例えば01年6月の全国紙USAトゥデイとのインタビューだ。ヘイスティングスは「これまでにDVDでリリースされた映画は合計で1万本。われわれはすべて在庫にそろえています。ブロックバスターの最大店舗と比べて10倍以上の品揃えです」と指摘。「誰もが延滞料金を嫌がりますよね。われわれは絶対に延滞料金を課しません」

ここにはマスコミが飛び付きたくなるような「偉大なストーリー」がある。身のこなしの軽い新参者が業界の巨人に戦いを挑むのだ。そしてこの「ダビデとゴリアテの物語（弱者が強者を打ち負かすという旧約聖書の物語）」が広がりだすと、ブロックバスターもさすがに無視し続けるわけにはいかなくなった。

ブロックバスターに再建請負人登場

ブロックバスターのＣＥＯジョン・アンティオコは、ローマ古代のコインに刻まれた初代皇帝アウグストゥスの肖像に似ている。深くくぼんだ目、月桂冠風の頭髪、かぎ鼻――。だがそれは表面上のことで、一般人が何を欲していて何を好んでいるのか、直ちに見抜く能力を備えていた。

アンティオコは不愛想だと勘違いされかねないほど無気力な印象を他人に与える。だが、ここぞというときには驚くほどの勝負師になる。天性の話し上手であるとともに聞き上手。巧みにえこひいきして、社員をがむしゃらに働かせるコツもつかんでいる。だからこそ、複数の大企業で経営再建を主導し、46歳でブロックバスターの経営トップになれたのだ。

大学卒業後の最初の仕事は、ニューヨーク市内で営業しているセブン-イレブン加盟店の再建だった。新卒のアンティオコは、過剰債務や業績悪化で苦しむフランチャイズ加盟店を直営店化し、親会社サウスランドのために利益を出せる体質へ戻すという重責を担ったのだ。怒り狂った加盟店オーナーから暴力を受けそうになったことも何度かあった。

アンティオコは顧客の気持ちを読み取るのを得意にしていた。言い換えれば、顧客のショッピング体験をどのように改善したらいいのか理解し、地域ごとに最適な品揃えを工夫できた。それから20年間で順当に昇進し、最後は親会社サウスランドのマーケティング担当副社長に抜擢された。その後、１９９０年に独立して自分の会社を立ち上げている。

アメリカの有名ブランド企業を転々とするうちに、アンティオコは経営再建請負人としての評価を確立した。眼鏡チェーン大手パール・ビジョンの経費を切り詰め、経営破綻中のコンビニ大手サークルＫの再建・再上場を手掛けた。ペプシコが外食部門――タコベル、ケンタッキー・フライド・チキン（ＫＦＣ）、ピザハットなど――を「ヤム・ブランズ」としてスピンオフ（分離・独立）する計画を進めると、ヤム・ブランズの経営トップ候補の一人として浮上した（もう一人はＫＦＣとピザハットを率いていたデビッド・ノバク）。そんなとき、メディア大手バイアコムの会長サムナー・レッドストーンから電話をもらった。97年のことだ。

バイアコムは3年前にブロックバスターを買収していた。レッドストーンがブロックバスター買収で手に入れたかったのは、同社の現預金12億5千万ドルと毎年のキャッシュフローだ。バイアコムは巨額の借り入れを行ない、総額100億ドルを投じて映画スタジオ大手パラマウント・コミュニケーションズを買収していた。借金返済の原資をブロックバスター買収で調達しようとレッドストーンは考えたのだ。

ブロックバスターは当時、急成長局面の終盤に差し掛かっていた。それまでは地方の小規模ビデオレンタルチェーンを矢継ぎ早に買収することで高成長を続け、最盛期にはビデオレンタル業界で独占的な地位を築くまでになっていた。一方で、経営の焦点を定められなくなっていた。音楽販売に乗り出したのに加え、「娯楽のコンビニエンスストア」というコンセプトも打ち出した。ここから生まれたのが「ブロックバスター・ブロック・パーティー」で、レストランやライドアトラクション、ゲームを売り物にした娯楽施設だ。

多角化を推し進めたのは当時のCEO、ビル・フィールズだ。DVDやビデオオンデマンドの登場でビデオレンタルが脅威にさらされると考え、ブロックバスターの店舗内で衣服や雑誌、書籍、菓子類の販売も始めた。しかし、結局失敗した。

フィールズはレッドストーンとブロックバスター経営陣に対しては「ブロックバスターの既存店舗売り上げは二度と上向かない」との見方を示していた。ウォルマートの店舗部門責任者を務めた経験から、DVDビジネスをよく理解していたのだ。

レッドストーンはバイアコムからブロックバスターを切り離す意向でありながらも、なかなか買い手を見つけられなかった。そこでフィールズに見切りを付け、新たなＣＥＯを探し始めた。ヘッドハンター経由でアンティオコとつながり、ビバリーヒルズで会うことになった。

アンティオコにとってブロックバスターの経営を打診されたのは2度目であり、テキサス州ダラス――ブロックバスターの本社がある――への移住が正解なのかどうかなお分からなかった。もっとも、ペプシコＣＥＯのロジャー・エンリコの提案には、より強い抵抗を感じていた。ノバクと共同でヤム・ブランズの経営を担ってほしいというのだ。エンターテインメント業界とは縁がなかったとはいえ、フランチャイズ型小売りチェーンの再建にかけては誰よりも自信を持っていたし、映画鑑賞も大好きだった。

アンティオコはビバリーヒルズ・ホテルでレッドストーンに会い、すぐに好感を抱いた。74歳の億万長者であるレッドストーンは偉大な実業家だ。地方で父親が経営していた映画館チェーンを振り出しにして一大メディア帝国を築き上げたのである。

レッドストーンはアンティオコに対し、ペプシコを上回る報酬を提示した。ペプシコでアンティオコは株式と現金の組み合わせですでに破格の報酬を得ていたにもかかわらず、である。アンティオコがブロックバスターを魅力的に感じた理由はほかにもあった。レッドストーンが放った次の一言だ。「もし経営改革に成功したら、ＣＥＯとしてブロックバスターの株式上場を手掛けてもらいたい」

ＩＰＯでバイアコムから独立へ

アンティオコにしてみると、ブロックバスターには致命的な欠陥があった。長期にわたって業界の覇者の立場にあったことで生まれたおごりである。同社のビジネスモデルは社内では「マネージド・ディスサティスファクション（顧客は不満だらけだけれども丸め込まれているという意味）」と揶揄されていたほどだ。

実際、延滞料金の高さや品揃えの乏しさ、顧客対応の悪さをはじめ、大企業特有の傲慢さがあちこちで見受けられた。自社調査では、借りたいビデオを手に入れるために顧客は週末5回連続で店に足を運ばなければならない、という実態が明らかになっていた。

アンティオコが観察したところ、店舗内は汚く、品揃えは地域特性と一致せず、店内販売品はばかみたいに高額だった。顧客をこんなにひどく扱うビジネスなんて聞いたことがない！

店舗改革を進めようとしたところ、アンティオコはすぐに壁にぶち当たった。アメリカ国内店舗網の2割を占めるフランチャイズ加盟店オーナーの協力をなかなか得られなかったのだ。加盟店オーナーはフィールズ時代に「娯楽のコンビニエンスストア」戦略に翻弄され、かたくなになっていた。直営店にも問題があった。官僚化して内向きになり、店員のやる気が低下していた。

アンティオコは今すぐやれることに集中した。まずは店舗をきれいにした。また、レッドストーンの協力を得て、映画スタジオ大手とレベニューシェアの契約を結ぼうと考えた。そうすれば在庫コストを引き下げながら、人気の新作映画の在庫を3倍に増やせる。店員の士気向上と顧客サービス向上については、現場の店長とスタッフに具体策を出すように指示。一方で、全国的な広告キャンペーンを店内でも展開した。アニメキャラクターであるモルモットのレイとウサギのカールを起用したキャンペーンで、キャッチコピーは「見たい映画が必ず置いてあります」だ。

これらの対策を打ち出した結果、顧客満足度はアンティオコも驚くペースで上昇した。彼がブロックバスター入りしてからの1年間で、ビデオレンタルの売り上げは13％増え、定期的に店舗を訪れるアクティブ会員数は7％増えた。同じ期間、親会社バイアコムの株価は2倍以上になった。ブロックバスターの高値買いを悔やんでいたレッドストーンは舞い上がった。それでも同社売却の意思を変えなかった。ケーブルテレビ業界がいずれビデオオンデマンド（ＶＯＤ）という大きな賭けに出て、ビデオレンタル市場を侵食すると危惧していたからだ。

レッドストーンの考えに従い、バイアコムは99年にブロックバスターのＩＰＯによって同社株の20％をスピンオフし、株価が安定した段階で残りの80％を売り払う計画を持っていた。アンティオコは新しい最高財務責任者（ＣＦＯ）のラリー・ザイン――サークルＫ時代のナンバー２――を連れてロードショー（株式公開前に行なう機関投資家向け説明会のこと）に乗り出した。

きゃしゃで物静かなザインは、サークルＫの再建に取り組んでいるときに上司のアンティオコとすぐに意気投合した。落ち着いた物腰と真面目な性格を持ち味にしており、いつも活気に満ちたアンティオコの引き立て役になれた。何年も一緒に行動するうちにアンティオコの言動を予期できるようになり、プレゼンの最中によく助け舟を出したものだ。

ロードショーは非常に骨の折れる苦行となった。アンティオコとザインの２人にバイアコム上級副社長のトム・ドゥーリーが加わり、疑い深い投資家相手に70回前後もミーティングを重ねた。ブロックバスターはＶＯＤとペイパービュー（利用者が番組ごとに料金を払って視聴する方式）との競争にさらされながら、どうやって生き残ることができるのか？　レッドストーンがブロックバスターを売却すると決めたのは、ビデオレンタル事業の将来性に疑問を抱いたからであり、事実上の不信任投票といえるのではないのか？　３人は投資家から容赦ない質問を浴びせられた。

投資家の一部は「ブロックバスターは消えゆく運命にある」という持論をはなから変える意思はなく、単にブロックバスターの幹部に議論を吹っ掛けたかっただけだ、とザインは思った。ロードショーも終わりに差し掛かると、アンティオコは明らかに消耗していた。プレゼン中に立ったままの状態でうとうとすることもあった。

8月のＩＰＯはとりあえず成功した。公開価格15ドルは予想価格帯16～18ドルを下回ったとはいえ、ブロックバスターは4億6500万ドルもの資金を調達できたのだ。アンティオコは時価総額26億ドルの上場企業を率いるＣＥＯとなり、重責を負うことになった。ＶＯＤの登場などで競争環境が急速に変わっているなかで、他社よりも一歩先を行けるように事業基盤を一段と強固にしなければならない。

アンティオコはロードショーでの公約を実現する決意でいた。現状では、全米6500店の店舗網を築いてビデオレンタル市場で31％のシェアを握っていた。この市場シェアを3年以内に40％まで引き上げる考えだった。

ロードショー中、アンティオコは店舗型ビデオレンタルに対する潜在的脅威としてネットフリックスに言及しながらも、その後は忘れてしまったようだ。しかし2001年に入ってネットフリックスの会員数が50万人を突破し、ＤＶＤプレーヤーが2500万世帯以上へ普及する見通しとなったのを踏まえ、考えを改めた。

具体的には、ネットフリックス対策として店舗内サブスクリプションプランを立ち上げた。アニメキャラクターのレイとカールを使ってテレビ広告を打ち、「一度に2本までなら月額29・99ドルで見放題」とアピール。ネットフリックスの地元であるロスガトス市内でも、ラッピングバス（車体の表面に広告を施したバス）を使うなどで広告キャンペーンを展開した。

オンライン型ビデオレンタルの世界では独走状態だったネットフリックスが公に脅威として認識されたわけだ。同社の経営チームは飛び上がって喜んだ。「ブロックバスターはわれわれより100倍も大きいというのに、われわれをつぶそうとしている」とヘイスティングスはＵＳＡトゥデイ紙に語った。「われわれもタダでは転ばない」

ネットフリックスは２カ月後に反撃に出た。ブロックバスターと法廷闘争中の消費者を対象に、無料レンタルサービスを提供したのである。ブロックバスターをめぐっては当時、延滞料金は不当だと主張する消費者が合計で23件のクラスアクション（集団訴訟）を起こしていた。

「郵便ＤＶＤ」よりもビデオオンデマンド

当時「最新技術に鈍感」と揶揄されていたブロックバスターだが、実は01年時点でネットフリックスよりも先を見ていた。光ファイバー網の構築によってアメリカの一般家庭にブロードバンド回線が普及し、本格的なデジタル配信時代が訪れる——。ヘイスティングスが思い描いていたユートピア的世界を現実問題として捉えていたのである。

アンティオコとステッドがネットフリックス買収案を拒否した１年前のこと。２人は「郵便ＤＶＤ」をパスしていきなり最終ゴールを目指すつもりでいた。中央管理サーバーから一般家庭のテレビに映画を直接配信するＶＯＤを真剣に考えていたのだ。

２人が「郵便ＤＶＤ」の将来性に疑義を抱いた背景には、調査会社ケーガン・リサーチの調査リポートがあった。同リポートによればオンラインＤＶＤレンタル市場は利用者数で見て最大でも３６０万人であり、ブロックバスターが当時抱えていた国内会員６５００万人（世界では１億人）を大幅に下回った。

調査会社ガートナーも同様の見方をしていた。同社アナリストのＰ・Ｊ・マクニーリーは01年のインタビューでネットフリックスに触れ「ニッチ市場」と一蹴している。「ネットフリックスのようなプレミアムサービスにおカネを払おうとする人がどれだけいるのか、まだはっきりと分かりません。少なくとも普通のアメリカ人男性は年240ドルも払わないでしょうね」

マクニーリーはネットフリックスが事業として成立するには100万人（あるいはアメリカ全世帯の1％）が必要だと指摘した。「これはあくまで目標数字であり、ネットフリックスはそこまでに達していない」と懐疑的だった。

ブロックバスターは2000年、VOD立ち上げに向けてヒューストンのエネルギー大手エンロンと共同出資会社の設立で合意した。

しかし結局、VODサービスはスタートしなかった。エンロンのブロードバンド子会社が必要なインフラを持っていないということが後になって判明したためだ。後に大規模な粉飾決算が発覚したエンロンは最終的には倒産に追い込まれる。子会社社長は大陪審への出廷を求められ、エンロン会長のケネス・レイら経営幹部は有罪判決を受けた。

01年夏にはアンティオコにとって興味深い事件が起きた。音楽ファイル共有サイトで知られるナップスターに対し、カリフォルニア州北部地区連邦地裁（サンフランシスコ）が著作権侵害を理由に業務停止を命令した。ミュージシャンやレコード会社の主張が認められたのだ。これによってデジタルコンテンツの運命がどうなるのかますます読めなくなった。

ナップスター事件に対する消費者の反応やその後の控訴審──第9巡回区連邦控裁（サンフランシスコ）──判決を見て、ハリウッドは震え上がった。事件を受けて数千万人に及ぶ消費者が怒りを爆発させて、抗議の意味を込めて映像ファイル共有サイトに飛び付いて違法ファイルを交換したのである。デジタル著作権を厳格に管理しようとしている企業に対して一般消費者が公然と反旗を翻したのは初めてのことだった。

映画スタジオ各社が心配したのは海賊行為の急増だ。高速インターネット接続が可能になったのに加え、消費者は好きなときにどこでもデジタルコンテンツを見たいと要求するようになっていた。海賊行為を防ぐための代替策としてスタジオ各社が望みを託したのが映画のダウンロードサービスだ。ウォルト・ディズニーを除く各社の共同出資会社「ムービーリンク」が立ち上がった。ただし、技術的なハードルは極めて高かった。１本の映画をダウンロードするだけで40分もかかったのである。

ナップスター事件をきっかけに映画スタジオ各社はデジタル配信権については柔軟に対応するようになった。アンティオコもユニバーサル・スタジオなどから次々にデジタル配信権を獲得。もっとも関連技術が追い付いていなかった。そこで渋々ながらも巨大なＶＨＳ在庫のＤＶＤ化に乗り出した。

ブロックバスターはＶＨＳビデオ在庫の４分の１を処分し、同時並行でＤＶＤ在庫の拡充を開始。これによって01年終わりに４億５千万ドルの評価損計上を強いられた。全米５２００店に上る直営店で一斉にＤＶＤ化を進めると、多大なコストを負担しなければならなくなる。それでもアンティオコは短期的には利益率が最大で３％改善するとみていた。ＶＨＳと比べてＤＶＤという新規格は仕入れコストの点でも耐久性の点でも優れているからだ。

ＩＰＯのための大量解雇

ＤＶＤプレーヤーが過去最高のペースで普及しているのを追い風に、ネットフリックスは契約者をどんどん増やしていたが、同時に不安も高まった。01年第３四半期（7～9月）を終えるころには「バーンレート（経営するのにどのくらいの資金が必要かを示す指標）」が急上昇していた。つまり、手元の現金が枯渇しかねない状況に直面していた。このままでは01年は４千万ドル近い赤字になるのは避けられず、ＩＰＯはおぼつかない。ヘイスティングスは一刻も早くコスト削減に向けて大ナタを振るわなければならなかった。

みすぼらしい新本社ビルにはコスト削減の余地はなかった。ぜいたくな本社ビルに投資してつぶれた多くのドットコム企業の二の舞を演ずるのはまっぴら、とヘイスティングスは考えていた。実際、新本社ビルは低層で薄暗く、吹き抜けの空間はじめじめしていた。

オフィス内もぜいたくとは程遠い大部屋式で、個々のスタッフの作業スペースはパーティションで仕切られたキュービクル。スタッフがデータやアイデアを共有するには便利だが、殺風景だ。唯一目を引くのは小さなロビーにある映画のポスターと旧式のポップコーン製造機。スタッフの誰もがおもちゃの弾丸入りナーフガンを持っており、他部門からの攻撃に備えているようだった。

マッカーシーの見立てでは、ネットフリックスがＩＰＯを行なううえで障害になっているのは現金ではなかった。当面必要な現金は手元にある。契約者増加率やＤＶＤ普及率などあらゆる指標がネットフリックスにとってプラスに動いていた。ならば何が障害だったのか？　見掛けである。

ウォール街にとっては見掛けも大事なのだ。具体的には①人員をカットできる②現金を無駄に使わない③ブロックバスターやウォルマートの攻勢をはね返せるほど身軽でスピーディー――といった要素を備えていることを示す必要があった。ＩＰＯとなればなおさらだ。ＩＰＯによって競争相手の注目を浴び、急成長中のオンラインレンタル市場への新規参入を促す可能性があるからだ。

もう一つ障害があった。サブスクリプション型オンラインレンタルが有効かどうかまだ証明されていないのだ。そもそも誰もやったことがない。ＩＰＯを行なうならば分かりやすく人員カットせざるを得ない、とマッカーシーは結論した。

人員カットの担当は経営トップのヘイスティングスだ。苦渋の決断であるだけに個人的に対応するべきだと判断した。解雇通告の際には感謝の気持ちを込めて手紙を書いて手渡すのだ。

毎週金曜日の朝には定例会議が開かれていた。場所は本社ビルの中にある舗装済みの小さな中庭。そこにはピクニックテーブルがいくつか置かれ、片側は膝の高さのブロックで仕切られている。ブロックはベンチ代わりに使えた。

定例会議では通常、ヘイスティングスはみんなを鼓舞する役割を担う。技術プロジェクトの進展を褒めたり、ミスの原因を分析したり、新たな提携をアピールしたり。マッカーシーとマイアーも毎回話をする。マッカーシーは会社全体の財務状態について、マイアーは直近のマーケティング戦略と顧客データについて説明するのだ。

01年9月の定例会議は普段と違った。金曜日の朝、ヘイスティングスはスタッフに電子メールを送り、直ちに中庭に集合するよう指示した。スタッフの間にあっという間にうわさが広がった。「悪いニュースがある」とピンとくるスタッフが多かった。

スタッフが中庭に静かに集まると、ヘイスティングスはいつもと変わらないトーンで話し始めた。これから悪いニュースを伝えるというのに、みんなを奮い立たせようとしているかのようであった。ヘイスティングスはネットフリックスの使命として三つ挙げた。一つ目は、世界最高のエンターテインメント事業を築き上げること。二つ目は、消費者の手元に好みの映画が届くように手助けすること。三つめは、ライバル会社との競争に勝つこと。このような使命を達成するためにはコストを削減しなければならず、そうすることでＩＰＯの道筋も見えてくる、ということだった。

「きょう、あなたたちの多くは失職します。非常に申し訳なく思っています。これまで献身的に会社のために働いてくれました。本当にありがとう」とヘイスティングスは言った。「一方でここには引き続き会社に残る人もいます。残留組の皆さん、これからも力を合わせて戦いましょう」

その後、全員が自分のキュービクルに戻り、上司による肩たたきを待った。この日の終わりまでに全スタッフの4割が肩たたきされ、職場を去ることが決まった。ヘイスティングスは解雇組の多くを昼食に誘った。

ローンチ日から4年、ついにＩＰＯが実現

ランドルフとマイアーは残留組であったものの、その日はあまりのショックで働く気持ちになれなかった。ランドルフは自分のキュービクルの向かいにあるクリーム色の革張りソファの上で体を伸ばし、バレーボールのトスをし始めた。何度も何度も。そうこうしているうちに、解雇通告を受けたマーケティングチームの一人が目の前に現れた。「一言あいさつしておこうと思って来ました」と彼は言った。「これまでありがとうございました」

その日の午後、ほかにも何人かがランドルフの前に現れて同じようにあいさつした。「一緒に働けて良かったです。これからも頑張ってください」

大量解雇とその余波によって創業チームの最後のメンバーもついに去ることになった。その一人はビータ・ドラウトマン。何年にもわたってフルフィルメント・物流システムを作り直しているうちに消耗していたうえ、魔法のような職場環境が失われつつあることにがっかりしていた。ヘイスティングスに肩をたたかれた際にはむしろホッとしたほどだ。

ネットフリックスはぎりぎりまで経費を絞り込む傍らで、クリスマス商戦の追い風を受けた。その結果、契約者数を公約通りに50万人以上に増やすメドを付けることができた。ヘイスティングスとマッカーシーは強気になり、02年中に再びＩＰＯに挑戦して、少なくとも8千万ドル調達しようと考えた。

マッカーシーには今回は投資家を説得するうえで有利な材料があった。03年中に契約者が１００万人に達し、ネットフリックスはついに黒字化する、と言えるのだ。マッカーシーとヘイスティングスの２人が改めてロードショーを始めたとき、投資家はなおも「９・11」の後遺症に苦しんでいた。２００１年９月11日にニューヨークとワシントンで同時多発テロ事件が起きて、大きな痛手を被っていた。そのような状況を踏まえ、２人は投資家に対しては極めてシンプルにしたビジネスプランを見せた。「郵便ＤＶＤレンタル」一点に絞り込んでアピールしたのだ。

結果的にロードショーは成功した。マッカーシーとヘイスティングスはほとんど苦労せずに投資家の理解を得られ、02年春までに資金調達のメドを付けた。

02年５月23日のＩＰＯを数日後に控え、ランドルフは９歳の息子ローガンを連れてプライベートジェット機に乗り込み、ニューヨークへ向かった。ヘイスティングス、マッカーシー、ジェイ・ホウグ――ベンチャーキャピタリストでネットフリックス取締役――も一緒だった。ＩＰＯの朝方、全員が証券会社メリルリンチのトレーディングフロアに立ち、モニター上にネットフリックスの株式コード「ＮＦＬＸ」が表示されるのを待った。もちろんネットフリックスが上場するナスダック（ＮＡＳＤＡＱ）市場でもＮＦＬＸが表示される。

あいにくその日はなかなか売買が成立しなかった。マッカーシーがトレーディングフロア内の主任トレーダーを眺めていると、突然値が付いた。１株15ドル。ネットフリックス株は底堅い動きを続け、小幅高で初日の取引を終えた。

ＩＰＯによってネットフリックスは８２５０万ドルの資金を調達できた。４年前の４月14日からやっとここまで来たのである。４年前は、ランドルフが興奮してわくわくするなかウェブサイトがローンチし、たった１５０件の注文でサーバーがクラッシュした日だ。

その日の夕方、ランドルフはタクシーに乗ってステーキ専門店へ向かった。IPOを祝ってみんなでディナーを楽しむのだ。車窓から外を眺めると、そこには別の世界があることに気付いた。歩道や交差点を急いで歩く大勢の人たちの考え事や悩み事から自分は切り離されているという不思議な感覚を抱いた。何しろ、書類の上では今まで想像したこともないような大金持ちに突如としてなったのだ。夢がかなうとはこういうことなのか、と思った。

ネットフリックスを去る共同創業者

ロウとランドルフがネットフリックスで最後に手掛けたコラボ案件が「ネットフリックス・エクスプレス」だ。DVDレンタルのキオスク（自販機）という新コンセプトだ。2人はスーパーの「スミス」を説得してラスベガス市内の店舗にキオスクを設置し、うまくいくかどうか実験してみようと考えた。

ロウとランドルフはかねてキオスクのコンセプトを温めてきた。ブロックバスターの店舗内サブスクリプションプランがたちまち成功したのを見て、ネットフリックスとしても既存小売店の店舗を活用して対抗できないものかと思い、キオスクに行き着いたのだ。

高価なタッチスクリーン式自販機——2人のお気に入り——に投資する前に、2人はまずオフィス内でさまざまな自販機を試してみた。続いて実地テストだ。ロウは実験用に機械の代わりに人間を置くブース型のキオスクを考案。店員は1人で、合計2千タイトルの映画カタログを管理しながら顧客対応する。キオスク用にランドルフはグラスファイバーを使って特製看板を作った。おしゃれなサーフボード形だ。その後、2人はラスベガス市内のアパートで1カ月間暮らしながら、郊外にあるサマーリン地区のスミス店にキオスクを設置する準備に取り掛かった。

スミス店での短い実地テストの結果、キオスクには予想以上の需要があることが判明した。利用者の多くもキオスク形式を気に入っているようだった。ところが、本社でロウが嬉々としてテスト結果を報告したところ、ヘイスティングスとマッカーシーは冷たく反応するだけだった。キオスクはネットフリックスの利便性を高めるとしても、主に最新映画を扱わなければならない。そうなると在庫コストがはね上がるのは必至である。マッカーシーは「未来はデジタル配信。コンテンツ獲得にはカネが掛かるし、ソフトウエアや技術開発にもカネが掛かる。にもかかわらず、時代遅れになるＤＶＤにまた投資するというのか？　そんな余裕はない」とにべもなかった。

その年の夏、外食大手マクドナルドの戦略担当役員がロウに接触し、ＤＶＤキオスク導入に向けて提携を打診してきた。マクドナルド店舗内に試験的にキオスクを置いて、顧客の反応を見てみたいというのだった。ロウはマクドナルド側の提案を気に入り、本社に戻って提携の受け入れを進言した。しかしヘイスティングスは聞く耳を持たなかった。キオスクモデルの有効性を疑問視したというよりも、提携相手としてマクドナルドはふさわしくないと判断したためだ。

自由奔放なロウは、過去20年間にわたって夢を見続けてきたキオスク事業を立ち上げるときがいよいよやって来たと強く感じた。実地テストで有効性が実証されたのだ。03年1月にネットフリックスを退社し、マクドナルドの戦略担当役員のグレッグ・カプランに早速連絡を入れた。メリーランド州ベセスダ市でカプランに会うと、すぐに意気投合。その後、マクドナルドでキオスク事業担当のコンサルタントを引き受けた。マクドナルドのキオスク事業は後に「レッドボックス」として立ち上がる。

一方、ランドルフはすでに1年前後、決断を先送りしていた。ネットフリックスにとどまるべきなのか、それとも去るべきなのか、なかなか決められなかった。ＩＰＯ直前に取締役を辞任しながらもネットフリックス株は売らずにいた。持ち株を売ると上場したばかりのネットフリックスに対する不信任票と受け取られかねなかったからだ。自分の居場所を確保するために商品開発プロジェクトには参加していた。ロウのキオスク事業を手伝ったし、エンジニアチームがスタートさせたストリーミング用ソフトの開発にも協力した。

しかし一息入れる必要性も感じていた。過去7年間にわたって自分のスタートアップに全身全霊をささげてきたのである。しかもネットフリックスは変わってしまった。もともとは世界を変えようと同じ夢を見る仲間を集めて始めた家族的チームだった。それが今ではヘイスティングス主導で競争至上主義のチームになっている。エンジニアもマーケティング担当者も切れ者ぞろいで、少し近寄り難いほどだ。もう自分の居場所はここにないのかもしれない、とランドルフは思った。

そもそも社内で権限を失いつつあった。キオスク事業の実地テストのためにロウと一緒にラスベガスへ飛び立つ直前、商品開発担当を外された。ヘイスティングスが最高技術責任者（CTO）のニール・ハントに任せることにしたからだ。

ランドルフはヘイスティングスに聞いた。

「ではキオスク事業がうまくいかなかったら？　そうしたらどうなる？」

「その場合は会社を辞めるということだね」

この会話が終わった直後の展開にランドルフは驚いた。自らの退職条件についてヘイスティングスと話し合いを始めたのだ。

お別れ会はロースト（丸焼き）パーティー形式で開かれた。誰かをパーティーの主役に祭り上げ、参加者が順番に主役をからかって思い出話で「丸焼き」にするのがローストパーティーだ。リメリック（ユーモアを含んだ五行詩）好きのランドルフにあやかって、お別れ会参加者は全員がリメリックで思い出話を語った。最後にランドルフの番が回ってきた。よく計算された長いリメリックだった。

〈僕は本当に驚いたよ。お祝いの言葉を聞けないまま、からかわれるばかりだったから。それならこっちにも考えがある――〉

このようにランドルフは自分のリメリックを語り始めた。優しさを込めながら反撃していった。最後はヘイスティングスに向けたリメリックだった。

〈リード、君は決して負けない男だね。職場でもウォール街でもそれは同じ。でも、返却期限を過ぎてしまったあの映画は何だった？『アポロ13』のはずがないでしょう。あれは『発情期の女狐』だったのだから〉

ランドルフの退社を悲しく思うスタッフは少なくなかった。ランドルフとロウが去り、ネットフリックスは創業者の魂を失ってしまうのではないか……。

第5章　レオン　"The Professional"

——2003〜2004年

ネットフリックスの快進撃を傍観

財務諸表上の数字はすべてを物語っていた。1ケタ増収が当たり前の成熟産業で、3ケタ増収を続けていた。そのうえ顧客の信頼度は高く、市場シェアは拡大中だった。

ネットフリックスが2003年3月に契約者100万人突破を発表したとき、ブロックバスターのジョン・アンティオコは自分の判断ミスを悔いた。ブロックバスター独自の消費者調査ではオンラインDVDレンタルへの関心は引き続き低かったし、ウォール街はネットフリックスをなおニッチプレーヤーとして小ばかにしていた。それでも参入を見送るべきではなかったのだ。

だが、アンティオコはネットフリックスをつぶすための対抗策について決断を先送りしていた。親会社バイアコムからの完全独立を前に再び投資家説明会を行なうタイミングに差し掛かっており、バイアコム最高執行責任者（COO）のメル・カーマジンからそれまで大型投資プロジェクトはすべて中止するよう命じられていた。

実は、02年にブロックバスターは小さな買収を行なっている。法律顧問として事業開発を担当していたエド・ステッドがアリゾナ州にある家族経営のオンラインDVDレンタル会社を見つけ、わずか100万ドルで手に入れたのだ。社名は「DVDレンタル・セントラル」、契約者数は1万人。ステッドは「うまくカネを使えばどんな問題も解決できる」と信じていたし、ヘイスティングスから提示された5千万ドルは高過ぎるとなおも思っていた。

DVDレンタル・セントラルの買収を終えると、ステッドは事業開発担当副社長のサム・ブルームに引き継いでもらった。ブルームは有望なスタートアップを見つけ出し、ブロックバスターのデジタル戦略に役立てる役割を担っていた。

ブルームは職場の部屋が隣である戦略担当副社長のシェーン・エバンジェリストとよくステッドを話題にし、「グーグルの仕組みも理解していないんじゃない?」と冗談を言い合った。ステッドはアップルの法律顧問として8年間の経験を積んでいながら、揺籃期のオンライン技術についてはほとんど何も学んでいなかったのだ。とはいっても、ブロックバスターがオンライン戦略を必要としていることについては十分に理解していた。

ブルームが特に大きな関心を寄せていたのは、ビデオのデジタル化とビデオオンデマンド(VOD)関連の技術だ。そんなことから、彼はDVDレンタル・セントラルの内部資料をむさぼるように読みつつ、同社のウェブサイトも徹底的にチェックした。結果にはがっかりした。マイクロソフトのコードを利用していたウェブサイトは確かに動いていたが、利用者が数千人を超えるとクラッシュしてしまうのだ。

ステッドはブルームに向かって、「後は任せたよ。ネットフリックスを打ち負かすのに必要なことがあれば何でも言ってくれ」と言った。

ブルームはあっけに取られてしまった。「エド、この会社がネットフリックスを打ち負かすなんてあり得ないですよ」と指摘した。「あくまでオンラインDVDレンタルの実験に使うだけ。学ばなければならない点は主に三つ。一つ目はターンアラウンド時間（利用者がDVDを返却してから次のDVDを受け取るまでの時間）、二つ目は顧客行動、三つ目は顧客獲得コスト（CAC）。これが最終目標であるべきです」

ブルームとエバンジェリストはこの会社を「フィルム・キャディ」と改称。そこからさまざまなデータを収集したうえで、実店舗のデータと比べてみた。顧客がオンラインレンタルと実店舗レンタルをどのように使い分けているのか把握するのが狙いだった。実験から得られた最も貴重なデータの一つは、「オンラインでレンタルした顧客は引き続き実店舗でもレンタルしたがる」であった。映画ファンはオンライン上で旧作映画一覧を点検する傍ら、実店舗を訪ねて新作映画を衝動的にレンタルする。要するに使い分けているのだ。

もっとも、後になってブルームはフィルム・キャディ実験の不完全さに気付いた。実験ではオンラインレンタルの微妙な意味合いを浮き彫りにできず、結果としてネットフリックスの脅威を正確に把握できなかった。

まず、そもそもブルームのチームは実験を1年で切り上げてしまった。そのため、多くの利用者がサブスクリプションプランを解約しても1年以内に再契約しているという事実をきちんと分析できなかった。結果として、契約者1人当たりの平均売上高を見誤り、オンラインレンタルサービスの採算性を実態よりも低く見積もることになった。次に、インターネット上での口コミの威力を過小評価していた。ネット上で消費者向けに啓蒙活動するインフルエンサーの発言がどれだけネットフリックスの成長を押し上げるのか、見抜けなかったのだ。

03年終わりになってもアンティオコは「オンラインDVDレンタル市場は限定的」という立場を変えなかった。自分自身の直感に加えて社内チームが上げてくるデータもネットフリックス脅威説を否定していたからだ。

ブロックバスターの経営陣は、消費者がネットフリックスのどこに魅力を感じているのか理解できなかった。ネットフリックスを過小評価する理由はいろいろあった。①ネットフリックスでは需要の中心の旧作映画はブロックバスターでは人気がない②ネットフリックスの利用者は好きな映画をレンタルするのに何日も待たされる③ブロックバスターの独自調査では顧客の大半はオンラインレンタルに興味を示していない――などだ。

ブロックバスターの希望の星、エバンジェリスト

02年半ばのことだ。ブルームはネットフリックスの決算説明会を傍聴し、危機意識を強めた。ネットフリックスがサンフランシスコ・ベイエリアで「ペネトレーション（普及率などのこと）」を高めていることが分かったからだ。同じベイエリアでブロックバスターの店舗売り上げは低下傾向にあったから、事は急を要した。説明会でヘイスティングスが用意したチャートを見れば何が起きているのか一目瞭然だった。翌日配達が可能になった地域でネットフリックスのペネトレーションが急上昇していたのだ。

ブルームはステッドからフィルム・キャディについて報告するようしつこく言われていた。いよいよネットフリックスと全面戦争を始めるタイミングだ、と思った。

ブルームの考えでは、ブロックバスターはネットフリックスの素晴らしいウェブサイトと顧客サービスに正面から勝負を挑んではいけなかった。多大な出費を強いられるし、そもそもブロックバスターの伝統的コアコンピタンスから大きく外れてしまう。

ブルームは隣の部屋のエバンジェリストに言った。「ブロックバスターは歴史的に最新技術の導

入を苦手にしていたし、オンラインブランドと見なされたこともない」。そのうえ、親会社バイアコムはブロックバスターに対して徹底したコスト削減を求めており、アンティオコが既存店舗への投資資金捻出に苦労するほどだった。

結局、ブルームは店舗とオンラインを足して二で割ったハイブリッドモデルを採用することにした。これならば一からネットフリックスと同様のウェブサイトを立ち上げるよりもずっと安上がりだ。具体的には、既存の店舗内サブスクリプションプラン「ムービーパス」にウェブサイトをくっ付けるのである。ムービーパス会員はウェブサイト経由で注文を出し、ブロックバスターの巨大な在庫から好きな映画をレンタルする形になる。

このウェブサイトが店舗内の在庫を顧客に割り振り、店員が日々の発送作業を担う。ムービーパス会員がオンライン上でレンタルし、店舗で返却できるようにすれば、店舗への訪問者を増やすと同時にネットフリックスから顧客を奪える。他社にまねできないバリュープロポジション（価値提案）であり、これなら絶対に負けない、とブルームは思った。

ならば経営トップに進言するしかない。ブルームはステッドとアンティオコの2人にアポを入れ、直訴を試みた。しかしまともに取り合ってもらえなかった。

不満を募らせたブルームはエバンジェリストにハイブリッドモデルの話を持ち込んだ。ブロックバスターでオンラインサービスを立ち上げるとしたら、彼以上に頼りになる男はいない、とブルームはにらんでいた。

当時28歳のエバンジェリストはブロックバスター内で希望の星だった。行動は大胆で財務センスはピカ一。アンティオコの目に留まるのも必然だった。アンティオコはあからさまにエバンジェリストを寵愛したので、密かに嫉妬心を抱く経営幹部も多かった。

中流階級出身の若者に特有のオーラを発し、成功するためには何でもやろうとする活気にあふれているエバンジェリスト。大学時代は自治会委員長を務める傍らで、体操競技の大会で優勝するなどアスリートとしても秀でた実績を残している。アスリートとしては痩せ型でありながらも恵まれた家庭環境で育ったからだ。両親はニューヨークのアップステート（北部・中部・西部地域）出身で、そろってスポーツジムのインストラクターとして働いていた。

ブロックバスター最高財務責任者（ＣＦＯ）のザインから声を掛けられたとき、エバンジェリストは副社長の肩書を要求した。ＩＢＭのコンサルタントとして複数のブロックバスター副社長と接してきた経験から、ブロックバスターで何かを成し遂げるためには副社長という肩書の権威が不可欠であると認識していた。そのうえ、能力の面で年配のベテラン社員に決して劣らないと自負していた。

エバンジェリストはＩＢＭ時代――ＩＢＭではブロックバスター担当としてキャリアをスタートした――理解ある上司から警告を受けたことがある。「知ったかぶりをする傾向があるから気を付けたほうがいい」。しかし、ブロックバスターでは持ち前の自信過剰な性格を生かして実績を出すのだった。電子商取引については何の知識も持ち合わせていないのに、失敗を苦にせずにそこから必ず何かを学び取って問題を解決してしまうのだ。

統合サービスに懸ける

ブロックバスターの市場シェア低下を止めるにはオンラインレンタルは決定的に重要である、とエバンジェリストは正しく認識していた。彼がネットフリックスの顧客を対象に行なったマーケットテストでも、オンラインレンタルの重要性は裏付けられた。同社に対する顧客の信頼度や愛着度は異常値となるほど高いのである。ブロックバスターに対する明確な警戒信号だった。

ところが、フィルム・キャディの顧客が引き続きブロックバスターの実店舗を訪ね、月平均で3回レンタルしていることもマーケットテストで明らかになった。エバンジェリストの見立てでは、そこにネットフリックスよりも優れた何かを見いだせるはずだった。

ここから出てきたコンセプトが統合サービスだ。オンラインと店舗の双方を一つのサブスクリプションサービスにしてしまうのだ。その土台を築くためにエバンジェリストは社内で組織横断チームを立ち上げた。アメリカ全土を複数のオンラインフルフィルメント地域に分割し、各地域に独自の物流センターを設立するのだ。

03年、エバンジェリストは6〜7カ月にわたって悪戦苦闘した。組織横断チームを立ち上げたとはいっても各部署——店舗業務、マーケティング、マーチャンダイジング、商品開発、フランチャイズ——をまとめるのは至難の業だった。各部署に統合サービスの具体策を出すよう指示したところ、官僚主義に阻まれて何度も壁にぶち当たった。すべての部署が独自の仕様にこだわったり、プロジェクト全体をひっくり返しかねない条件を求めたりしたのだ。

問題の一因はCEOのアンティオコにあった。同じタイミングでまったく別の全国的プロジェクトを複数打ち出し、各店舗でマーケットテストを行なうよう指示したのである。すべての部署が複数のプロジェクト——小売りやゲーム、中古売買など——に同時に取り掛かり、CEOが求める期限を守ろうとしたことから、社内全体が決定的なマンパワー不足に陥った。

03年暮れにブロックバスターがアリゾナ州フェニックスで開いた戦略ミーティング。参加者は二つのグループに完全に分断されていた。一つはニック・シェファードが率いる店舗派。店舗網の整備のほか映画スタジオや配給会社との交渉を担当していた。もう一つはエバンジェリストのオンライン派。オンラインレンタルサービスの立ち上げを担っていた。

シェファードはミーティングの席でアンティオコに対し、統合サービスを採用するのか既存店舗網を活用するのか決めるよう迫った。ブロックバスターは以前ほど強力なブランドではなくなったとはいっても、世界全体でなお９千店近い店舗網を維持している事実は無視できない、と主張した。降参するのは早計であり、既存店舗網の体質強化に取り組むことが最重要だと指摘したのだ。エバンジェリストは反論した。彼の見解では、これまでの店舗改革案はことごとく失敗しており、ブロックバスターは統合サービスに望みを託すしかなかった。

ザインは「両派の提案を同時遂行するのに必要な資金はあります」と言った。しかし、アンティオコはどちらかを選ばざるを得なかった。そうしなければ、本社の経営チームと全国の店舗経営者に余計な負担をかけ、効率性を下げてしまいかねないからだ。みんなの視線がアンティオコに集まった。ここでシェファードのグループが負ければ、信頼できる百戦錬磨の店舗経営者が一斉に反発するのは必至だ。

アンティオコはエバンジェリストに顔を向けて聞いた。

「シェーン、カネはどれだけ必要なんだ？」

「２５００万ドルは欲しいです」

「分かった。用意しよう。さあ、もう退席してくれないかな。これ以上店長に嫌な思いをさせたくないのでね。あと、誰でもいいから好きなスタッフを３人、連れていくといい」

言われた通り、エバンジェリストは３人選んだ。企業戦略部のアナリスト２人とエンジニア１人だ。これから統合サービスの企画立案に協力してもらうことになる。３人とは別にＩＴコンサルティング大手のアクセンチュアと契約し、プログラマーも助っ人として呼び込んだ。

ネットフリックスのクローン版に行き着く

エバンジェリストは最初の1カ月を使ってビジネスプランを書き上げた。当初予定していたのは、一定の月額料金で契約者がオンラインと店舗双方のサービスを利用できる統合サービスだ。しかしそれを断念し、ネットフリックスをまねして純粋なオンラインモデルに行き着いた。一つだけ違いがある。契約者が店舗に行けば無料で映画をレンタルできるクーポン券を追加したのだ。これが消費者をブロックバスターへ向かわせるインセンティブになるというわけだ。

「ブロックバスター・オンライン」と名付けられたネットフリックスのクローン版は、エバンジェリストの計画では、少なくとも全国10地点の物流センターとともに6カ月以内にローンチとなる。ブロックバスター・オンラインが無事にローンチして動きだしてから、統合サービスを検討することになった。

エバンジェリストのチームは同じダラス市内に新しいオフィスを見つけた。赤レンガ造りの古いビル「パラマウントビル」内の2フロアだ。本社ビルであるルネサンスタワーから徒歩圏内にあるとはいえ、洗練されたビジネス街にあるルネサンスタワーとは大違いで、自由奔放で芸術的なウエストエンド地区に位置していた。吹き抜け構造のロビーは庶民向けサンドイッチ店と隣接し、ランチタイムになると上階の全フロアに調理の匂いが漂い込んだ。1ブロック先にある鉄道駅からは風変わりな人が大勢訪れ、ロビー内にある木陰のベンチに昼夜を分かたず腰かけていたものだ。

だが、ウエストエンド地区は若者に魅力的な街だ。ダラスで流行の最先端を行くレストランやバーも多い。ブロックバスター・オンラインの若いスタッフも1日16～20時間労働から解放されると、ストレス発散のために街中に繰り出した。

エバンジェリストが最初に採用したスタッフの一人はベン・クーパーだ。前職でインターネットマーケティングの専門家としての腕を磨いた。28歳で、髪の毛は茶色の縮れ毛、南部ルイジアナの訛りがある。彼は顧客開拓部門の責任者に就任した。03年9月の採用面接時にウェブサイトのローンチ計画を即席で書いて見せたところ、エバンジェリストに好印象を与えることができた。

クーパーはエバンジェリストと共にローンチ計画の細部を詰めながら、ブロックバスター本社のマーケティング部門の上司にも進捗状況を随時報告していた。ある時、初めて上司とランチを共にする機会があった。すると「ブロックバスター・オンラインが失敗したとしても心配するな」と言われた。本社で別の仕事を用意してもらえるというのだった。

「うちではこのようなプロジェクトは過去にもあってね。最初はみんな興奮するんだけれども、結局うまくいかないんだ」

クーパーは誘いに乗らなかった。「私はブロックバスターでマーケティングの仕事をするためにここに来たんじゃありません。新ビジネスを立ち上げてネットフリックスと競争し、業界全体に革命を起こすためにここに来たのです。それをやれないのだったら辞めます」

クーパーは生まれながらにしてビデオレンタルと接点があった。父親がルイジアナ州ラファイエット市内で、小さなビデオレンタルチェーンを経営していたからだ。幼いころから店舗内の受付カウンターの後ろをうろちょろし、手伝いをしたり来店者の意見を聞いたりするのが好きだった。そのうち一定のパターンを発見し、ビデオレンタル事業がどのように機能してどのように利益を出すのか、直感的に理解できるようになった。高校生になると近所のブロックバスター店でアルバイトをすることもあった。当時はインターネット時代の幕が開ける前であり、ビデオレンタル店のカウンターに座る店員は映画オタクばかりだった。彼らにとって最大の楽しみは、ビデオレンタル店の特権としてＶＨＳスクリーナー（マーケティング目的でビデオレンタル店に送られてくる正式リリース前の映画）を鑑賞できることだった。

エバンジェリストやアンティオコと違い、クーパーはインターフェイス構築に必要な技術に明るかった。ネットフリックスが開発スピードや契約者拡大で先行していても、落ち着いて対策を練ることができた。ただし、細部へのこだわりやレコメンドエンジンについてはお手上げだった。ネットフリックスは他社には簡単にまねできない境地に達しており、自分たちに与えられた時間と予算ではとても追い付けない、とクーパーは思った。

ほかにもマイナス材料があった。アンティオコは「ブロックバスター・オンラインはブロックバスターの店舗と切り離して開発されなければならない」という指令を出していた。店舗の顧客名簿は一切使えなかった。しかも、店舗よりも目立つマーケティングも禁じられた。例えば、ネットフリックスをまねして「延滞料金は一切なし」とうたうのは許されなかった。店舗について悪い印象を与えることになるからだ。

エバンジェリストとクーパーは映画スタジオとの関係も独自に築き、在庫を仕入れるための交渉も独自に行なわなければならなかった。そのうち、ダラスではブロックバスターのフランチャイズ加盟店オーナーが団結し、ブロックバスター・オンラインを阻止するために訴訟をちらつかせ始めた。本社はブロックバスター・オンラインを無視しているとはいっても、つぶすつもりはないということが明らかになったからだ。

クーパーの見立てでは、加盟店オーナー側はできるだけ早くブロックバスター・オンラインを閉鎖に追い込みたかった。そうすることでアンティオコは正気に戻り、ブロックバスター本来のコア事業に再び集中してもらえると考えた。オーナー側が近視眼的になってしまうのは無理もなかった。

彼らにとって本社社員は上得意の顧客であり、ブロックバスター・オンラインへ流れてしまっては困るのだった。何しろ本社社員は会社の補助を受けており、ダラス都市圏内にある数十店のブロックバスターのどこに行っても無料で映画をレンタルできたのである。

打倒ネットフリックスにふさわしい人材

03年暮れになり、クーパーは予定通りにエバンジェリストと若い役員4人と共にパラマウントビルへ引っ越した。4人はそれぞれ顧客維持、マーケティング、ウェブサイト、IT担当だ。これが創業チームである。最初の仕事はスタッフ集めで、すべての応募者と面接した。求めていたのは強い意志と高い競争心を持つ人材、つまり打倒ネットフリックスにふさわしい人材だ。

クーパーはJ・W・クラフトと大きなオフィスをシェアした。クラフトはエバンジェリスト直属の部下で、以前はブロックバスターで事業開発担当役員を務めていた。奇妙な形をしたオフィスには複数のビーンバッグチェア（椅子にもソファにもなるクッション）、ナーフ（NERF）のサッカーゴール、ヘイスティングスの顔写真をピン留めしてあるダーツボードが置いてある。エバンジェリストはこのオフィスを気に入り、ブレインストーミングのためにちょくちょくやって来るようになった。

エバンジェリストにとってクラフトは頼もしい存在だ。オクラホマ出身でイェール大学卒の27歳。フェニックスでの戦略ミーティングでオンライン派のエバンジェリストが窮地に追い込まれると、いろいろな事実や統計を見せて助け舟を出した。「オンラインレンタルに今のうちに投資しておかないと、5年後までにブロックバスターはすべてを失っているでしょう」

クラフトは財務や物流のほかコンテンツ獲得を担当。エバンジェリストの指示で、ローンチ日までに少なくとも2万5千タイトルの映画コンテンツを獲得することになっていた。そうすればローンチ日には「ブロックバスター・オンラインにはネットフリックス以上に多くの映画タイトルがそろっています」と宣伝できる。

クラフトはまず郵便局のデータを調べ、物流センターの設置場所として全米で10地点を選ぶ仕事に取り掛かった。同時に、パラマウントビル内に設置した小型物流センターを使い、機器類やフロアプラン、発送プロセスに問題がないかどうかテストも開始した。ネットフリックスがゆっくりと自律的成長を遂げているのと対照的に、こちらはオンラインレンタル分野へ一気呵成に攻め込まなければ勝負にならない、と考えていた。

続いてクラフトは映画探しに着手した。エバンジェリストの要求に応えるため在庫を充実させる必要があり、DVDの卸売業者から入手した膨大な在庫リストを何時間にもわたってチェックし始めた。DVD化されているタイトルはすべて注文したのはもちろん、風変わりなDVDも仕入れることにした。薪ストーブを紹介するDVDや水族館の魚を見せるDVDなどだ。それでも足りず、アルバイトも2人雇ってテレビの前に一日中座らせた。レイティングの指定がない自主制作映画を山ほど見てもらうためだ。このうちのほとんどは、ヌードやセックスシーンがあらわでブロックバスターのファミリーフレンドリー（家族向け）方針と相いれない作品だった。

エバンジェリストはインターネット上で存在感のある企業と包括的なクロスプロモーション契約を結び、ローンチ直後から多数の消費者がウェブサイトを訪れる状況にしておきたかった。彼が期待を寄せていたのはマイクロソフトのMSNやAOL、ヤフーなどだ。

アクセンチュアのエンジニアがすでにプログラムを書き始めていただけに、エバンジェリスト、クーパー、ブルームの3人は直ちに行動しなければならなかった。

まずはヤフーとアマゾンに接触し、オンラインレンタル業務での提携を打診してみた。両社は高度なウェブサイトを持っており、ポータルサイトとしての利用価値が高い。具体的には、ブロックバスターは実際の業務――DVD在庫、フルフィルメント、サブスクリプション――をすべて引き受ける見返りに、ヤフー（あるいはアマゾン）のウェブサイトを利用して顧客を呼び寄せる、というシナリオを描いていた。有力なインターネット企業と提携できれば、消費者の間で「クールなブランド」として認知してもらえ、カッコ良くて最先端を行くネットフリックスに対抗できる、とエバンジェリストはにらんだ。

ところが、である。本社の法務チームの邪魔が入った。法律顧問のステッドはヤフーとの提携条件をめぐるミーティングを途中退席した。「こちらにとってあまりに不利」だと言い、抗議の意思表示をしたのだ。これでヤフーとの提携はご破算になった。ほかのネット企業との交渉も法務チームの横やりが入り、同じように壁に突き当たった。ブロックバスター・オンラインのマーケティングチームは法務チームから理不尽な要求を突き付けられ、パラマウントビルに戻って一から仕切り直ししなければならなくなった。

AOLとの提携交渉は進展を見せた。AOLはオンライン映画情報・チケット販売会社「ムービーフォン」を傘下に持ち、かねて映画とは縁があった。両社の交渉チームはパラマウントビル内の別フロアにそれぞれこもり、1週間にわたって顔を突き合わせながら契約内容を詰めた。パラマウントビルから外に出ないようにすれば、両社の法務部門を巻き込まずに済む。それでも最終合意へのハードルは高かった。ブロックバスターが最新テクノロジーの導入に不慣れで失敗続きだったため、ネット企業の間でブロックバスター・オンラインに対する警戒心が強かったのだ。

アマゾンの創業者ジェフ・ベゾスは明らかにオンラインDVDレンタルに前向きだった。将来的に映画のデジタル配信事業を開始するうえで役立つと考えていたようだ。ただし、彼が提示した条件が厳し過ぎた。ブロックバスター・オンラインのチームは黒字化への道筋をまったく描けていなかったうえ、連邦法であるビデオプライバシー保護法（VPPA）のことも気にしていた。契約者のレンタル歴をアマゾンと共有すると、VPPA違反との指摘を受ける恐れがあった。

ベゾスがネットフリックスとも交渉中であるとのうわさを耳にしたエバンジェリストは、「アマゾンがネットフリックスを買収すればいいのに」と強く思った。アマゾンにとっては急成長中のDVD販売事業が最も重要だったので、アマゾン傘下のネットフリックスは二番手の事業になって影が薄くなる、と読んだのだ。

スパイ行為で物流システムの秘密を探り出す

クーパーがマーケティング戦略を練っている間、ウェブサイトと物流システムは急ピッチで具体化していった。アクセンチュアのコンサルタントであるリック・エリスはクラフトから物流システムの仕事を引き継ぎ、ブロックバスター・オンラインの倉庫ネットワークを築き上げた。すべての倉庫には十分な作業員も配置し終えてあった。

以前に国際物流大手DHLに勤めていたエリスは物流分野に詳しかった。アメリカ郵政公社（USPS）の集配局近くの倉庫をいくつか選び、3日間の倉庫ツアーも主催した。各倉庫は自動化なしで、8～10人の作業員によって運営される予定だ。オンラインレンタルサービスが軌道に乗るまでは人海戦術で注文を処理するということだった。

エリスにとってUSPSとのやり取りは予想以上に厄介だった。すでにネットフリックスがUSPSの協力を得て「郵便DVD」事業を完成させていたからだ。郵便局側は企業秘密を理由にネットフリックスのやり方を明らかにせず、ブロックバスターは自力で手法を開発するべきだと主張した。

エリスはパラマウントビル内の小型物流センター――彼はこれを回転の速い図書館と同じと見なしていた――を使い、フルフィルメント業務がうまくいくかどうか実験してみた。うまくいくと実証できれば、全米10地点の物流センターで、個々の映画タイトルをどの棚に置くかも含めまったく同じレイアウトを使えばいいのだ。ローンチ日が近づくと、エバンジェリストが求める生産性目標を達成するために、架空の顧客データと本物のＤＶＤを使って予行練習するよう各物流センターに指示した。

エリスは12月に実験プロジェクトを始め、翌年7月4日の期限までに生産性目標をクリアした。全国10地点の物流センターがすべてスムーズに機能するようになったのだ。エリスは特別ボーナスを得た。

エリスはネットフリックスの倉庫運営について興味津々だった。しかしながら、決して自分でスパイ行為をしようとは思わなかったし、部下にそれを促すこともしなかった。たが、エバンジェリストはそれほど倫理的に厳格なタイプでもなかった。クーパーと一緒に複数の都市で消費者をリクルートし、ネットフリックスの会員になってもらった。モニターとして協力してもらい、秘密を探り出そうとしたのだ。モニターにはマーケティングチームが用意したアンケート調査票を定期的に送った。

スパイ行為に頼らずとも、ネットフリックスの倉庫運営についてある程度知ることはできた。ネットフリックスに特化した消費者向けブログサイト「ハッキング・ネットフリックス・ドット・コム」をチェックすれば、物流センターの多くがどこに位置しているのか割り出せた。動画投稿サイトのユーチューブ上にはネットフリックスの倉庫内を撮影したビデオがアップされており、複雑な物流システムがどうなっているのかイメージをつかめた。

さらには友人・親族にも頼った。ネットフリックスの会員を装って物流センターを訪ね、「ここでDVDを返却してもいいですか？」と聞きながら、盗み見してもらうのだ。最初のうちネットフリックスの倉庫作業員はまったく怪しむことはなかった。非公式に倉庫内を案内したり、写真撮影を許可したりした。しかし長続きしなかった。自称「会員」が各地の物流センターに続々と現れている、といううわさが流れ始めたからだ。ネットフリックスのトム・ディロンは倉庫内ツアーを禁止し、ネットフリックスの倉庫であることを示す看板を取り外した。

エバンジェリストのチームはこれから何年にもわたり、ネットフリックスが物流ネットワークを拡大していく様子を注意深く観察していくことになった。ブロックバスター・オンラインと親会社のブロックバスターにとって、「ネットフリックスの物流ネットワークの拡大＝ネットフリックスの攻撃にさらされる市場の拡大」を意味したからだ。

ブロックバスターをあなどる

ブロックバスターがもうすぐオンラインサービスを開始するというのは、マッカーシーとヘイスティングスの2人にとってもはやニュースではなかった。ヘイスティングスの友人がブロックバスター関係者のおしゃべりを偶然小耳に挟み、2人に報告していたのである。2人にとってはこれで十分だった。同社がどんなサービスを計画しているのか、すぐに想像できた。

03年10月のことだ。ヘイスティングスの友人が仕事で飛行機に乗ったところ、すぐ後ろの座席で、ブロックバスターのコンサルタントが隣の席の人とオンラインサービスについて交わす会話の内容が聞こえてきた。予算規模、プロジェクトに関わる人数、ローンチ日、レンタルした映画の返却はどのブロックバスター店でもＯＫ――。すべてをメモに取ってヘイスティングスへ送った。

コンサルタントが語った内容は聞き捨てならなかった。ブロックバスターが計画していたのは、店舗とオンラインを組み合わせた統合サービスだ。もし実現すれば、ブロックバスター・オンラインは親会社ブロックバスターのアクティブ会員２千万人にアクセスできる。やり方次第でネットフリックスに致命的なダメージを与えることも可能とみられた。顧客は店舗の利便性を享受しつつ、オンラインの豊富な映画ライブラリにもアクセスできる。この部分はネットフリックスには絶対にまねできない。

しかしヘイスティングスは平然としていた。彼の推論では、このように複雑なテクノロジーを使いこなし、店舗とオンラインを統合するというのは極めてハードルが高く、ブロックバスターには無理なはずだった。

04年初めの投資家説明会の席で、ヘイスティングスは次のように語っている。

「オンライン戦略という点で、ブロックバスター・オンラインはわれわれに対してどこまでやれるのか。おそらく大手書店チェーンのバーンズ・アンド・ノーブルがアマゾンに対抗するために打ち出したオンライン戦略と同じ程度でしょう。もちろん、すべてがはっきりするまで注意深くブロックバスターの動きを追っていきますけれども……」

04年に入ってインターネット企業の株が再び人気になった。ドットコムバブル崩壊から3年間にわたって続いた〝暗黒時代〟をようやく脱したのだ。ポストバブル時代の寵児に突如として躍り出たのがネットフリックスだ。株価は４００％近く上昇し、売り上げの伸び率は毎年１００％以上を続けたことから、投資家の注目を集めないはずがなかった。

サブスクリプションプラン開始以降、ネットフリックスはオンラインレンタル市場で独占的な地位を築き、特に競争圧力にもさらされずにいた。それでもサブスクリプションモデルの完成度向上を目指して微調整を怠らず、ますますライバル勢を引き離していった。顧客満足度は高く、解約率は低いうえ、一般アメリカ人の間でもブランド認知度が上昇しつつあった。そんなことから新規申し込みは1日当たり3千件近いペースに達していた。

オンラインレンタル市場の潜在規模は巨大だった。サブスクリプション契約者数は2千万人になるともいわれていた。サンフランシスコ・ベイエリア——ネットフリックスにとって最初の市場——でのペネトレーションを基準にすれば達成可能な数字だった。ベイエリアでは住民の5％以上がネットフリックス会員になっていたのである。

ネットフリックスの「ミス」に小躍りする

04年初め、ヘイスティングスとマッカーシーは「ネットフリックスは06年までに売上高を2倍以上に増やし、1年前倒しで年商10億ドル企業になる」と予測した。それだけではなかった。イギリスとカナダへの進出計画を明らかにしたほか、05年には映画のダウンロードサービスを始めるとぶち上げた。

ほぼ同じタイミングで、マーケティング責任者のキルゴアはマーケティング戦略に初めてテレビコマーシャルを組み込んだ。新規申し込みは天井知らずに増え続けた。1カ月後、ネットフリックスは直近の四半期決算の赤字幅が当初予想の3倍になると発表。理由は広告宣伝費だ。1カ月の無料お試し期間が予想以上に大きな宣伝効果を生み出し、新規申し込みの増加につながっていたのだ。

それを反映して株価も急ピッチで上昇。02年に5ドルの安値を付けてから上昇に転じ、直近では

75ドルを超えていた。マッカーシーは大きな追い風を受けているると実感し、ネットフリックスを04年末に辞めると発表した。転職して経営トップのポストを得たかったのだ。ヘイスティングスには退任する気持ちはさらさらなく、このままでは未来永劫ナンバー２。50歳の大台を迎えて心機一転したかったようだ。

辞める前にマッカーシーはネットフリックスの財務体質を強固にしておきたかった。そこで同社の主要サブスクリプションプラン——一度に３枚までのレンタルプラン——を値上げし、増収分をDVD在庫の充実とウェブサイトの機能拡大に投資すべきだと主張した。これによって顧客満足度が向上して解約が減少するから、値上げを嫌ってネットフリックスをやめる契約者が出てきても十分に埋め合わせできる、と読んだ。

マッカーシーは敵に塩を送る格好になることも認識していた。ブロックバスター・オンラインは新規契約者獲得のために多大なコスト負担に直面するので、利益率向上に向けて料金を高めに設定したくて仕方がないはずだった。ネットフリックスの値上げを見れば、ローンチ日に大喜びして追随してくるのは間違いない。マッカーシーの言葉を借りれば、「高コスト構造の企業が値下げ競争をするはずがない」。ブロックバスター・オンラインには値下げする余裕はまったくないという意味だ。

４月になり、ネットフリックスは一度に３枚までのレンタルプランを月額19・99ドルから21・99ドルへ値上げした。

ネットフリックスの値上げは、エバンジェリストにとってヘイスティングスからの個人的な贈り物に思えた。実のところ、彼はブロックバスター・オンラインの料金体系をネットフリックスと同じにし、さらにインセンティブとして店舗で使える無料クーポン券２枚を付け加えるつもりだった。

それだけにネットフリックスの「ミス」に小躍りした。ブロックバスター・オンラインの社内調査によると、顧客はオンラインレンタルに対して月額20ドル以上払うのを拒絶していたのだ。エバンジェリストは月額20ドル以下でローンチすることに決めた。

ブロックバスター・オンラインがウェブサイトのベータ版（テスト版）をリリースした04年7月15日は、たまたまネットフリックスの第2四半期決算発表の日でもあった。なお改善しなければならないベータ版ではあった。しかし、これまでどういうわけかブロックバスター・オンラインを見下し、軽蔑するような振る舞いを見せてきたヘイスティングスとマッカーシーの2人に見せつけることができて、エバンジェリストは悦に入った。

ブロックバスター・オンラインのチームは次に個々の社員向けに登録コードを発行し、最も多くのモニターをリクルートした社員には優勝賞金を出すと発表した。結局クーパーが優勝した。「ベビー（子ども）誕生」を知らせる友人宛ての電子メールが一気に拡散したためだ。

その日の午後にネットフリックスが決算発表を終えたころ、ネットフリックスの経営チームはベータ版リリースのことを聞き、ログインを始めた。クーパーとエバンジェリストはネットフリックスの動きを知って笑ってしまった。URL追跡プログラムで調べたところ、ネットフリックスのドメイン名を持つ電子メールが見つかったからだ。そこには rhastings@netflix.com と bmccarthy@netflix.com も含まれていた。ネットフリックスの2人はベータ版モニターとして登録し、ブロックバスター・オンラインに探りを入れようとしたようだ。

第6章　お熱いのがお好き　“Some Like It Hot”

――2004〜2005年

完全なコピーに怒り心頭に発する

マッカーシーは会議室の席に座ったまま、怒りでカーッと熱くなった。自ら主催した決算説明会を終え、ブロックバスター・オンラインのベータ版にログインしたところ、そこで彼ら経営幹部が目にしたのは、ネットフリックスと瓜二つのウェブサイトだった。

ブロックバスター・オンラインはすべてをコピーしたのである。ユーザーインターフェイスやバックエンドシステムばかりか、予約リスト「キュー」までも。ブロックバスター・オンラインがここまでやるとは社内では誰も予想していなかった。敵ながらあっぱれと言うしかないな、とマッカーシーは思った。高をくくっていたのが間違いだった。ブロックバスターはネットフリックスのビジネスモデル――特許を取得済み――を使って戦いを仕掛けてきた。ネットフリックスの競争相手は事実上ネットフリックス自身ということなのだ。

ヘイスティングスは冷静だった。ブロックバスター・オンラインは見た目をまねただけで、背後にあるアルゴリズムまでまねたわけではない、と指摘した。彼の分析によれば、ブロックバスター・オンラインはコスト最適化やマッチング・アルゴリズム、市場調査プラットフォームで出遅れており、せいぜいネットフリックスの半分の力量しか備えていない。
ブロックバスター・オンラインのベータ版リリースが世間に知れ渡ると、株価はすぐに反応した。ネットフリックス株は猛烈な売りを浴びせられたのである。高株価に浮かれていた投資家とのハネムーン期間はあっと言う間に終わった。これはネットフリックス株ではよく起きることだ。ネットフリックスに関する限り、投資家は移り気でニュースに過剰に反応するという点で折り紙付きなのだ。

例えば2002年半ばのことだ。ウォルマートがオンラインDVDレンタルの新サービスを始めるというニュースが流れると、ネットフリックス株は5ドルにまで急落した。しかし実際には、ウォルマートのウェブサイトはネットフリックスにとても及ばなかった。グラフィックスは小さ過ぎ、操作は分かりづらく、見た目はダサかった。

オンラインストアは単なる「ネット上のカタログ」ではない。顧客の想像力をかき立て、愛着を刺激することで、実店舗でのショッピングと比べて遜色ない魅力を出す必要がある。ネットフリックスが顧客に提供している体験と機能性が簡単にまねされるわけがない。最後には株式市場も明らかに同じ結論を出した。ネットフリックス株は徐々に回復し、04年に入ってついに40ドル近くにまで上昇した。

だから、アンティオコが03年4月に「1年後にオンラインサービスを立ち上げる」と宣言したのを見ても、ヘイスティングスはうろたえなかった。数日後、次のように語った。

「ライバルが1年後にもっといいサービスを提供すると宣言したとしましょう。それは弱さを露呈しているだけです。なぜなら、今は消費者に提供できるサービスがないということですから」

しかし、ヘイスティングスの強がりとは裏腹に、ブロックバスターのベータ版リリースを受けて投資家は一斉にネットフリックス株売りに走った。株価は崖から滑り落ちるかのごとく下がり続けた。わずか1週間でネットフリックスは株式時価総額の60％を失い、株価はIPO時の公開価格（15ドル）に逆戻りした。一部のアナリストはネットフリックス株を「売り」へ格下げし、以後4年間にわたってそのままで据え置くのだった。

それ以降、マッカーシーとデボラ・クロフォード――ネットフリックスのIR（投資家向け広報）責任者――は投資家・アナリスト対応で大わらわとなった。「ブロックバスター・オンラインは若いMBA（経営学修士）のチームで経験不足。マッカーシー、ヘイスティングス、キルゴアで構成されるベテランチームにはかなわない」「オンラインサービス開始でブロックバスターの実店舗は在庫コストの上昇に直面する」――。いろいろ説明して説得を試みたものの、逆効果だった。ウォール街からは「ネットフリックスは現実を直視しないのか？　それとも単に間抜けなのか？」と批判を受けた。非常に腹立たしかったが、ネットフリックスが新たな脅威に直面しているのは確かだった。同社経営チームと取締役会は直ちに行動するよう求められていたのだ。

ブロックバスター・オンラインによるベータ版リリースの数日前、ヘイスティングスやマッカーシーは別のニュースを耳にしていた。オンラインDVDレンタルにアマゾンがいよいよ本腰を上げ始めたらしいのだ。マッカーシーはヘッジファンド運用者からその話を知らされ、最高コンテンツ責任者（CCO）のテッド・サランドスも違うルートで話を聞いていた。ハリウッドのビバリーヒルズ事務所に常駐し、ネットフリックスとエンターテインメント業界の間を取り持つ連絡係を務めていたサランドスは、業界事情に詳しい。彼の人脈からは、アマゾンがレンタル用映画の在庫確保のため、すでに映画スタジオ各社と交渉に入っているという情報が入った。

ヘイスティングスとマッカーシーはうろたえた。ブロックバスターなどとは比べものにならないほどのインパクトがあった。アマゾンが脅威となる要素は枚挙にいとまがない。第1に、ウェブサイトへのユニークビジター数は毎月3800万人に上る。第2に、ネットフリックスに匹敵するサービスを構築する技術ノウハウが蓄積されている。第3に、ネットフリックスには太刀打ちできないブランド力がある。

とはいっても、まだあくまでうわさベースの話だ。サランドスは当面成り行きを見守るしかないと思った。

ブロックバスター・オンラインがついにデビュー

ネットフリックスがウェブサイトをローンチしたときは、社内の雰囲気はいつもとあまり変わらなかったが、ブロックバスター・オンラインは違った。04年8月20日のローンチ当日にはクーパーとクラフトはダラスの劇場グラナダシアターを貸し切りにし、映画をモチーフにしたパーティーを開催した。会場内にはハリウッドのセレブに扮した物まね役者も交じっていた。

会場内の壇上には特大のボタンが設置されていた。このボタンをCEOのアンティオコと社長のナイジェル・トラビスが押すことで、ブロックバスター・オンラインがインターネット上でデビューする仕組みになっていた。会場内に大勢の店長ら店舗関係者が集まり、180人前後のブロックバスター・オンライン側スタッフ――アクセンチュアのプログラマーを含む――と一緒になっていた。クーパーはジーンズと白黒Tシャツ姿で登場し、ローンチ直前まで走り回って万全を尽くした。白黒Tシャツにはブロックバスター・オンラインのホームページのスクリーンショットが大きくプリントしてあった。

ベータ版でのテスト期間中、アンティオコはいらいらしながらエバンジェリストに注意を喚起していた。「拙速はやめてくれ。バグを取り除いて、消費者に見せても恥ずかしくない状態にしてからローンチするんだ」。ザインも同様に神経質にチェックを入れていた。

エバンジェリストは「心配無用です。すべては順調に進んでいますから」と答えた。しかし、本当は一抹の不安を抱いていた。ローンチ日に大勢のユーザーが殺到したら、ウェブサイトが持ちこたえられずにクラッシュするリスクもあった。それを報告せずにいたのは、「8月20日にローンチする」という約束を反故《ほご》にしたくなかったからだ。

グラナダシアター内の会場はいよいよ消灯となり、クーパーが合図を送った。巨大スクリーン上には黒の背景に白い文字が浮かび上がった。ビデオ映像とともにすさまじい音量の電子音楽が流れた。スクリーン上の白い文字は、ヘイスティングスのメッセージだ。

〈ブロックバスターの歴史を振り返ると、オンラインサービスに必要なテクノロジーとマーケティングが見劣りしているのは否めません――ネットフリックスCEO、リード・ヘイスティングス〉

もう一つのメッセージが続いた。

〈ブロックバスターはオンラインサービスを効果的にプロモーションできるでしょうか？　はなはだ疑問です――ネットフリックスCEO、リード・ヘイスティングス〉

会場ではブーイングが沸き上がり、ヤジが飛び交った。スクリーン上には『ロッキー』『ブレイブハート』『タクシードライバー』『ファイト・クラブ』などマッチョな映画の名場面が流れ始めた。会場内が騒然としたところで、再びメッセージが表示された。アンティオコのメッセージだ。

〈眠れる巨人が正式に覚醒した。一つやってやろうじゃないか！〉

叫び声が鳴り響き、ビデオ映像がなお続いた。今度は映画の名場面とともに、エバンジェリストのチームが6カ月間で成し遂げた偉業がグラフで示された。①600万枚の封筒を印刷②75万行のプログラムを完成③50万ページのウェブページを作成④2万5千タイトルの映画を購入⑤スタッフ全員で累計1万5千日労働を達成⑥100件以上の契約書を締結⑦全米10カ所に物流センターを設置――などだ。

ビデオ映像は「巨人は覚醒した」という言葉と2点の写真で締めくくられた。一つは黄と青のブロックバスター・オンライン封筒、もう一つは「ブロックバスター・オンライン――玄関先の映画ストア」というロゴだった。

拍手喝采のなか、アンティオコとトラビスは壇上に上がり、この日に上級副社長へ昇進したエバンジェリストと彼のチームにねぎらいの言葉を掛けた。そして特大のボタンを押した。

パーティーにはニック・シェファードも招かれた。店舗派とオンライン派の間の溝はなおも埋まらないままだったが、アンティオコは店舗派のトップを招かないのは寛容の精神に反すると考えたのだろう。もっともシェファードはパーティーに顔を出さなかったが……。

本社ルネサンスタワー内ではオンライン派をめぐって次のようなうわさが広まっていた。「パラマウントビル内のオフィスにテーブルサッカーゲームや豪華家具を入れて、ドットコムバブルさながらにぜいたく三昧している」「どうやら予算が潤沢にあるようで、会社補助で食堂を無料で利用している」――。これを聞いたエバンジェリストとクーパーは一緒に大笑いした。

実際のところ、親会社バイアコムCOOのカーマジンはオンラインレンタルの必要性を認めながらも、ブロックバスター・オンラインの予算については厳しい姿勢で臨んでいた。エバンジェリストの推計によれば、ブロックバスターはオンラインレンタルサービスの構築・維持に2億ドル以上投じなければならなかった。そうしなければ黒字化を見込めないのだった。しかしカーマジンが反対していた。そんななかエバンジェリストは2500万ドル――アンティオコがエバンジェリストのチームに1年前に与えた資金——でどうにか食いつないでいた。バイアコムによるブロックバスターのスピンオフが完了する04年暮れまでの辛抱、とみていた。

クーパーが仕掛けたグラナダシアターの特大ボタンは、魔法のように作用した。ところが、パラマウントビル内は慌てふためいていた。ローンチ直後からプログラムエラーが発生したのだ。アクセスが増えるにつれてウェブサイトがクラッシュしかねない状況になり、プログラマーは総出になった。1週間後にエラーを修復するまで、1時間に1回のペースでサーバーの再起動を繰り返す羽目になった。

序章にすぎなかったプログラムエラー

プログラムエラーは序章にすぎなかった。これ以降エバンジェリストとアーロン・コールマン——愛想の良い主任プログラマー——は次から次に技術上の問題に直面し、苦しめられるのだった。ブロックバスター・オンラインが急成長を遂げている間ずっと、である。

コールマンはベイエリア出身の技術者で30歳。クーパーの下で働いていたガールフレンドのジェニーから「ブロックバスター・オンラインが主任プログラマーを探しているわよ。応募してみない?」と聞かれたときは、特に興味を持てなかった。

しかしジェニーに説得され、エバンジェリストとの面談に臨んだ。その場で入社を決めた。彼のカリスマ性に魅せられたうえ、ブロックバスターのような世界的ブランドから資金援助を受けているスタートアップで働くのも魅力的に思えたからだ。

05年2月に初出社し、初日から午前3時までたっぷり残業した。以後も昼夜問わずに仕事に没頭した。ブロックバスター・オンラインのウェブサイトがクラッシュしないように万全を期す必要があったためだ。何しろ新しい物流センターが次々に設置される一方で、日々の新規申込件数が過去最高を記録し、毎週数千タイトルの映画が在庫に加わっていったのだ。

数カ月のうちにコールマンはウェブサイトのソフトウエアとデータベースに改良を加え、1秒当たり数千件の注文処理を可能にした。1秒当たり10件強の注文処理にとどまっていたローンチ時と比べ劇的な進歩だ。これによって、映画の返却があれば直ちに顧客の予約リストの中から次の映画を指定し、最も近い物流センターから顧客に送り届ける体制が出来上がったのである。

向こう3年間にわたり、コールマンはプログラマー集団を率いて、急成長に耐えられるようウェブサイトのプログラムを全面的に書き換えていった。スピードの面でも機能の面でも改良を重ねた結果、ブロックバスター・オンラインはネットフリックスに追い付き、最後は追い抜くほどのパフォーマンスを実現するのだ。

ブロックバスター・オンラインのチームは当初からネットフリックスを意識し、尊敬と敵意が混じった複雑な感情を抱いていた。また、若いチームであっただけに、きつい仕事を続けるためにはある程度の遊びも必要としていた。そんなわけで、パラマウントビルのオフィス内ではネットフリックス経営陣の声がよく流されたものだ。同社が決算発表後に投資家説明会を開いたりマスコミとのインタビューに応じたりすると、ヘイスティングス、マッカーシー、キルゴアの発言内容がスピーカーフォンを通じて社内全体で共有されるのだ。ブロックバスター・オンラインへの言及があるたびにヤジが飛び交った。

サラ・グスタフソンは大学卒業から4年目の若手で、典型的なブロックバスター・オンライン社員といえる。賢くて理想主義者。ウェブサイトのローンチ直後に合わせてエバンジェリストが呼び込んだフルタイムスタッフの一人だ。担当は顧客アナリティクス。顧客データを集めて加工・分析し、料金や購買、サービス内容を決める際に役立てるのだ。

革命的とあがめるネットフリックスに挑戦するのはやりがいがあって楽しい、とグスタフソンは思った。同時に、これからの戦いが険しい道になるということも自覚していた。低料金なうえにすでに認知度が高いので顧客獲得は問題ない。だが、顧客維持となると話は違った。彼女は顧客の解約に関わるデータを分析してみた。すると二つの要因が浮かび上がった。配達スピードと品揃えである。

消費者によるブログやレビューによると、最大の不満は在庫切れだ。在庫切れになると、顧客の予約リストには「長期待ち」と表示される。配達は比較的速くて、それなりの評価を受けていた。対照的にフルフィルメントは不評だった。顧客は見たい順番に映画を予約リストに入れているというのに、リストの上位ではなく中位・下位に入っているタイトルが最初に送られてくることも多かったのだ。

エバンジェリストが期限厳守を求め過ぎた面も否めなかった。例えばアクセンチュアのチームだ。期限を守るためにスピードを上げなければならず、ウェブサイトの主要機能――ユーザーインターフェイス、DVD仕分け、物流システム――をそれぞれ別のプラットフォーム上に構築した。これによって予定通りにウェブサイトをローンチできたものの、ローンチ後のシステム増強を難しくしてしまった。結果としてシステムの容量は恒常的に足りなくなり、そのあおりを受けてエンジニアチームはいつも仕事に追われる羽目になった。

その中の一人がソフトウエア技術者のマイケル・シフターだ。オクラホマ州ブロークンアロー市出身の30歳。エバンジェリストにスカウトされてブロックバスター・オンライン入りし、ウェブサイトの管理業務をアクセンチュアから社内チームへ移管する作業を担った。

シフターはおおらかで会話上手であり、直前までオンライン旅行代理店サイトのプライスライン・ドット・コムに勤めていた。ブロックバスター・オンラインでは暗い廊下に自分のオフィスを設け、屋外のカードゲーム用テーブルにスタッフを配置。こんな環境下に身を置きながら、複雑なアルゴリズムと格闘する日々を送り始めた。顧客に届けるべき次の映画はどれか？　その映画はどの倉庫から発送すべきか？　このようなことを決めるのがアルゴリズムだ。

シフターの指示によってプログラマーは三つのグループに分かれ、あたかもコンピューター専門のSWAT部隊のように機能した。強情なシステムの至る所に存在する問題を解決して、進行中の業務――価格変更、新サービス導入、マーケットテストなど――に合うように再調整するのだ。

スタートアップとしての覚悟

確かにブロックバスター・オンラインは問題山積だった。サービス水準は低かったし、スタッフの経験値も低かった。それでも有利な指標が一つだけあった。契約者ベースの大きさだ。それについては経済メディアもネットフリックスも注目していた。契約者ベースの一段の拡大に向けてエバンジェリストは万全を期す決意でいた。成長を妨げる要因はすべて排除するんだ！　毎日欠かさず、24時間体制で！

だからこそエバンジェリストはクーパーに頼んで彼らの携帯情報端末ブラックベリーに細工をしてもらったのだ。これによってブラックベリーを見れば、1時間ごとに新規申し込みがどのくらいあるのか知ることができるようになった。

もし新規申し込みに異常値が出てくれれば、エバンジェリストは深夜でも構わずにクーパーに電話した。そんなとき、クーパーは妻ジェスを目覚めさせないようにベッドから出て、裏口へ行ったものだ。ちなみにエバンジェリストからかかってくる電話の着信音は、映画『スター・ウォーズ』の悪役ダースベイダーのテーマ音楽に設定してあった。そのうち、ダースベイダーの音楽が流れるたびに愛犬が裏口へ向かって走り出すようになった。それを見てクーパーは思った。いつの間にか2人とも数字のとりこになってしまっていたんだ！　当時、新規申し込みは1時間当たり数百人、1日当たり3千人前後に達していた。

契約者ベースが急拡大していたことで、エンジニアチームもマーケティングチームも大わらわになった。アフィリエイトサイトでリンク先をクリックしても何も起きない、特定のブラウザーを使うとうまく動かない、ソフトウエアの異常で申し込みができない――。システム内のチョークポイント（難所）にひっきりなしに問題が発生し、そのたびに両チームに警告が送られてきた。警告システムはスムーズに動いたので、ブロックバスター・オンライン社員全員が事実上のオンコール（呼び出されればいつでもすぐにやって来る）勤務になってしまった。

エバンジェリストはブロックバスター・オンラインの方針を示した。われわれは小さな会社をつぶそうとしている巨人ではなく、技術の点でも経験の点でも先を行く競争相手に追い付こうとしているスタートアップなんだ――これが彼のメッセージだった。

幼いころから競技スポーツの世界で生きてきたからか、エバンジェリストは自己規律の塊のような男だった。たばこもアルコールも一切やらない。アマチュアレベルのゴルフをやり、大学時代の体操選手と同じ体格を維持し、今もバク転ができる。

食生活の面でも普通ではなかった。何しろ、ホステスカップケーキ、ドクターペッパー、チョコレートバーなどで食事を済ませていたのだ。そのため社内では砂糖水が大好きなハチドリに引っ掛けて「ハチドリダイエット実践者」と呼ばれていた。それだけではなかった。1回のミーティング中にチックタックフレッシュミントを4〜5箱も平らげてしまう。糖分摂取で生まれながらのやる気とアスリートとしての活力を引き出し、全力疾走しようとしているかのようだった。

ただし、エバンジェリストはアンティオコと同様に人好きのする性格の持ち主だった。エバンジェリストからとっぴな要求を突き付けられたら、どのように対応したらいいのか、スタッフはみんな心得ていた。単にあきれた表情を見せて、後は自分のやり方で仕事を進めて成果を出せばよかったのだ。

エバンジェリストは目標達成に厳格だった。スケジュールを定め、各部署に細かく指示を出すなどして期限内・予算内での達成を求めた。また、社内に「データドリブン（データを総合分析して経営に役立てること）」主義も取り入れた。市場調査を何よりも重視し、あらゆるプロジェクトの可否に使った。たとえ近所で行なう手軽な調査——パラマウントビルから1ブロック先の路面電車停留所で待っている人たちを対象にした調査など——であっても、立派な調査として扱った。

ブロックバスター本社の店舗派はパラマウントビル内のオンラインプロジェクトには関与しないようにしていた。それでもアンティオコとエバンジェリストは毎晩——午後10時から深夜0時の間——に電子メールか電話での情報交換を欠かさなかった。若いエバンジェリストにしてみれば、サザンメソジスト大学MBAプログラム在籍時よりも貴重な時間だった。

エバンジェリストははっきり目標を定めていた。第1に、ブロックバスター本体とは切り離してオンラインサービスを開始する。第2に、ブロックバスター本体の官僚組織に邪魔されないようにしながら業務を拡大する。第3に、一気呵成にオンラインサービスを店舗網に統合させる。

もっとも、その前に解決しなければならない技術上の大問題があった。ブロックバスターは巨大な店舗網を抱えているというのに、各店舗は相互にオンラインで結ばれていないばかりか、インターネットにもつながっていなかったのだ。では、どうしていたのか。１９８０年代の衛星技術――高校生のクーパーがブロックバスターでアルバイトしていた時代の旧式システム――を使っていた。各店舗は毎晩その日のレジ・在庫データを衛星経由でアップロードし、バグの修正プログラムをダウンロードするのだ。各店舗を電子的にネットワーク化し、ブロックバスター・オンラインと情報のやり取りをできるようにするとなると、大変な作業になる。コストがかかるうえに複雑だ。

さらにアンティオコと店舗経営者は別の問題――彼らにしてみればもっと大きな問題――に直面していた。バイアコムからの完全独立計画が進行中であるなかで、店舗型ビデオレンタル市場が縮小するとの不吉な予測が出ていたのだ。エバンジェリストはオンラインビジネスと店舗ビジネスの統合計画をいったん棚上げし、何かに追い付くのに必死な子どもと同じことをやった。全力でひたすら走ったのである。

第7章　ウォール街 "Wall Street"

――2004〜2005年

「惨めな生活を二度と送らない」と誓う

ジョン・アンティオコは貧しい地区の出身だ。イタリア系アメリカ人の両親の下に、末っ子の一人息子として生まれた。住居があったのはニューヨーク・ブルックリンの労働者階級街だ。とはいえ、本当に貧乏だったわけではない。確かに父親は倹約家の牛乳配達人だったが、晩年には時価100万ドル近くの株式を持っていた（密かに保有していた銘柄が何年もたって値上がりしたため）。

子ども時代のジョニー――母親にはこう呼ばれていた――は通っていたカトリック系小学校の問題児だった。小学校は木が生い茂る通り沿いにあり、周辺の歩道はでこぼこで、小さな校庭は壁で囲まれていた。ジョニーが思春期になるころには近所で「つまらない悪さばかりしている非行少年」という評判が広がった。そんなこともあり、寡黙な父親は家族を連れてニューヨーク州ロングアイランド島のミネオラ村へ引っ越した。12歳の息子を不良集団から引き離すのが目的だった。

アメリカがベトナム戦争に深入りしていった1960年代は激動の時代だった。しかし、アンティオコは兵役を回避し、特にヒッピー文化にも学生運動にも関わらなかった。歴史的なロックの祭典ウッドストック・フェスティバルには行ったものの、ほかに何もすることがないから友人に付いていっただけのことだ。

一つだけ心を奪われたのがカネもうけである。ケチな父親は近所では「しみったれた守銭奴」と見なされ、悪いうわさが絶えなかった。アンティオコは働いたけれども、手抜き仕事やその場しのぎの仕事しか得られなかった。そのうち「いつか大金持ちになって惨めな生活を二度と送らなくて済むようになるんだ」と誓うようになった。

最初のまともな仕事は、ショッピングモールにある靴屋の売り子だ。ここでアンティオコは自分のセールスマンとしての才覚に気付き、歩合制で働くのが大好きになった。毎晩、黒板に各セールスマンの営業成績が書き込まれ、優劣が誰の目にも明らかになる。非常に刺激的だった。

97年にアンティオコがブロックバスターに入社したのは、上場企業の経営者になるチャンスがあると考えたからだ。そうすればアメリカ企業社会のエリートだ。ブロックバスターは当時、巨大メディア企業バイアコムの子会社。だが、アンティオコはバイアコム会長のサムナー・レッドストーンから「ブロックバスターの経営を立て直せばバイアコムから独立してもいい」との言質を引き出していた。

アンティオコは2004年までにブロックバスターの経営を立て直し、独立へのメドを付けた。投資家に対する約束も果たした。年間80億ドルのビデオレンタル国内市場で同社はシェアを大きく伸ばし、海外含め年商60億ドル、利益6億ドルの企業になっていたのだ。

ところが横やりが入った。バイアコムのCOOメル・カーマジンだ。バイアコムによるテレビ局CBSの買収に伴って、レッドストーンに次ぐナンバー2の地位を得ていた実力者だ。ブロックバスターは経営的に問題を抱えているとはいっても、なお潤沢なキャッシュフローを創出しているのだから、バイアコムとしてはそれを利用しない手はない、と主張した。結局レッドストーンは折れた。

アンティオコは引き続き上場企業としての制約と親会社からの制約の下で行動しなければならなくなったわけだ。そのためブロックバスター以外も視野に入れて自分の将来を考えるようになった。これまでにサークルＫとタコベルの経営トップになるチャンスを逃していただけに、ＩＰＯ後も子会社のままのブロックバスターで時間を浪費したくなかった。

そのうえ競争環境が激変していた。オンラインビデオレンタルとビデオオンデマンド（ＶＯＤ）が登場し、ブロックバスターから市場シェアを奪いかねなかった。このような状況を切り抜けるために、アンティオコはより大きな裁量権を必要としていた。そこでカーマジンに対していくつか対応策を提示した。金額に換算して数億ドル。これを見たカーマジンは考えを改め、ブロックバスターは不要と結論した。

レッドストーンは不満を強めるアンティオコを引き留めるために大盤振る舞いをした。バイアコム役員は業界標準以上の高額報酬をもらっていたが、子会社のアンティオコにそれ以上の報酬を約束したのである。

レッドストーンが約束したのは業績連動型報酬で、これによってアンティオコの持ち株比率は３％へ高まることになった。ブロックバスター株が毎年順調に上昇していけば、現金給与と株式報酬を合わせて最大５千万ドルの年俸になる。それに加えて、レッドストーンは不当解雇の場合にはアンティオコに再建・上場の報酬として５４００万ドルの退職金を払う条項も契約の中に入れた。

アンティオコは契約に署名し、ブロックバスターにとどまることになった。大金を約束され、幼いころからの夢がかなったわけだ。ブルックリン出身のジョニー・アンティオコがいよいよ「上場企業のＣＥＯ」として登場するのだ。

レッドストーンは株式交換方式でブロックバスターを切り離す計画を決めた。04年２月に計画を発表し、ブロックバスター・オンラインがローンチした後の同年９月に完了した。バイアコム株主は１株当たり５・15株のブロックバスター株と５ドルの特別配当を受け取った。一方で、ブロックバスターは特別配当の原資として12億ドルの新規借り入れを実行。大株主のバイアコムは特別配当によって総額７億３８００万ドルの資金を得た。

債権者を満足させるため、ブロックバスターは負債総額に対して一定の利益水準を維持しなければならなくなった。成熟産業に属する点を考えれば、同社が超えなければならないハードルは高かった。既存店売り上げは低迷すると予想されていたし、電子商取引の世界で同社がどんな存在になるのかもきちんと描かれていなかった。

ブロックバスター、ハリウッドビデオに買収提案

バイアコムからの独立が完了すると、アンティオコはブロックバスターの未来を確実にするためいくつか大きな戦略を打ち出した。第１に、店舗の統廃合だ。ビデオレンタル業界第２位のハリウッドビデオを買収したうえで、両社を合わせた店舗網をおよそ半減させる構想を温めていた。不良店舗を閉鎖すれば、優良店舗にとっては映画のデジタル配信が本格化するまでの時間稼ぎにもなると考えた。独禁当局に反対されなければ、ハリウッドビデオ――大株主は創業者のマーク・ワトルズと一部の富裕投資家――の買収には７億ドル前後かかると想定された。

第２に、延滞料金廃止だ。離れていった顧客を呼び戻すための切り札と位置付けた。キャッチコピーは「延滞料金の終わり」。延滞料金を廃止すると、営業費用として毎年２億５千万〜３億ドル発生するのは避けられなくなる。しかし、市場調査によると、既存店への来店者減少を食い止める

ためにはほかに有効な対策が見当たらなかった。延滞料金廃止という荒療治でもしなければ、オンラインレンタルなど自由度の高い方式への全面移行を認めるしかない状況になっていた。

オンライン上で消費者が独自にビデオを作成・編集・共有できるような時代になりつつあった。これによって消費者は従来型のルール――いつ、どこで、どのように消費者が映画をレンタル・購入するのか規定するルール――にもどかしさを覚えるようになった。アンティオコももちろん分かっていた。ブロックバスターは懲罰的な延滞料金制に見切りを付けなければならなかった。つまり、「マネージド・ディスサティスファクション」とはおさらばということだ。

結局、アンティオコはオンラインレンタルとデジタル配信システムに人材と資金を集中的に投下する決断をした。過去5年間にわたって温めていたアイデアをいよいよ実行する時が来たのである。04年10月、アンティオコはブロックバスターによるハリウッドビデオ買収を提案した。01年以降、ビデオレンタル市場は19％縮小。その結果、メディア業界アナリストのトム・アダムスによれば、アメリカ国内の店舗総数――ブロックバスター、ハリウッドビデオ、ムービーギャラリーなど大手チェーン及び家族経営店の合計――はピーク時の7万店から1万8千店にまで減っていた。ブロックバスターは急がなければならなかった。ビデオレンタルの売り上げが落ち込んで広大な店舗網を維持できなくなる前に、ブロックバスターの5200店に加え、ハリウッドビデオの2千店、ゲームクレイジーの700店強を支配下に入れるのである。

実は、1999年にハリウッドビデオがブロックバスターへ身売りしようとしたことがあった。そのときは業界の寡占化を懸念した独禁当局の反対によって、身売りは実現しなかった。だがネットフリックスのような強力な競争相手がビデオレンタル市場へ新規参入している今は、独禁当局が違う判断を示したとしてもおかしくないとアンティオコは思った。

ハリウッドビデオをめぐってはアンティオコの提案前にすでに動きが出ていた。ある買収ファンドが創業者のワトルズに対して、マネジメントバイアウト（ＭＢＯ＝経営陣による企業買収）による株式非公開化を提案していたのだ。買収価格は１株10・25ドルで、それをワトルズは受け入れていた。しかし、価格が予想外に低かったことで、他社からより有利な条件で対抗案が出てくるのが必至の情勢になった。

11月12日、ブロックバスターはハリウッドビデオの株主に対して、１株当たり11・50ドルの価格で株式公開買い付け（ＴＯＢ）を宣言した。これに成功すればアメリカ国内のビデオレンタル市場の45％を握ることになる。１週間後、今度は業界第３位のムービーギャラリーが対抗案を出してきた。買収価格は明らかにならなかったが、業界推計では少なくとも総額７億６千万ドルが提示された。

それからさらに１週間後、ブロックバスターは買収価格を一段と引き上げる用意があると表明した。ただし、資産のリスクや収益性を精査する「デューデリジェンス」を条件にした。しかしワトルズはそれを拒否した。株主に対して直接提案する形になるＴＯＢをやめない限り、ブロックバスターに協力するつもりはなかったのだ。買収提案そのものに反対しているわけではなかったが、水面下ではブロックバスター側に「独禁当局がハリウッドビデオ買収を認めるとは思わない」と伝えていた。

「物言う株主」カール・アイカーンが参戦

買収合戦が繰り広げられるなか、億万長者の著名投資家カール・アイカーンが関心を示した。かつて企業の乗っ取り屋として知られ、今では名うての株主アクティビスト（活動家）だ。ブロックバスター株とハリウッドビデオ株の両方で利益を得られるとみて、前者に1億5千万ドル、後者に6千万ドル投資した。証券取引委員会（SEC）に提出した書類によると、ハリウッドビデオを舞台にした委任状争奪戦（プロキシファイト）と買収合戦に関わる意向だった。

当時68歳のアイカーンは85億ドル以上の個人資産を持っていた。25年前にレバレッジドバイアウト（多額の借り入れによる企業買収）によって企業を次々に買収して解体・売却するなどして巨富を築いた。当時はいわゆる「グリーンメーラー」でもあった。狙った企業の株式を水面下で買い集め——自分だけの場合もあるし、同じ考えを持つ投資家を動員する場合もある——企業側に高値での買い取りを迫る点に特徴がある。買い取ってもらえれば逃げ去るだけだ。

オフィスはニューヨーク・マンハッタンのど真ん中にあった。ゼネラル・モーターズ（GM）ビルの中に置かれ、セントラルパークとプラザホテルを見下ろせる。執務室には有名な戦いを描いた色彩豊かなオリジナルアートが置かれ、権力と威光を醸し出している。会議室の壁にはアイカーンに買収された企業や解任されたCEOの記事が額縁に入れて飾られている。数字が成功を裏付けていた。運用資産が27億ドルに上る買収ファンドの運用成績は圧倒的で、過去三十数年を見ると大半の年で年30%以上のリターンを記録していた。

アイカーンは当初ブロックバスター株の空売りを考えた。「ブロックバスター株は下がる」との直感を得たからだ（空売りすると株価下落で利益を得られる）。VODやネットフリックスのようなオンラインサービスがビデオレンタル市場を席巻すると読んだのだ。

だが、正反対の意見を持つアナリストもいた。ウェドブッシュ・モーガン（現ウェドブッシュ証券）のマイケル・パクターだ。ネットフリックスをレンタル版ネズミ講と見なし、アイカーンを説得してブロックバスター株の買いに向かわせた。強力なブランドや広大な店舗網、売り上げの大きさを根拠に、ブロックバスターはいずれネットフリックスを買収する――あるいは自らオンラインレンタルへ参入してネットフリックスを経営破綻に追い込む――と予測した。

パクターのアドバイスに従い、アイカーンは自分の買収ファンドを通じて密かにブロックバスター株を買い集めた。それがウォール街で知れ渡ると、ヘッジファンドが一斉にブロックバスター株に買いを入れ始めた。彼が買いを入れた銘柄は多くの投資家の買いを呼び込み、直ちに値上がりするのが常だった。そうした「アイカーン効果」を期待して、アイカーンの一挙手一投足を観察しているヘッジファンドは多かった。

アイカーンからあいさつの電話をもらったとき、アンティオコはすぐに「何かまずいことになった」と思った。アイカーンはいつも「株主権運動を主導している」と主張していた。ところが、ふたを開けてみれば、一番もうけているのは本人とヘッジファンドだというのが通り相場だった。彼にとって経営改革とは、企業の経営陣に対して株式の買い取りを迫ったり、取締役会のポストを要求したりすることだ。誰が一番もうけたのかを見れば、単に裁定取引のチャンスを生み出すための戦術にすぎなかったともいえる。

アンティオコはアイカーンの介入には断固として抵抗する腹積もりだった。その点ではエド・ステッドほど頼りになる味方はいなかった。何しろ、あらゆる機会を利用して可能な限りアイカーンに対して無礼に振る舞ったのだ。そのせいか、例えばこんなことがあった。ブロックバスターの同僚によると、ニューヨークで開かれた慈善パーティーで、ステッド夫妻がアイカーン夫妻と鉢合わせになった。アイカーンの妻ゲイル・ゴールデンはステッドを紹介されると、笑いながらこう言った。「あら、あなたがあのエド・〝ファッキング〟・ステッドなのね。いろいろうわさを聞いていますよ」

アンティオコは数年前から「延滞料金制が顧客との関係を壊している」と認識していた。そもそも延滞料金制が生まれたのは、ブロックバスターが顧客よりも会社の利益を優先したためだった。延滞料金のため顧客はプレッシャーを感じ、すぐに映画を返却する。多くの顧客ができるだけ早く返却してくれれば、店舗は1本の映画をより多くの顧客にレンタルできるし、在庫切れになるリスクも減らせる。結果として会社がもうかる。

そのうえ、店舗側にしてみれば延滞料金そのものも大きな安定収入源になっていた。だからフランチャイズ加盟店は当然のように延滞料金の廃止提案に強く反対していた。たとえブロックバスターの市場調査で「延滞料金は既存顧客を遠ざけているばかりか新規顧客獲得を妨げている」との結論が出ていても、聞く耳を持たなかった。

「延滞料金の終わり」キャンペーンで店舗活性化

2004年まで数年間にわたってブロックバスターのアクティブ会員は減り続けていた。同じ期間、「延滞料金一切なし」をキャッチコピーにしたネットフリックスの広告キャンペーンが全面展開され、ブロックバスターの傷口を加速度的に広げていた。そんな状況に危機感を感じたアンティオコはニック・シェファードを呼び、延滞料金問題について消費者との対話を深めるよう指示した。

シェファードは店舗運営の責任者だ。がっしりした体格、短く刈ったごま塩頭、透き通った青い目、活気ある顔色――。見るからに健康的で強健であったものの、実際はちょっと神経質で厳しいところもあった。

イギリス出身で国際畑を歩んできた。アイルランド系・カトリック系家庭で生まれ、イングランド北東部の炭鉱都市ニューキャッスルで育った。8人兄弟姉妹の中の末っ子だ。少年時代は写真家に憧れたが、一家が貧しかったため機材を買えずに断念。代わりに兄を追い掛ける格好で飲食業で働くようになり、大学ではホスピタリティマネジメント（宿泊・旅行・飲食業経営）で学位を取得。1995年にバイアコムがブロックバスターを買収すると、ブロックバスターのイギリス法人に入社した。以来、国際業務やマーケティング業務を中心にさまざまな経験を積み、99年にダラス本社へ転勤。本社ではアンティオコの下で国際業務部を率いることになった。

シェファードはブロックバスター内の店舗派を率いている立場上、店舗網の再活性化を強く支持していた。もちろん、将来的には何らかの形でオンラインレンタルに市場シェアを奪われるということは認めていた。ただし、顧客を明け渡すなら、その相手はネットフリックスやＶＯＤではなくブロックバスター・オンラインにしたいと考えていた。

ブロックバスターの顧客は延滞料金についてどう思っているのか？　シェファードが市場調査を実施してみたところ、特定の瞬間を切り取ると延滞料金を払った顧客は全体の20％にとどまるのに対し、過去に延滞料金を一度でも払ったことのある顧客は全体の70％以上に上った。さらには、大半の顧客が「課金の仕方で店舗は一貫性あるいは公正性を欠いている」と感じていることが分かった。

不本意な延滞料金支払いをめぐって顧客が店側と口論になるたびに、ブロックバスターのブランド価値は毀損している、とシェファードは結論した。受付カウンターの前で長蛇の列があるときにはとりわけ要注意だった。延滞料金が災いのもとになる確率はぐんと高まった。それでも彼は延滞料金の廃止にはなかなか前向きになれなかった。店舗全体の売り上げが落ち込んでいるなかで、延滞料金は大きな収入源になっていたからだ。

ところが、アメリカ中西部のフランチャイズ加盟店が延滞料金廃止の実験を行なったところ、驚くべき結果が出た。同加盟店オーナーのミッチ・カーンズは、既存店売り上げ低下をはっきりと反転させたわけではないものの、市場シェアを上向かせて増収につなげるきっかけをつくったのだ。延滞料金廃止に合わせてほかにも従来と異なるやり方を取り入れた。具体的には、顧客がレンタルできる期間を2倍に伸ばすとともに、1カ月以内に返却されない場合には購入と見なしてビデオの定価をクレジットカードに課金する仕組みにした。

シェファードは延滞料金の全廃には反対だったが、アンティオコに説得されてアメリカ国内の一部店舗で実験してみることにした。テネシー州チャタヌーガを実験場所に選んだ。これまであらゆるマーケットテストが失敗したいわく付きの都市だ。派遣する幹部チームにもあえて二流の人材を選んだ。実験が成功する確率を下げておきたかったのだ。

シェファードはチャタヌーガでの実験結果に驚いた。カーンズによる実験結果と変わらなかったからだ。そこでほかの都市でも次々に実験を行なわせた。何度やっても結果は同じ。延滞料金を廃止すると、顧客はより頻繁に店舗を訪れ、より多くのおカネを映画レンタルなどに投じてくれた。

各地での実験を終えた後、シェファードは実験に参加した店長全員を集めて挙手投票を行なった。1月に実施するべき4つの選択肢を示し、どれが一番いいのか選んでもらうためだった。4つの選択肢には、1日99セントの1日レンタル制やゲームソフトのレンタル開始などとともに延滞料金の廃止が含まれていた。結果は満場一致で「延滞料金の終わり」だった。

延滞料金の廃止で来店者が増えて売り上げが上向くのは確実だった。だが、シェファードの推計では、延滞料金廃止による収入減を埋め合わせ、ブロックバスター・オンラインへ成長資金を振り向けるためには、既存店舗が徹底してコストを切り詰め、合計で4億ドル以上の資金を浮かせる必要があった。

店舗にコスト削減を取り組んでもらうためには理由が必要だ。そこでシェファードはフランチャイズ加盟店――合計で１１００店――オーナーに各地での実験結果を見せた。すると、加盟店オーナーは延滞料金廃止をめぐって賛成派と反対派に真っ二つに割れた。前者は「延滞料金の終わり」のプロモーションに前向きで、後者は延滞料金なしでは事業継続できないと主張した。

加盟店オーナー全員の前でシェファードは問題提起した。「このまま下り坂を転げ落ちていきたいのでしょうか？　何もしなければそうならざるを得ないのです。そうではなく既存ビジネスを刷新しませんか？」

結局のところ、シェファードは加盟店オーナーの75％を説得できた。１月に延滞料金を廃止することで合意を得られたのだ。それに合わせて広告キャンペーンを打ち、「延滞料金の終わり」をアピールする準備に入った。ブロックバスターの取締役会が12月に延滞料金廃止を承認したのを受け、５千万ドルの広告キャンペーンを始めた。それに使われた曲はロイ・オービソンのヒット曲『イッツ・オーヴァー』で、キャッチコピーは「延滞料金の終わり……新しいブロックバスター」だった。

買収合戦でムービーギャラリーに競り負ける

「延滞料金の終わり」キャンペーンの真っ最中に、シェファードは厄介な仕事に巻き込まれた。独禁当局である連邦取引委員会（ＦＴＣ）がブロックバスターによるハリウッドビデオ買収の審査を始めたのを受けて、ＦＴＣで証言するよう求められたのだ。ブロックバスターの役員がＦＴＣに呼び出されるのは２度目のこと。１度目の99年のときは、経営統合で合意していながら、ＦＴＣに反対されて断念している。ＦＴＣが当時行なった分析によると、ハリウッドビデオの１６００店がブロックバスター店の３キロ圏内のエリアに位置し、同エリアにはほかにライバル店が存在しなかった。つまり、両社が経営統合すると競争が働かなくなり、レンタル料金が上昇するリスクが懸念されたわけだ。

シェファードはFTCに呼び出されると、過去5年間で市場環境が様変わりし、店舗型ビデオレンタルと直接競合する新サービスが相次ぎ登場している点を強調した。新サービスとしてVODやDVD販売、オンラインレンタルなどを挙げた。しかし、首都ワシントンでFTCから数時間にわたって質問攻めに遭うと、FTCが何を考えているのか理解できた。ブロックバスターとハリウッドビデオの経営統合についてFTCは5年前と変わらず否定的だったのだ。ワトルズは両社の経営統合計画がつぶされるのではないかと心配になり、最後のあがきを演じてみせた。FTCの承認を得るために必要ならば、多くのブロックバスター店を買い取る用意がある、と宣言したのである。

ステッドはハリウッドビデオを喉から手が出るほど欲していた。だが、シェファードはそれほどでもなかった。資金と時間を投入してわざわざ買収に打って出なくても、業界第2位のハリウッドビデオをつぶせると信じていた。アンティオコと一緒に調べたところ、ハリウッドビデオの900店はブロックバスターと同じ地域で直接競合していた。このような地域で両社が共存するのは不可能だった。つまり、ハリウッドビデオの900店はブロックバスターが生き残りのためにつぶさなくてはならない対象だった。

05年1月9日、ムービーギャラリーがついにハリウッドビデオに対する買収提案の概要を明らかにした。買収対価として1株当たり13・25ドルを払うとともに、3億ドルの債務を引き継ぐという内容だ。これで買収総額は11億ドルになった。ハリウッドビデオにこれだけ高い値段を付けたのは、ムービーギャラリーがVODやオンラインレンタルをそれほど脅威に思っていないということの裏返しでもあった。

アンティオコはＦＴＣと戦うつもりだった。当局がブロックバスターとハリウッドビデオの経営統合を阻止するのは間違いだと信じていたので、法廷闘争に入る覚悟でいた。しかしムービーギャラリーの登場で状況は一変した。同社の共同創業者でＣＥＯのジョー・マリュジェンは買収価格を途方もない水準へ引き上げてしまったのだ。さすがにこれと張り合うわけにはいかない、とアンティオコは思った。そこで買収合戦から降りて、代わりにハリウッドビデオをつぶしにかかる方向へ戦略を切り替えた。そんなとき、アイカーンから横やりが入った。

アイカーンは毎日のようにアンティオコに電話し、ハリウッドビデオ買収を諦めないよう求めた。買収提示額を引き上げ、ムービーギャラリーを上回る条件を出してほしかったのだ。アンティオコが決して首を縦に振らなかったことから、電話のたびに攻撃的になっていた。アンティオコにしてみれば、マリュジェンの提示額は明らかに高過ぎて、ハリウッドビデオの企業価値をまったく反映していなかった。提示額を１ドル引き上げるのでも論外だった。

ところが、ブロックバスターの取締役会は違った。アイカーンの脅しにひるみ、アンティオコの抗議にもかかわらず提示額の引き上げを決めてしまった。これにはアンティオコも従わざるを得ず、２月４日に当初の条件を変更したうえで改めて敵対的買収提案を行なった。具体的には、現金と株式の組み合わせでハリウッドビデオを１株当たり14・50ドルで買収すると宣言した。

そんななか、独禁当局はブロックバスターによる敵対的買収提案に対する監視を強めていった。ビデオレンタルの料金体系、割引制度、コスト構造などの詳細リストのほか、電子メールも含め多様な書類を要求した。ブロックバスターとハリウッドビデオという巨大ビデオレンタルチェーン２社はお互いを競争相手と見なしている、という証拠を集めようとしていた。２社が唱えていた「お互いを補完し合う潜在的パートナー」という説に納得していなかったのだ。

ブロックバスターは2月下旬にすべての書類を提出し、SECへの開示文書の中で「当局の要求にすべてきちんと対応した」と述べた。TOBの期限については3月末に設定。それまでにハリウッドビデオ株主はブロックバスターのTOBに応じるかどうか決めなければならない。

しかし、今度は違う横やりが入った。ブロックバスターがFTCに提出した書類に不備——料金体系に関する情報が不正確——があることが発覚し、マスコミが騒ぎ始めたのだ。

ブロックバスターの敵対的買収をめぐるゴタゴタにハリウッドビデオの取締役会はうんざりし、株主に対して2月21日付の文書でムービーギャラリーの買収提案を受け入れるよう促した。ブロックバスターの買収提案は金額でムービーギャラリーを上回っているものの、独禁法に触れていずれ撤回されるか延期されるかのどちらかになる、と指摘した。

FTCはブロックバスターの買収提案を承認するのかどうか、3月中旬まで判断を示さなかった。最後には買収阻止に傾き、法廷闘争に出る意向を表明した。こうなるとアンティオコとステッドも諦めざるを得なくなり、3月26日に正式に買収提案を撤回した。ハリウッドビデオをめぐる買収合戦でムービーギャラリーに競り負けたのだ。

アンティオコは声明を出した。「現状を考えると、買収にこだわるのはブロックバスターの利益にならないと判断した」

アイカーンは怒り心頭に発した。値下がりしたブロックバスター株を抱え込んだうえ、ハリウッドビデオとムービーギャラリーの経営統合からは少ししか利益を出せなかったからだ。すべては敵対的買収を完遂できなかったアンティオコの責任、と決めつけた。

アイカーンはなんとか損失を取り戻そうとして、ブロックバスターの取締役会に対して買収ファンドへの身売りを提言した。しかし、買収ファンドへの身売りについては親会社バイアコムが以前

——ブロックバスターの独立前——に画策し、失敗している。次に、自分も含めブロックバスターの株主に対して総額３億ドルの特別配当を行なうよう要求した。これについてはアンティオコも含めた取締役会に拒否された。２人の間の緊張は高まるばかりだった。一因はステッド。元乗っ取り屋のアイカーンを毛嫌いし、とことん戦うようアンティオコをけしかけていたのである。

アンティオコとアイカーンの対立深まる

ハリウッドビデオ買収を諦めるや否や、アンティオコはアイカーンと和解しようと試みた。というのも、アイカーンは委任状争奪戦を仕掛けるなどして、しぶとく自分の意思を貫徹しようとすることで有名だったからだ。経営刷新や資産売却を迫って、市場価格以上で持ち株を売り抜けるのがいつものやり方だった。石油・ガス会社カーマギーのケースが象徴的だ。アイカーンはカーマギーに対して委任状争奪戦をちらつかせて、40億ドルの自社株買いを行なわせるのに成功した。しかも自社株の買い戻し価格は市場価格を15％上回っていた。だが、脅しに屈するのは恥だと考えるアンティオコは、結局のところアイカーンと折り合えなかった。

ブロックバスターがハリウッドビデオ買収を断念すると、株価は１日で６％も急落して９ドル割れとなった。過去１年間で43％も下げた計算になった。対照的に、買収合戦に勝利したムービーギャラリーの株価は１日で５ドルも上昇した。10日後、アイカーンはＳＥＣへ文書を提出し、ハリウッドビデオ買収に失敗したブロックバスターを痛烈に批判した。

アイカーンは「株主のカネを浪費している」としてアンティオコを非難し、委任状争奪戦によって経営刷新を図ると表明した。具体的には、５月の株主総会に狙いを定めて多数派工作を進め、自ら推薦する取締役候補３人の選任を目指す方針を示した。アンティオコの報酬にも矛先を向けて

「法外に高額」と決めつけた。総額5100万ドルの報酬には500万ドルのボーナス、時価2680万ドル相当の譲渡制限付き株式、時価1700万ドル相当のストックオプションが含まれていた。

ブロックバスターの広報担当ランディー・ハーグローブはアンティオコを代弁して反論した。報酬の大半を構成している譲渡制限付き株式とストックオプションの価値は確定しておらず、CEO在任中の株価次第で上下する、と説明した。CEOとして株価を上げられなければ高額報酬も手にできないという意味だ。

アンティオコ自身も公の場で反撃した。「アイカーンがブロックバスターの信用を傷つけようとしているのは、自分自身がもうけるためである」「委任状争奪戦となれば経営陣は本来の仕事に集中できなくなって顧客の離散を招き、数千万ドルもの投資を無駄にしてしまいかねない」――。SECに提出したアイカーン宛ての手紙の中で次のように書いている。

「あなたは会社を大混乱に陥れた。結果として組織はガタガタになり、成功はおぼつかなくなる恐れがあります。これでいいのでしょうか。最終的には株主価値が破壊されるかもしれないのです」

ブロックバスターがダラスで開く株主総会が1カ月後に迫っていた。アンティオコはアイカーン一派から会社――それに自分のCEOポスト――を守りたかった。

そんななか、ネットフリックスの本社があるロスガトスでは、マッカーシーとヘイスティングスがブロックバスター騒動を興味深く眺めていた。ブロックバスター・オンラインがスピードの出し過ぎで脱線すればいいのに――これが2人の願いだった。

第8章　キック・アス　“Kick Ass”

——2004～2005年

アマゾンの参入阻止に動くネットフリックス

ローンチ後の最初の3カ月間、ブロックバスター・オンラインはソフトウエアや在庫面でトラブル続きだった。それでも、初めてオンラインレンタルに申し込んだ契約者のうち半分以上を顧客として取り込んだ。ネットフリックスよりも2ドル低い月額料金をセールスポイントにできたようだ。ただ、無料のお試し期間が終わった後に有料契約へ切り替えてもらうとなると話は別だった。当時の市場環境は目まぐるしく変わっており、顧客を引き留めておくためのハードルは高かった。

ネットフリックスはブロックバスター・オンラインのローンチ直後から影響を受けた。新規申し込みが明らかに鈍ったのである。しかしそれ以上に大きな問題も同時並行で浮上していた。アマゾンがオンラインレンタル市場へ参入するとのうわさが2004年夏に出回り、9月下旬には同社が何かを画策していることを示す証拠も出てきたのだ。

アマゾンCEOのジェフ・ベゾスは、DVD販売がいずれ落ち込むのは避けられないとみていた。アップルのデジタル配信サービス「iTunesストア」の登場で音楽CDが売れなくなったのを目の当たりにしていたからだ。しかし、アマゾンはこれまでDVD販売で大きな利益を得てきた。

映画のデジタル配信サービスがｉＴｕｎｅｓと同じくらいに成長するまではＤＶＤ販売事業を守る方針だったし、それまでのつなぎとしてオンラインレンタルの必要性は認識していた。ネットフリックスに匹敵する物流システムを欠いていても、ノウハウはすでに備えていた。

９月下旬のことだ。コンテンツ責任者テッド・サランドスはハリウッド人脈から確かな情報を得た。３～６カ月後にはアマゾンは既存の物流網を使って独自のオンラインレンタルサービスを立ち上げる、という内容だった。封筒を仕分けする郵便区分機をすでに購入し、映画スタジオから在庫を仕入れる交渉も最終段階に差し掛かっているようだった。

ヘイスティングスは早急に対策を取らなければならなかった。アマゾンの参入を阻止しなければ、大変なことになる。幸い、ネットフリックスの株主で著名ベンチャーキャピタリストのジョン・ドーアの協力を得られた。04年10月上旬、ドーアの仲介でベゾスとの電話会談に臨んだ。アマゾンはネットフリックスに対してオンラインレンタルの顧客を紹介する見返りに、ネットフリックスから顧客紹介料として手数料を受け取るというのはどうか、とベゾスに打診した。両社の交渉は１週間続いたが、アマゾン側が提示した手数料があまりにも高額だったため、結局物別れに終わった。ヘイスティングスは経営チームを前にして「ベゾスと話したけれども駄目だった。お互いに意味のある形で協力関係を築くのは不可能だ」と説明した。

それから数日間にわたり、マッカーシーは何度もネットフリックス取締役会と協議を重ねた。アマゾンに参入を思いとどまらせる方法はほかにないのか？　参入を防げないならどうやってアマゾンの攻勢をはねのけたらいいのか？　容易に結論は出なかった。

ネットフリックスの主要株主は不信感を募らせた。「なぜアマゾンの参入を予期できなかったんだ？　信じられない」「株価がまた急落するのは必至だ。どうしてくれるんだ?」――。

アマゾンが自社のウェブサイトに毎日訪れる600万人に向けて格安のサブスクリプションプランを用意し、一気に新規契約者を増やそうとするのは容易に想像できた。これを前提にしてネットフリックスの経営チームは対応策を打ち出した。限界まで料金を引き下げるんだ！

ヘイスティングスはキルゴアのチームに加えて主任アナリストのポール・キリンシッチに指示を出した。「月額料金をどこまで引き下げられるか調べてくれ。マーケティング費用をぎりぎり捻出できる水準まで下げて構わない」。週末になり、キルゴアチームはキリンシッチ宅を訪ね、数字と格闘した（キルゴアの夫はアマゾン社員だったのでキルゴア宅を避けた）。週明けの月曜日に会社に戻り、18％の料金引き下げを提案した。一度に3本までのサブスクリプションプランなら月額料金は17・99ドルになる。

それから1週間もたたない04年10月14日、ネットフリックスは第3四半期決算を発表した。配布資料の最終段落の中に料金引き下げニュースを忍び込ませていた。1時間後の決算説明会――電話会議形式――で投資家とマスコミ関係者とつながると、ヘイスティングスは包み隠さず打ち明けた。「11月1日から料金を引き下げるのは、近くオンラインレンタル市場に参入してくるアマゾンに対抗するためです」

決算説明会では、ヘイスティングスはオンラインレンタル市場の競争激化に触れながらも、ブロックバスター・オンラインにほとんど言及しなかった。一方、マッカーシーは年内での引退計画を撤回し、CFOを少なくともあと2年続ける意向を表明した。ネットフリックスの生き残りを確信できるまで引退を無期延期するつもりなのだ。

「本当にアマゾンが参入してくるのだとしたら、これほどエキサイティングでやりがいのある仕事はありません。シリコンバレーの歴史に残る壮大な戦いになる」とマッカーシーは言った。「それに、これからナイフを手にしたけんかが始まるというのに、友達を置き去りにして逃げるわけにもいかないでしょう」

ヘイスティングスは海外プロジェクトの中断も発表した。すでに1千万ドルを投じてイギリスに事務所と物流センターを設置したというのに、少なくとも向こう1年間は海外プロジェクトを棚上げする格好になる。アマゾンはすでにイギリスでオンラインレンタルサービスを開始しており、アマゾンと二正面で闘うことは避けたかった。

悪いニュースが続いたことで、ネットフリックスの株価は再び下げ始めた。

「皆さん、もしネットフリックス株を買い持ちにしているならば、アマゾンの参入は驚きだし、つらいニュースでしょう」とヘイスティングスは決算説明会で投資家に向かって言った。「でも、オンラインレンタル市場は非常に大きい。われわれは全力でアマゾンに立ち向かい、株価回復につなげます。皆さんのためにもわれわれ自身のためにも」

続いて、ヘイスティングスはエキサイティングであると同時に憂慮すべきシナリオを描いてみせた。仮にブロックバスターとアマゾンがネットフリックスと同じかネットフリックス以下の月額料金で対抗してきたら、数年以内にアメリカ国内のビデオレンタル店はすべてつぶれてしまうと指摘したのだ。店舗型ビデオレンタル業界の年間売り上げ80億ドルがオンラインへ一気にシフトし、ビデオレンタル業界の中でカニバリゼーションが起きる可能性があるということだ。

「ビデオレンタル店の売り上げが急減したら、ブロックバスターはオンラインサービス強化に回す資金も見つけられなくなる」とヘイスティングスは指摘した。「賭け金は大きく、勝てば巨額の賞金が転がり込む。われわれは勝つつもりです」

値下げ競争が勃発

パラマウントビルでは、エバンジェリストはヘイスティングスの決算説明を熱心に聞き入り、ブロックバスター・オンラインはどう対応すべきなのか、頭を悩ませていた。

スピーカーフォンを通じて説明会の内容が社内全体に流されていた。マッカーシーがナイフを手にしたけんかを口にしたとき、オフィス内でヤジが飛んだ。数分後には、ソフトウエア開発者の一人がフォトショップでマッカーシーの写真を加工し、同僚と共有した。写真の中ではナイフを振りかざすマッカーシーが銃を手にしたアンティオコと対決しようとしている。見出しは「この間抜けはなんとナイフで戦うつもり」だった。

決算説明会は午後6時に終わった。アンティオコはシェファード親子——息子は13歳のジェームズ——と一緒にステーキレストラン「ザ・パーム」で夕食を共にする予定だったが、後回しにした。エバンジェリストから電話が入り、パラマウントビル内で緊急ミーティングをしなければならなくなったからだ。

アンティオコがシェファード親子を連れてパラマウントビルに入ったときには、エバンジェリストとクーパーはすでに決断を下していた。月額料金をネットフリックスよりも50セント（0・5ドル）安い17・49ドルへ値下げするのだ。これならば成長しつつ近い将来には利益も出せると判断した。

アンティオコは「まるで妹にキスしようとしているみたいにおっかなびっくりだ」と2人をからかい、代わりに14・99ドルへの大幅値下げを提案した。契約者1人当たりの損失で見ると、ブロックバスター・オンラインが軽傷で済むのに対して、２２０万人の契約者を抱えるネットフリックスは大打撃を被るはず、と読んだ。

シェファードは納得できなかった。月額料金が数ドル違うだけでオンラインサービスに対する消費者の意見が変わるとは思えなかったし、大幅値下げがブロックバスターの財務に及ぼす短期的影響も無視できなかった。冗談半分でジェームズに意見を求めたが、同意を得られなかった。ジェームズは「大幅値下げは素晴らしいアイデアだと思います」とアンティオコに同調したのである。

アンティオコは「この子は値下げしろと言っているけれど、どうする?」と聞いた。結局、シェファードは小幅の値下げ——17・49ドル——を翌日発表することで合意した。

その日の夜、エバンジェリストとアンティオコは話し込み、株安になったネットフリックスをまるごと買収するシナリオも描いてみた。値下げ競争はブロックバスターによるネットフリックス買収の序章になるかもしれない、とエバンジェリストは思った。

翌日、アンティオコは広報担当のカレン・ラスコフと協力して、私も含め経済記者に一斉に電話をかけた。私はアンティオコにインタビューした後、ブロックバスターの新価格戦略を解説した記事をロイターへ送信し、ネットフリックス株が急落している様子を眺めた。

「われわれは順調に事業を拡大してきたけれども、これまで価格を下げようとは思わなかった」とアンティオコは嬉しそうに私に言った。「とはいっても、価格競争を仕掛けられて何もしないわけにはいかない。価格競争をやるなら絶対に負けません」

私はアンティオコとの会話を終えるとすぐにネットフリックスに電話した。ネットフリックスの反応を知りたかったからだ。サランドスにつながり、電話した理由を説明した。

「……」。驚いたサランドスはしばらく沈黙したままだった。

「何かコメントはありませんか?」

「まだコメントできないね。これが何を意味しているのか、もう少し考えてみないと」。サランドスは明らかにうろたえていた。

マッカーシーとヘイスティングスは大きく読みを見誤っていた。第1に、ブロックバスター・オンラインが脅威になるとは思わず、無視していた。第2に、ブロックバスターがオンライン市場へ参入するとしても、予想外の行動は取らないと決めつけていた。それに加えて、ネットフリックスの値下げに対してアンティオコがどう反応するかも、まったく予期できていなかった。

自ら仕掛けた値下げ競争から脱するにはどうしたらいいのか？　ネットフリックスの経営チームは最も得意とする手法に頼った。数字である。

マッカーシーとヘイスティングスの推論によれば、ブロックバスター・オンラインはタイムトラベルして瞬時に事実上のネットフリックスになった。だから、ブロックバスター・オンラインが今後どのように成長していくかを予測するには、ネットフリックスの軌跡をたどればいい。その仕事をやるためにマッカーシーが頼ったのはキリンシッチだった。

キリンシッチは、ネットフリックスが過去にどのように成長してきたか示す内部データ——エバンジェリストが決して知りえないデータ——を駆使して、ブロックバスター・オンラインの成長モデルを描いた。同時に、ブロックバスターの店舗ビジネスについても財務モデルを作った。オンラインビジネスの料金体系や投資計画に修正を加えたときに、どんな影響が店舗ビジネスのバランスシートに出てくるのか調べるためだ。

ブロックバスター・オンラインが収支トントンになるためには、契約者数を最低200万人確保しなければならないとみられていた。そうなるまで同社を資金的に支える役割を担っているのがブロックバスターの店舗ビジネスだ。アンティオコはオンラインサービスのマーケティングや値下げにどれだけ資金をつぎ込めるのか？　これを把握するのがネットフリックスにとって至上命題となった。

財務モデルを駆使してブロックバスターを徹底分析

その意味でアンティオコには不安材料が一つあった。バイアコムからのスピンオフに関連してブロックバスターが背負った10億ドルの借り入れだ。ブロックバスターは財務上の制約から、オンラインサービスのテコ入れに向けて長期にわたって資金を使い続けるわけにはいかない。たとえオンラインサービスがマーケティングや料金値下げのための資金を必要としていても、である。このような弱みについてキリンシッチは把握し、ヘイスティングスとマッカーシーへ報告した。

対ブロックバスターでネットフリックスが有利だったのはコスト構造だ。ネットフリックスは契約者の維持・獲得に以前ほどコストを掛けないでも済むようになっていた。契約者の多くが長期会員となり、解約率が下がってきていたからだ。在庫コストの面でも改善が見られた。時間の経過とともにオンラインサービスの新規性が失われ、契約者が見る映画の本数が少なくなっていた。つまり、映画が在庫切れになるリスクが減ったわけだ。

対照的に、ブロックバスターは契約者の維持・獲得の点ではネットフリックス以上に出費を強いられているのは間違いなかった。契約者の大半を占めるのは新規会員であり、新規会員の解約率は高い。通常、新規契約から最初の9カ月間は、解約防止に向けたマーケティングなどのためのコストが膨らむ。一方で、9カ月間以上経過すれば契約者の映画レンタル頻度が低下して、在庫コストの上昇に歯止めが掛かる。ブロックバスターは最初の9カ月間については我慢して出費し続けなければ、何の恩恵にもあずかれない――これがキリンシッチの分析だった。

ネットフリックス自身のデータを見れば明らかだった。オンラインサービスはどんなときにでも最低限のマーケティングを行なわなければならない。一定数の解約が必ず発生するため、それを新規契約で埋め合わせる必要があるのだ。目先の利益のために広告キャンペーンなどマーケティングコストに大ナタを振るうと、顧客ベースをどんどん縮小させかねない。

マッカーシーのチームはブロックバスターがどこまで耐えられるのか把握できると考えていた。さまざまな料金シナリオに応じてブロックバスターの財務モデルを走らせ、ピンポイントで同社の限界点を割り出すのである。コスト削減を優先してオンラインサービス向けのマーケティングを取りやめるのか？　それとも債権者との合意を反故にして湯水のように出費を続けるのか？

運も味方した。値下げ競争が始まって間もなくして、キリンシッチの財務モデルにとって耳寄りな情報が転がり込んできたのである。ネットフリックスの株主の一人がディロンに指摘したところによれば、ブロックバスター・オンラインの新規契約者は連番で会員番号を割り振られ、ＤＶＤ用封筒上のバーコードを見れば自分の会員番号はすぐに分かるというのだった。

キリンシッチはにわかにやる気を出した。ネットフリックスの社員と家族を動員して、定期的に――例えば1週間に一度のペースで――ブロックバスター・オンラインへ新規申し込みをしてもらうようにした。連番の会員番号を記録して分析すれば、①マーケティングへの支出はどれだけの効果を生み出しているのか②契約者ベースはどれだけのペースで拡大しているのか③オンラインサービス向け映画の発送本数はどれくらいなのか――などをかなり正確に計算できるのだった。

ここから導き出せるのが「バーンレート」だ。ブロックバスター・オンラインがどれだけのスピードで予算――店舗ビジネスから与えられた資金――を使い切ってしまうのかが計算できる。現在のペースでブロックバスター・オンラインが成長していくと、アンティオコは05年第2四半期までにマーケティング活動の縮小か停止を強いられる、というのがキリンシッチの結論だった。

キリンシッチの財務モデルが複雑に構築されていたうえ、マッカーシーの予測がこれまで正確であったため、ヘイスティングスは安心して計画続行を決めた。10月に発表した新料金や投資計画を修正しなくても大丈夫と判断したのだ。社内の分析によれば、ネットフリックスはブロックバスター・オンライン参入の影響で少しスピードを落としながらも引き続き順調に成長していた。まだ消費者の20％しかネットフリックスブランドを認知していない状況を踏まえれば、今後の成長余地はなお大きいと考えられた。ブロックバスターの広告キャンペーンもプラスに働きそうだった。オンラインレンタルの存在を多くの消費者に伝え、市場全体の拡大を後押ししてくれるからだ。

この調子であれば、ネットフリックスは04年末までに契約者数を300万人まで増やし、翌年にはさらに100万人上乗せできる見通しだった。同社の財務モデルが示したところでは、06年までには契約者数は少なくとも564万人に到達する。当初見込まれていたオンラインレンタル市場全体の規模を上回る格好になる。

値下げ競争の勃発から数日後、ヘイスティングスはアマゾン対策としてウォルマートとの提携を思い付き、オンライン部門ウォルマート・ドット・コムのCEOジョン・フレミングに接触しようと考えた。ウォルマートは多数の商品カテゴリーでアマゾンと競合しているだけに、脈があるのではないかと読んだのだ。04年10月27日夜のトップ会談でヘイスティングスが提案したのは、DVD販売でネットフリックスがウォルマートに顧客を紹介する一方で、DVDレンタルでウォルマートがネットフリックスに顧客を紹介するという内容だった。

ウォルマート・ドット・コムは鳴り物入りでローンチしたというのに、大した成果を出せずにいた。ライバルよりも安い月額料金を設定していながら、60万人前後しか契約者を獲得しておらず、今後急成長する戦略も描けていなかった（値下げ競争を受けて月額料金を17・36ドルまで下げていた）。

トップ会談では、ヘイスティングスは場合によってはウォルマート・ドット・コムの顧客ベースをまるごと買い取ってもいいと考えていた。しかし、この部分に関しては具体的な話は何もできなかった。当時フレミングはサブスクリプションの分野でヤフーとの提携を模索中だったからだ。

そんなとき再び運が味方した。ネットフリックスの若手幹部がベイエリアのライブコンサートに出掛けたところ、ウォルマート・ドット・コムで働く知人女性に偶然会ったのである。その後、2人は両社のライバル関係について冗談を言い合うようになった。ある夜、知人女性は酒の席で「ウォルマート・ドット・コムは親会社からほとんどサポートを得られていない」と漏らした。これを聞いたヘイスティングスは「諦めずに待とう」と決心し、フレミングとの対話のドアをオープンにしておくことにした。

スーパーボウル広告で攻勢強めるブロックバスター

アンティオコは再びネットフリックスへ圧力をかけることにした。

秋も終わろうとしているころ、クーパーはブロックバスター・オンラインのテレビ広告を打つのはどうかとアンティオコに提案した。いくつかの市場でマーケットテストを実施し、これまで使ってきた広告媒体と比べて、どれだけ新規申し込みを増やせるのか調べてみるのだ。

クーパーとアンティオコは2本のコマーシャル（CM）を制作してみることで一致した。一つはクーパーの絵コンテに基づいたCM、もう一つは広告代理店が提案したCMだ。どちらがオンラインレンタルについて分かりやすく伝えることができているのか、比べてみようというわけだ。

05年1月の第1週に完成品を見る機会を得ると、アンティオコはクーパーのCMを大いに気に入った。マーケットテストも省いて直ちに本番で勝負しようということになった。

「これをスーパーボウルで流そうじゃないか」とアンティオコは宣言した。スーパーボウルはアメフトのプロリーグ優勝決定戦であり、アメリカ最大のスポーツイベントだ。クーパーはもちろん、広告代理店の担当者もあっけに取られた。「これはすごいことになるよ。われわれは何かでかい事をやる必要がある。マーケットテストのことは忘れていい。もうスーパーボウルでいくと決めたから」

シンプルな広告だった。夫が「映画を取りに行く」と言うと、妻は「分かった。気を付けて運転してね」と答える。夫は家の外に出て郵便受けまで車をバックさせ、中からブロックバスターの封筒を取り出す。すると「ブロックバスターはあなたの家の郵便受けまでやって来ました」というナレーションが流れる。これだけである。

この広告はアンティオコにとって誤りを正す場にもなった。彼にとっては不満の残る月額料金17・49ドルを一気に14・99ドルまで引き下げたのだ。

ブロックバスターが広告を打つのは、05年2月6日の第39回スーパーボウル決勝戦だ。ニューイングランド・ペイトリオッツとフィラデルフィア・イーグルスが対戦する。アンティオコの指示に従い、同社は比較的安い広告枠を買った。コイントス前と試合終了後の2枠だ。

クーパーは妻ジェスと一緒に決勝戦をテレビ観戦するために家にいた。誰にも邪魔されたくなかったのだ。キックオフ直前、ブラックベリーが鳴った。端末画面には新規申込件数の200件という数字が表示されていた。1回目の広告が流れてから最初の数字が届いた。900件へはね上がっていた。直後にダースベイダーのテーマ音楽――エバンジェリストからの着信音――が流れてきた。

「数字を見ている？　これはすごいね」

クーパーは慎重だった。「もう1時間待たないと何とも言えないと思う」

1時間後にブラックベリーが鳴ったとき、クーパーはにわかに信じられなかった。画面に表示された数字は2千件だったのだ。その後も数字は上昇し続けた。エバンジェリストはわれを忘れてしまった。その日、ブロックバスター・オンラインは1万9千人の新規契約者を得た。従来の平均の4倍近い数字だ。翌日も新規申し込みが相次ぎ、新規契約者は初日を上回る2万人以上に達した。

数週間にわたって流された広告はブロックバスターに二重のメリットをもたらした。一つは消費者の間で月額14・99ドルのサブスクリプションプランに対する認知度を高めたこと、もう一つは疑心暗鬼の事業パートナーに対してブロックバスターの本気度を示せたことだ。

ブロックバスターの月額14・99ドルに対抗すべきかどうか、ヘイスティングスは思い悩んだ。だが、マッカーシーは一貫して追加値下げに反対した。ブロックバスターは新規契約者を獲得するたびに赤字を出しているはずで、いずれ広告キャンペーンをやめざるを得なくなる。キリンシッチが財務モデルを改めてチェックしてみても結果は同じだった。キリンシッチは次のように指摘した。「月額14・99ドルでブロックバスター・オンラインは赤字の垂れ流し状態です。新規契約者は最初のうちできるだけたくさんレンタルしようとしますから、赤字になるのは不可避です。第2四半期が終わるころには限界に達します」

これを踏まえ、マッカーシーは「ブロックバスターは夏までに値上げを強いられる」と結論した。となると、ブロックバスターが白旗を上げるまで粘り強く待つのみということになる。

投資家はネットフリックス株に空売り

気前のいい広告費と店舗内クーポン券のおかげで、ブロックバスター・オンラインはサービス開始から4カ月で75万人以上の契約者を獲得した。同じ数字を達成するのに4年かけたネットフリックスと比べると大躍進だ。ただし、ネットフリックスから市場シェアを奪う過程で大幅なコスト増にも見舞われていた。複数のオンラインサービスを比べるために解約する消費者も多かったのだ。

05年1月の決算説明会で、ヘイスティングスは「ブロックバスターにもっと注意を払っておくべきでした」と語った。テクノロジーの観点からするとアマゾンの脅威が最も大きかった。しかし、ブロックバスターは店舗ビジネスを守るために必死になっており、アマゾン以上に攻撃的だった。マッカーシーは補足した。「ブロックバスターが本気なのは確かです。われわれは見くびっていました。同じ過ちは決して繰り返しません」

ブロックバスターの攻撃を受けたからといってネットフリックスがひるんでしまったわけではなかった。05年に映画のダウンロードサービスを試験的に始める計画に変更はなかったし、同年4〜12月には黒字化する見通しにも変更はなかった。マッカーシーはむしろブロックバスター側の財務的苦境に注目してもらいたかった。スーパーボウルで同社が大幅値下げを発表したから、なおさらだった。そこで社内の分析データを投資家と共有することにした。

「われわれの社内モデルを使って推計すると、ブロックバスターは月額15ドル未満の料金では財務的にやっていけません。新規契約者を獲得するたびに赤字を出していますから、成長すればするほど赤字を膨らませることになります。価格でブロックバスターに対抗しようとしたら、消耗戦を覚悟しなければなりません。われわれも営業損益段階で赤字になるでしょう。でも、消耗戦になったらわれわれのほうが有利であると確信しています」

しかしながら、ウォール街は多額の借り入れなどを抱えるブロックバスターの財務問題を無視した。代わりにネットフリックス株が一段と下落すると読んで空売りを仕掛け始めた。

アナリストも空売り筋と歩調を合わせてネットフリックス株の投資評価引き下げに走った。4月、ロス・キャピタル・パートナーズのリチャード・イグラシアは顧客向けにリポートを書き、「競争相手が増えて顧客の嗜好も変わっているというのに、ネットフリックスは受け身に終始して自ら行動しようとしていない。このような状況が３四半期連続で続いている」と指摘した。ジェフリーズのユーセフ・スクウォリも否定的で、「短期的にはネットフリックスの先行きは不透明だ。ブロックバスターとアマゾンがどう出るかによって、新規契約者数も利益率も大きく左右される」と書いた。

例外もいた。マラソン・パートナーズでヘッジファンドを運用するマリオ・シベリは、ネットフリックス株に強気だった。ニューヨーク近郊にあるネットフリックスのロングアイランド物流センターを訪問し、驚きの事実を発見したからだ。その日の午後にオフィスに戻ると、同僚に向かって「これをブロックバスターがまねようとしても絶対に無理だ」と断言した。

シベリがロングアイランドの管理責任者――元航空エンジニア――にインタビューしたところ、倉庫内の壁に張り出されているチャートを見せられた。チャートは数十点に及び、それぞれパフォーマンスの最適値を示していた。「私のパフォーマンスがこの範囲に収まっている限り、本部からは何の指示も受けません」と管理責任者は説明した。「この範囲から外れると、間髪入れずに連絡があります」

ヘイスティングスの経営チームがクオリティーの高い物流システムを築き上げ、長期的な視野に基づいてネットフリックスを経営しているのは明白だった。シベリは社内向けにメモを書き、なぜネットフリックス株で買いポジションを築くのか説明した。

〈表面的にはネットフリックスは巨大なビデオレンタル店に見える。顧客から月額固定の料金を徴収し、ＤＶＤを貸し出しているだけだからだ。

しかし、内部を詳しく調べると違う姿が浮かび上がる。ビデオレンタル店というよりもシンクタンクである。長期的な顧客価値を最大化するための独自のアルゴリズムを作り出すと同時に、複雑な物流システムを築き上げ、コスト最小化の方法を常に探っている。

ネットフリックスのビジネスモデルには一般には見えにくい部分があり、それが競争力の源泉になっている。これによって同社は同業他社と差別化し、当面の間は業界リーダーとしての地位を維持できるはずだ〉

一見すると、オンラインサービスは店舗ビジネスの自然な延長線上にある。しかし、シベリは「成熟した企業が新規ビジネスに全力投球するのは珍しい。新規ビジネスがカニバリゼーションを引き起こし、収益源であるコア事業を食い物にする恐れがあるときは、なおさらである」と指摘。そのうえで、「ブロックバスターは膨らみ続ける損失に耐え切れなくなり、近いうちにオンラインサービスを値上げする」と予測した。

シベリはアマゾン脅威説も一蹴した。ネットフリックスに匹敵するサービスを一から立ち上げるハードルは高く、コストもばかにならないからだ。ただし、時価総額の小さいネットフリックスをアマゾンが丸ごと買収するとなると話は違ってくる。買収によってネットフリックスの物流センター網を引き継ぐとなると、税制上の問題が発生する可能性があるが、ここをクリアすれば、価格次第ではアマゾンにとって魅力的な買収対象になる、とシベリは考えた。

とはいっても、このような見解に興味を示したのはもっぱらシベリの顧客と同僚に限られた。彼にとってはそれで良かった。逆張りの投資を売り物にしていたからだ。

ホームセンターから台所の流しが届く

１月の決算説明会で、ヘイスティングスはブロックバスターの攻勢に触れて、「台所の流し以外、持てる物すべてをわれわれに投げ付けてくる」と皮肉った。

翌日出社すると、ホームセンターから巨大な箱が届いているのに気付いた。箱を開けると、中から台所の流しが出てきた。エド・ステッドらブロックバスター役員の仕業だった。ヘイスティングスは面白がったが、もはやブロックバスターを侮るつもりはさらさらなかった。ネットフリックスは強力なライバルに包囲されており、全力を出せるように目覚めなければいけない、と思った。

こんなときにはヘイスティングスは感動的な話し手になれる。例え話や小道具を使いながら、真のリーダーとして社員を鼓舞できるのだ。ある時はモハメド・アリのローブとボクシンググローブを身に着けてスタッフの前に現れた。対ブロックバスター戦に臨むボクサーを演じ、みんなを鼓舞したのだ。またある時は木製の銛《もり》を管理職スタッフに手渡し、ブロックバスターという名のクジラが海面に姿を現すのを辛抱強く待つよう指示した。またある時は登山家エドモンド・ヒラリー卿によるエベレスト初登頂の偉業を称えながら、少ない経営資源でも資金豊富な強敵に打ち勝つことは可能だと宣言した。

ブロックバスターとの全面戦争というシナリオを目の当たりにしてうろたえるスタッフもいた。マスコミはこぞってネットフリックスに否定的だったので、なおさらだった。キリンシッチが採用したばかりの男性スタッフは、劣勢のネットフリックスに入社したことを後悔し、元の職場への復帰を画策し始めた。守りの姿勢に傾くスタッフも多かった。できる限り自社株保有を増やし、後は運を天に任せよう――こんな雰囲気もあった。

ヘイスティングスはうろたえることはなかった。社内の財務モデルやマーケティングモデルが示すデータを信頼しており、ブロックバスターはいずれチキンレースに耐え切れなくなって白旗を上げると読んでいた。だから、春になって辛口のマスコミが増えたり買収のうわさが流れたりしても、平然と対応できた。利益のすべてを契約者ベースの拡大につぎ込み、アマゾンを筆頭にしたライバル勢に対する参入障壁をできるだけ高くしておく方針だった。結果として収支トントンでも構わない。

サブスクリプション型ビジネスは、契約者ベースが十分に大きくなり、固定費を賄えるようになるまでは利益を出すのが難しい。05年初めにヘイスティングスとマッカーシーが試算したところでは、新規参入コストは3億5千万〜5億ドルだった。

3月にサンフランシスコでロイター通信が主催したシンポジウムで、ヘイスティングスは改めて対ブロックバスター戦略を語った。この機会を捉えて私は質問してみた。

「収支トントンの状態をいつまで続けるつもりですか？」

「勝負に決着がつくまで続ける」

「ということは1年？　それとも5年？」

「必要ならばいつまでも」

ヘイスティングスは「収支トントン戦略」を取ることで、ネットフリックスは四半期ごとに9千万ドルの資金を広告費に投じることができた。狙いはブロックバスターを大幅な赤字に追い込むことにあった。

ネガティブ報道対策に新しい広報チーム

ケン・ロスは珍しいニューヨーカーだ。人当たりが良くてほれぼれするほど熱狂的に仕事をする。広報マンとしてはいろいろ苦難も味わった。ペプシのコマーシャル撮影中にマイケル・ジャクソンが頭部にやけどを負ったり、これまで支えてきた経営幹部が弱みを握られたりした。「ファソナブル」のシャツに、ジーンズとローファーがトレードマークの51歳で、よく笑う。気に入った記者がいれば仕事相手というよりも友人として接したものだ。

最初にヘイスティングスとキルゴアから「ネットフリックスへ来ないか?」と誘われたとき、ロスは首を縦に振らなかった。ロサンゼルスからシリコンバレーへ移り住まなければならなかったからだ。1999年にニューヨークからロサンゼルスに引っ越したばかりであり、ようやくなじんだ土地を離れたくなかった。もう一つ気掛かりがあった。直属の上司がヘイスティングスではなくキルゴアになると言われ、十分な自由裁量権を得られないのではないかと不安になった。マスコミ対策や投資家対策だけでなく、社内調整についても自分ですべて取り仕切りたかった。

ただし、ヘイスティングス、キルゴア、サランドスの3人には好感を持てたし、ネットフリックスの将来性にも魅力を感じた。アメリカ人のライフスタイルを一変させるようなブランドづくりに関わることができるかもしれないと思った。そんなわけで、ヘイスティングスから2度目の誘いを受けたときには迷わなかった。2005年1月に広報担当副社長に就任し、ブロックバスターとネットフリックスの認知度ギャップ解消に向けた仕事に取り掛かった。

ロスの前任は早口でエネルギッシュなコンサルタントであるシャーナズ・デイバーだった。魅力あふれる社交的な女性で、ゾロアスター教徒の末裔でもある。私が初めてネットフリックス本社を訪問したときに経営幹部に引き合わせてくれたのも彼女だった。彼女の言葉を借りればネットフリックス本社は「ロスガトスの穴蔵」だ。

デイバーにとってロスが来るまでの1年は大変だった。特にブロックバスター・オンラインがローンチし、アマゾン参入のうわさが流れて以降、経済記者はウォール街の悲観論をそのまま報じるようになり、新聞紙面にはネットフリックスに否定的な記事があふれ返った。デイバーは「ネットフリックスはもう終わり」と信じる記者とやり取りするのに忙しく、プロモーションに割く時間をほとんど確保できなかった。ロスに仕事を引き継いだ時点では、一部の有力ライフスタイル誌によるネットフリックス特集などの成果も出していた。しかし、記事の多くはオンラインレンタルの使い方を長々と説明するなどハウツーに終始していた。

結局、ロスがネットフリックス入りした時点ではすべてが白紙状態だった。一般のアメリカ人消費者の間でネットフリックスブランドはほとんど認知されていなかったのだ。

最初にロスがやるべき事は大きく二つあった。第1に、ニューヨーク、ロサンゼルス、サンフランシスコといった大都会を越えて郊外に行き、サッカーママとナスカーパパを見つけることだ（前者は子どもにサッカーを習わせている中流階級の母親、後者はナスカーレース観戦を楽しみにしている労働者階級の父親）。そのためには会社と経営幹部のイメージを変えなければならなかった。「ネットフリックスはすごいブランドなんだ」と思わせるためである。

第2に、ネットフリックスをニュースメーカーにして、「放っておいてはいけない会社」という意識をマスコミに植え付けることだ。ロスが狙いを定めたのは、アメリカの経済ニュースに大きな影響力を持つと考えられる有力メディアだ。印刷メディアではニューヨーク・タイムズ紙、ウォールストリート・ジャーナル紙、フォーチュン誌、フォーブズ誌、ビジネスウィーク誌、通信社ではAP、ブルームバーグ、ロイターだ。

ロスは広報部ナンバー2として47歳のスティーブ・スウェイジーを選んだ。ロスの見立てでは、スウェイジーはNBCテレビの看板ニュース番組「トゥデイショー」の楽屋に行けと言われれば、特に指示を与えられなくても自力で目的を達成できるベテラン広報マンだ。ロスの引き立て役にもなれた。こわもての警察官を演じ、記者におだてられたりつらく当たられたりしてもひるまずに、断固として会社の立場を代弁するのだ。

カリフォルニア育ちで少年のようなスウェイジーの定番スタイルは、カーキパンツにきれいなブレザージャケット。プレッピーなボタンダウンシャツはいつものりが利いてピンとしている。会話中に縁なし眼鏡の奥から見えるまなざしはいつも不安げだ。

スウェイジーは広報マンとしての権力を楽しんでいたわけではない。そもそも口が堅く、ネットフリックスの内部事情について記者に対してあれこれ語ることはなかった。スクープをちらつかせて記者を手なずけようなどとも思わなかった。ただし、どうしても必要なときは渋々と記者に情報を提供するのだった。あたかも拷問を受けて無理やり語らされているかのように……。

控えめな態度を見せながらも実は派手なイベントが好きだった。特に周到に準備した記者会見やテレビが企画する特集だ。この部分ではスウェイジーは水を得た魚のごとく生き生きと活躍した。事実、自分の仕事を振り返りながら満足げに「本当に素晴らしかった」と表現することもあった。

スウェイジーは最初の物流センター見学で「テレビや写真で紹介すべきだ」と確信した。赤い封筒を吸い込む自動仕分け機、無数の映画が整然と並べられた巨大な整理棚、猛スピードで封筒からＤＶＤを出し入れする作業員――。ネットフリックスの物流センター内ではすべてがまるで時計のように正確に動いており、見事としか言いようがなかったのだ。

そこでスウェイジーはロスを説得し、アリゾナ州フェニックス市で地元のマスコミを対象に物流ハブの見学ツアーを企画した。ツアー中は全作業員に特製Ｔシャツ――前後にネットフリックスの大きなロゴマーク――を着用してもらった。

ツアーは予想以上の大成功を収め、広告に低予算しか割けないネットフリックスにとってＰＲキャンペーンの目玉になるのだった。「パブリシティツアー」ならぬ「ハブ、ブリシティツアー」だ。スウェイジーは最終的には主要なニュース番組を総なめにした。CBSテレビのドキュメンタリー番組「60ミニッツ」やABCテレビの深夜ニュース番組「ナイトライン」などでネットフリックスを取り上げてもらえたのだ。極め付きはピュリツァー賞作家のスーザン・シーハンの記事。彼女はネットフリックスの倉庫内でディスク詰め作業を体験し、そのことについて有力誌ニューヨーカーの名物コラム「トーク・オブ・ザ・タウン」の中で取り上げたのである。

ボウリングシャツ姿で現れたヘイスティングス

ロスは広報マンとしてマスコミ嫌いのCEOを多く見てきた。だから、ヘイスティングスがマスコミ嫌いではないと知ってホッとした。ヘイスティングスはスタッフに対してぶっきらぼうになったり、つらく当たったりすることはよくある。ところが、マスコミ対応となると別人になり、愛想が良くなるのである。どんなにばかげた質問を投げ掛けられても感情を抑え、持ち前のいらいらを爆発させることはない。

それにロスが気付くまでにそれほど時間はかからなかった。ヘイスティングスは会社のブランドを守るために自分の言動を制御できるのだ。ロスとスウェイジーにとって2度目の決算説明会で、2人はヘイスティングスが何回ブロックバスターに言及するのかメモを取ってみた。すると、合計で30回前後に達し、ネットフリックスへの言及のざっと2倍になった。説明会終了後、ロスはヘイスティングスに集計結果を見せて言った。「会社のリーダーはこんなことをしてはいけません」。ヘイスティングスに対して会社のブランド価値向上に集中するよう直言したのは、ロスにとってはこれが最初で最後だった。

シリコンバレーで活躍する大物起業家の多くと同様に、ヘイスティングスは自分の見た目をまったく気にしなかった。ジーンズとTシャツを仕事着に決め、やむを得ず正装するときはボウリングシャツを選んだ。実際、05年にシリコンバレーの高級ホテル「フェアモント・サンノゼ」で投資家説明会を開催したとき、その格好で現れたのである。

ロスの広報戦略が功を奏してネットフリックスへの関心度が高まってくると、マスコミ取材でヘイスティングスの写真撮影は欠かせなくなってきた。ロスはヘイスティングスを説得して、衣装担当のコンサルタントを雇い入れることにした。その際にはこう説明した。

「あなたの写真がニューヨーク・タイムズやフォーチュン、AP通信に載るとき、それはネットフリックスについて広く一つのメッセージを発信しているのと同じなんです」

ヘイスティングスは多数のDVDディスクを手に持ったり、近所の物流センターを訪ねてコンベヤーベルトの横に立ったりするのを好んだ。会社と関係がある写真に限定したのには訳があった。1995年に全国紙USAトゥデイがシリコンバレーの起業家を特集した記事だ。そこには愛車ポルシェのボンネットの上でポーズを取るヘイスティングスの写真が掲載されていた。見出しは「やった！　百万長者になった！」。これがトラウマになっていた。

マスコミ対応に関する限り、ヘイスティングスは非常に優秀で熱心な生徒のようだ。ネットフリックスの顔として完璧な仕事をこなせるのだ。ただし、CEOとしての立場を忘れてエンジニアとしての本性を現してしまうときもある。例えば、10年にシリコンバレーのビジネスフォーラム「チャーチルクラブ」が主催したイベントだ。ウォルト・ディズニー元会長兼CEOのマイケル・アイズナーがホスト役を務め、ヘイスティングスはゲストとして招かれた。壇上に座った2人が90分間の対談を終えると、フォーラムの進行役がとりとめのないあいさつを始めた。すると、ヘイスティングスはやおら立ち上がり、姿を消してしまった。会場の中にはハッと息をのむ参加者もいた。

とはいってもインタビューではヘイスティングスは素晴らしかった。あらゆる質問に対して迷わずに簡潔明瞭に答えてしまうのである（スウェイジーにしてみれば「何もそこまで答えなくてもいいのに」という気持ちだったに違いない）。ハイテク業界ＣＥＯの中でも自分の事業と関連産業に関する知識という点では突出していたといえる。

新世代ブロガーの先駆け、マイク・カルトシュネー

マイク・カルトシュネーはコネチカットとマンハッタンを結ぶ通勤電車に乗りながら、経済紙やビジネス誌を読むのを日課にしていた。ブロックバスターとネットフリックスを巻き込んだ白熱したドラマの記事には必ず目を通し、いつしか「自分が追求すべきテーマはこれかもしれない」との思いを強めていた。プログラマーの傍ら趣味で物書きもしていた。ブログを始めたときにたまたまネットフリックスに興味を抱いたのを機に、ブログと企業ブランドを組み合わせたオンラインジャーナリズム「ブランドブログ」を始めた。ここでは透明性を重視し、特定のブランドについての見解を読者と共有しながら読者にはコメントの投稿や情報提供を求めた。

上背があってしゃがれ声のカルトシュネーは新し物好きのオタク系だ。何でも分解してみて、どう動いているのか調べることに情熱を燃やしていた。特に興味を抱いていたのが新しいビジネスだ。03年、購入したばかりのＤＶＤプレーヤーの箱を開けると、中にネットフリックスの無料クーポン券があるのを発見した。早速クーポン券を使って試してみたところ、たちまちはまってしまった。膨大な映画ライブラリもしゃれたウェブサイトも気に入ったが、何よりも物流メカニズムに興味

津々になってしまった。「キュー」と呼ばれる予約リストが１００万リスト以上に達しているなか、配達先はどのように管理されているのか？　返却の封筒を投函する場所を変えると、次の映画を受け取るまでの時間も変わるのはなぜなのか？　ネットフリックスは物流現場には少人数の作業員しか配置していないというのに、これほど大量のＤＶＤを毎日さばけるのはなぜなのか？　疑問は尽きなかった。

カルトシュネーはもともと起業家だった。１９９０年代半ばに３人の仲間と一緒にウェブデザインのスタートアップを設立。毎月定額で顧客の要望に応える方式を導入し、グラフィックデザインにおけるサブスクリプション型サービスの先駆けになった。数年後に売り抜けて、今度は写真ストックのサブスクリプション型スタートアップを立ち上げた。要は自分の体験からすでにサブスクリプションについてよく知っていたわけで、ネットフリックスがこれほどの成功を収めた理由を知りたくなるのも自然な成り行きだった。

03年11月、カルトシュネーは新しいブログ「ハッキング・ネットフリックス・ドット・コム」を開始した。ネットフリックスをいったん分解し、ビジネスモデルを解明することを目標に掲げた。ブログの題字はネットフリックスと同じ赤色、ブログの記事内容は紳士的だった。

当初から熱烈なネットフリックスファンであることを公言していたカルトシュネーは、特定の商品や企業について自分の意見や体験を書き、読者と共有する新世代ブロガーの先駆けとなった。ネットフリックス関連のニュースや新サービス、法廷闘争のほか、匿名社員による内部情報まで取り上げてコメントしていくうちに、毎月25万人のフォロワーを得たのである。彼のブログ記事は商品テストやうわさ話、消費者心理などの情報が満載であり、ジャーナリストにとっても情報の宝庫になった。私はハッキング・ネットフリックスをむさぼるように読んだし、同業他社のジャーナリストも同じだった。

ソーシャルメディア時代の幕が開け、ブロガーとフォロワーはそれまで想像できなかったほどのパワーを手にしつつあった。商品や企業について自由に発信できる立場を生かし、場合によっては公然と企業を挑発して改善を求めるのだ。消費者に直接語り掛けてもいいし、消費者のために自ら行動を起こしてもいい。全体として見れば従来型の広告を凌駕するほどの影響力を得たともいえる。企業は当初ブロガーを見下していたのかもしれないが、完全に無視するほど間抜けでもなかった。ネットフリックスとブロックバスターもオンライン上の言論空間を注視するようになるのだった。

最初のうちカルトシュネーは週に数本のブログ記事を投稿していた。ＤＶＤリリースされた新作映画リストや外部のニュース記事へのリンク、業績・株価パフォーマンスなど、ネットフリックスに関係するトピックであればどんどん取り上げた。ネットフリックスに特化したオンラインコミュニティーを生み出すのにそれほど時間はかからなかった。熱心にコメント欄に書き込んでくれるフォロワーのほか、ネットフリックスの新機能やサービス変更などの情報を求めてやって来る訪問者が劇的に増えた。

04年7月にブロックバスター・オンラインのベータ版がリリースされると、ハッキング・ネットフリックス上にもすぐにベータ版へのリンクが張られた。クーパーのしわざである。カルトシュネーはベータ版を読者と共有したうえで、「ブロックバスター・オンラインはネットフリックスのクローンにすぎない。しかもかなり質の悪いクローン」と手厳しかった。

ネットフリックスとブロックバスター・オンラインの間で値下げ競争が激化するなか、カルトシュネーはネットフリックスと直接コミュニケーションを取る方法はないものかと思案した。競合サービスが登場したことで、ブログ上には数百件に上る質問やコメント、ヒントが殺到していたからだ。しかし、ネットフリックスに接触しても無視されるだけだった。報道機関としても扱われなかった。それでも報道機関向け資料はほかのルートから入手できたので、当初は平然としていた。その後、カルトシュネーは改めてネットフリックスに接触してみた。そのころには1万人に上る月間訪問者を読者として確保しており、新たに「ネットフリックスに聞いてみよう」というコラムの準備を進めていた。そのために直接情報を得る必要があった。同時に、「ネットフリックスが大好きですから、絶対に友好的に振る舞います」と約束したうえで、物流センターの見学も打診してみた。それでもつれない対応をされるだけだった。返信メールには「ウェブサイトの成功を祈ります」と書かれているだけで、たったの3行だった。

カルトシュネーは熟考したうえで、ネットフリックスとの電子メールのやり取りを読者と共有することにした。数日後、「こう思うのは私だけでしょうか?」と題してブログ記事を投稿した。

〈企業はブロガーに冷たいですね。話を聞こうともしてくれません。私はネットフリックスが大好きです。でも、同社は少しずつ門戸を閉ざそうとしています。顧客との対話のパイプを断ち切ろうとしているのです。つい最近なのですが、ウェブサイトからは電話番号も消えました。

企業はオンラインコミュニティーを大切にすべきです。なぜなら、オンラインコミュニティーは非常に価値あるアーリーアダプター（新しい商品・サービスをいち早く受け入れる消費者グループ）によって支えられているからです。アーリーアダプターを味方に付ければ、一般消費者に対しても啓蒙活動をしてもらえるのです〉

オンラインコミュニティーからの反応はネットフリックスに対する非難であふれ、即座にインターネット空間を駆け巡った。この結果、カルトシュネーのようなブランドブロガーの影響力をめぐってマスコミも巻き込んで大議論が巻き起こった。ニューヨーク・タイムズやウォールストリート・ジャーナルといった一流紙は消費者代表としてカルトシュネーのコメントを定期的に引用するようになった。ニュース専門テレビ局のＭＳＮＢＣは彼をゲストとして招き、ブランドブロガーをテーマにしてパネルディスカッションを行なった。

ブロガーに白旗を上げる

そんな状況下でネットフリックスは態度を改めた。ブログ記事投稿から数日後、マーケティング担当役員のミッシェル・ターナーはカルトシュネーに連絡を入れた。ハッキング・ネットフリックスなどブログサイトも報道機関として扱うと伝えたのだ。ただし、具体的にどのように扱えばいいのか判断しかねていた。その後、一定の議論を経て同社のウェブサイト上で電話番号が復活した。消費者専用のホットラインだ。同じ電話番号はハッキング・ネットフリックス上でも紹介された。ディロンはオペレーターの設置コストを嫌ってホットラインに反対したものの、決定を覆せなかった。

カルトシュネーはネットフリックスの「アフィリエイトプログラム」にも加わった。ハッキング・ネットフリックスの読者がネットフリックスに加入するたびに一定の対価をもらえるわけだ。05年に入ると彼はネットフリックス内で一段と評価を上げた。ロスとスウェイジーの２人が広報部門を仕切るようになったためだ。２人ともブログやソーシャルメディアとは無縁でありながらも、今後重要なコミュニケーションチャネルになると認識していた。

ロスがカルトシュネーに最初に会ったのは、ニューヨーク・ユニオンスクエアにあるスターバックスだった。カルトシュネーは愛想が良く、ひたむきで、プロ意識を持っている——このようにロスは思った。そこで、今後はハッキング・ネットフリックスを新しいタイプの報道機関として扱うことに決めた。ニューヨーク・タイムズやロイターとは違うけれども差別はしないということだ。かねての要求を受け入れて物流センターのツアーを認めたほか、ロスガトス本社でヘイスティングスとの単独インタビューもアレンジした。

カルトシュネーは感激した。数週間後、長い質問リスト——読者からの質問一覧——を手にしてヘイスティングスの前に座ると、緊張し過ぎてしどろもどろになってしまった。仕方なくロスはインタビューを中断してこうアドバイスした。「何度か深く深呼吸してください。落ち着きますよ」

だが、読者の懸念をヘイスティングスに伝えることにためらいはなかった。最大の懸念はいわゆる「スロットリング」。ネットフリックスのヘビーユーザーの間で常に話題になっている問題であり、カルトシュネー自身にとっても頭痛の種だった。

一部の契約者を標的にしてネットフリックスは意図的に配達日数を長くしている——これがスロットリングだ。ハッキング・ネットフリックス上では不満が爆発し、カルトシュネーが納得するまで何カ月にもわたって侃々諤々《かんかんがくがく》の議論が続いた。標的にされていたとみられるのはネットフリックス社内で「ピッグ（豚）」と呼ばれるグループで、契約者全体の25％を占めるヘビーユーザーのことだ。

カルトシュネーは「ネットフリックスを愛用していていつも特に問題はないです。でも、たまにいらいらさせられます。在庫の割り当てがどうもおかしいのです」として、04年3月22日のブログ記事で次のように書いている。

〈ソフィア・コッポラ監督の『ロスト・イン・トランスレーション』がリリースされたのは1カ月以上も前のことです。すぐに予約リストに入れたのですが、今も「長期待ち」の状態です。私は普通のユーザーよりもたくさんの映画をレンタルするヘビーユーザーです。このような形で差別され

るのはヘビーユーザーだからなのでしょうか?〉

2カ月後、カルトシュネーはまだ『ロスト・イン・トランスレーション』をレンタルできていなかった。しかし、今度は読者同士が同じような体験談を語り始めた。「エリ」と名乗る投稿者はこう書いている。

〈順番待ちのシステムがどうなっているのか、ネットフリックスは正直に語っているとは思えません。長い間順番待ちの状態に置かれている人を無視して、予約リストに入れたばかりの人を優先して映画を届けているのでしょうか。そうすることがきっとネットフリックスの利益に一番かなうのでしょうね〉

このような苦情が増え、一部の契約者が差別されているとの認識が広がったことで、04年終わりにはついにクラスアクション（集団訴訟）が起きた。原告はサンフランシスコ在住の会員。訴訟を受けてネットフリックスはついにスロットリングの存在を認めた。DVD在庫が逼迫しているときにはたまにしかレンタルしない契約者「バード（鳥）」を優遇することで長期顧客として囲い込みつつ、高コストの「ピッグ」によるレンタルにブレーキをかけることができたわけだ。

数カ月後、カルトシュネーは自宅近くのブロックバスター店の異変に気付いた。同店は「延滞料金の終わり」キャンペーンに加わっていながら、キャンペーンの約束履行を拒否していたのだ。するとハッキング・ネットフリックスの読者からも「他店でも同じ」との報告が続々と上がってきた。するとマスコミが騒ぎ始め、ついには全米48州の司法長官が「延滞料金の終わり」は虚偽広告だとしてブロックバスターを相手取って訴訟を起こした。

ネットフリックス信者を軽視する

ブログ発の訴訟に見舞われたネットフリックスとブロックバスター。両社とも契約者に映画の無料レンタルを提供することで原告側と和解した。ネットフリックスは「スロットリング＝不正行為」と認めたわけではなかったとはいえ、オンライン上の言論空間に今まで以上に注意を払おうとするきっかけになった。ただ――後になってカルトシュネーは不安になるのだが――ヘイスティングスにとっては大事な教訓にはならなかったようだ。

ヘイスティングスはハッキング・ネットフリックスを読んでいることを認めながらも、経営陣に対しては「あまり真に受けないように」と忠告していた。ネットフリックスに熱烈な興味を抱いているマニアの意見を代弁しているにすぎないと見なしていたのだ。

カルトシュネーはヘイスティングスの指摘については一定の理解を示した。だが、ネットフリックス信者の意見を見くびるのは間違いだと思った。信者はインターネットをうまく使っており、物事を増幅して伝えるすべを心得ている。大きな影響力を持っているのだ。言い換えると、信者を大切にしないとネットフリックスは取り返しのつかない事態を招く可能性がある。その後、カルトシュネーの不安は的中した。ネットフリックスは信者の声に耳を傾けず、人気だった機能を二つ停止したのである。

消費者から得られるデータを分析すると、ネットフリックスがやるべきことははっきりしていた。予約リスト「キュー」の分割である。そうすれば、家族のメンバーがそれぞれ別のキューを作成できるので、使い勝手が格段に向上する。理にかなった行動であるのは間違いなかった。しかも、これによってレコメンドエンジン「シネマッチ」がより正確になるはずだった。

データを分析した市場調査責任者ジョエル・マイアーと製品マネジャーのクリス・ダーナーの２人はキューを分割する必要性で一致し、ヘイスティングスに進言した。だが、「今後あらゆるプログラミング判断が難しくなる」との理由で当初は反対された。家族ごとに複数のキューが欲しいならば、複数のサブスクリプションプランを契約してもらえばいい、と言われた。

だが、マイアーとダーナーの２人から懇願され、ヘイスティングスはその後折れた。ただし「できるだけ安く、できるだけシンプルに」という条件を付けた。そうしておけば、うまくいかなかったときに簡単に元に戻せるからだ。結局、「プロファイル」と呼ばれる新機能は05年に登場した。ほとんど宣伝しなかったので、当初は契約者全体の中のごく一部――熱心なユーザーだけ――に利用されるだけだった。

ほぼ同じタイミングで、ヘイスティングスは別の新機能を導入した。ソーシャルメディアの人気を念頭に置いた「フレンズ」である。プライバシーに関する連邦規制に縛られてネットフリックスは顧客のレンタルデータを公にできなかったが、顧客のキュー情報を契約者の中で共有してもらうことは可能だった。これが「フレンズ」であり、顧客維持率（ＣＲＲ）向上に役立つのだった。ネットフリックスのフォーカスグループによれば、友人とキュー情報を共有すると、顧客はより多くの映画をレンタル・購入するうえ、これまで以上に映画鑑賞を楽しむようになる。

にもかかわらず、プロファイルと同様にフレンズも最初の６カ月間は契約者全体のごく一部――10％以下――にしか利用してもらえなかった。ネットフリックスが調査したところ、自分の好みを共有することに契約者の多くが抵抗を感じたようだ。

オンラインコミュニティーに抗議の嵐

少し先の話になるが、08年になって、ヘイスティングスはプロファイルの停止を決めた。しかもユーザーへの通知は会社のブログ上への素っ気ない投稿で済ませた。ハッキング・ネットフリックス上はたちまち抗議の嵐になった。「リサ」と名乗る投稿者のメッセージはこうだった。

〈顧客をばかにするのもほどほどにしてほしい。これまでネットフリックスがやってきたことのなかでも今回は最低。これが顧客にとってプラスになるはずがない〉

次は「マイク」の投稿だ。

〈一体全体、ネットフリックスは何を考えているんだ？　私は04年来の会員だけれども、別のサービスに切り替えようと思っている。こんなことは初めて〉

投稿者は抗議をエスカレートさせ、ニューヨーク・タイムズ紙のテクノロジーコラムニストを務めるデビッド・ポーグに調査するよう嘆願した。ポーグは調査を開始し、スウェイジーの説明――プロファイル導入でウェブサイトのプログラミングが難しくなる――について「説明になっておらず、人を見下している」と断じた。

10日後、ネットフリックスの製品マネジャーであるトッド・イェリンは自社のブログへ投稿し、プロファイルを復活させると表明した。

〈会員の声に耳を傾けたところ、ユーザーの多くがプロファイルを気に入り、必要不可欠の機能と考えていることが分かりました。シンプルな操作感は重要です。ですが、利便性を優先しなければいけないときもあるのです〉

イェリンの謝罪にもかかわらず、カルトシュネーはなおも疑心暗鬼だった。顧客の思いを本当に理解しているとはとても思えなかったのだ。20カ月後の２０１０年にネットフリックスが突如として「フレンズ」を停止したとき、「やっぱりね」と納得するのだった。ネットフリックスはフレンズ停止について事前に何の説明もしなかった。フレンズ愛好者はカルトシュネーに頼った。オンライン上で抗議が吹き荒れるなか、イェリンは自社のブログ上で「ヘマをやらかしました」と謝罪した。

〈われわれはブログ投稿、ツイート、ニュース記事をすべて読んでいます。今回の決定に不満のユーザーが顧客サービス係に電話をかけた際の通話記録にも目を通しています。前もってお知らせしておくべきでした。お詫び申し上げます〉

ただし、今回はフレンズを復活させなかった。

〈社内のエンジニアリング部門のリソースは限られており、優先順位を決めなければなりません。サービス内容が進化していくのに合わせてリソースの振り分けも常に見直していく必要があります。あまり使われていない機能に充てていたリソースを別のプロジェクトへ移し、ネットフリックス全会員の利益を維持・向上できるようにする方針です〉

その後、カルトシュネーはスウェイジーの行動を知って困惑した。ユーザーへの説明なしでプロファイルとフレンズを停止にする経営判断に彼は反対していた、という話を聞いたのだ。サービス全体のことを考えれば両機能の停止はやむを得なかったとしても、なぜネットフリックスは会員に対する説明責任を果たそうとしないのだろうか……。

「人が何かに夢中になっているときに、その何かを取り上げるのなら、やるべきことは明らかです」とカルトシュネーはスウェイジーに言った。「理由をきちんと説明することです。長期的にはより良いサービスを提供できるようになると納得してもらえばいいのです」

プロファイルとフレンズの停止で浮き彫りになったのは、マーケティングチームとエンジニアチームの連携不足だ。エンジニアチーム内では技術革新が自己目的化し、本来の目的である顧客ニーズが忘れ去られたようだった。カルトシュネーの見立てでは、ヘイスティングスは傲慢で頑固になり、顧客の声にまったく耳を傾けなくなってしまった。ネットフリックスのビジョンに向けて全力で走っているというのに、ゆっくりのペースでしか前へ進まない顧客にいら立ちを覚えているのだった。

結局のところへイスティングスは自分の意思を押し通し、２０１０年までにひそかにプロファイルを取り去った。何の説明もなかったし、何の抗議もなかった。そのころまでにストリーミングサービスが登場してキューの必要性が薄れてしまったからだ。キューは自然死を迎えたのである。

カルトシュネーはがっかりした。ハッキング・ネットフリックスのようなオンラインコミュニティーの誕生によって、ヘイスティングスは顧客と直接交流するパイプを手に入れた。にもかかわらず、そこから何も学ばなかったのだろうか？　おそらく何も学ばなかったのだろう、とカルトシュネーは思い始めていた。

第9章　我等の生涯の最良の年

"The Best Years of Our Lives"

――2005～2006年

アンティオコ、委任状闘争で会長職を剥奪される

ハリウッドビデオ買収を断念した後、アンティオコはアイカーンが怒りを爆発させているのをマスコミを通じて知った。だから電話がかかってきても無視することにした。アイカーンがブロックバスター本社に電話をかけるのは、株式市場の取引終了直後と決まっている。秘書には「『もうオフィスを出ました』と答えるように」と指示しておいた。

無視する作戦は裏目に出た。アイカーンはアンティオコを「恥辱の殿堂」に加えると公言した。2005年5月11日にダラスで開催される年次株主総会を控え、アンティオコの会長職剥奪――場合によってはブロックバスターからの追放――に向けて委任状争奪戦（プロキシファイト）に動きだしたのだ。

アンティオコは「アイカーンを無視するのではなく懐柔するべきだった」と後悔し始めたが、時すでに遅しだった。株主総会の数週間前になって、議決権行使助言会社グラス・ルイスとインスティテューショナル・シェアホルダー・サービシズ（ISS）の2社が条件付きでアイカーンの株主提案を支持したからだ。アイカーンは任期が切れるアンティオコら現取締役3人の代わりに、自分

自身のほか、メディア界の大物ストラウス・ゼルニックとエドワード・ブライアーの取締役選任を求めていた。グラス・ルイスとISSは、機関投資家に対してゼルニックとブライアーには賛成票を投じ、アイカーンについては棄権するよう助言した。アイカーンの敵対的な姿勢は会社全体の利益にならない、と2社は判断したのである。

5月6日の決算説明会で緊張は頂点に達した。アナリストとジャーナリストも電話会議でつながっているなかで、アイカーンとアンティオコは6分間にわたって激しく口論した。

「あなたが掲げた施策がうまくいかなかったら、一体どうするんですか?」とアイカーンは迫った。「取締役会の総入れ替えができるように任期を1年にしておくべきでは? そうすれば、来年の総会で必要ならば株主は取締役全員を解任できますよね?」

「そんな決定は私にはできません。取締役会が決めることですから。今言えることはこれだけです」とアンティオコは反論した。最後には司会役に命じて、まだ話している最中のアイカーンの回線を切らせた。

株主総会を目前にして、アンティオコは広報責任者カレン・ラスコフを呼び出してグラス・ルイスとISSに対応するよう指示した。ブロックバスター経営陣は総会前夜に妥協案を用意し、両社と交渉に入った。交渉は午前2時まで続き、翌朝8時に再開した。だが、もう間に合わなかった。

開票結果は経営陣にとってショッキングだった。アイカーン、ゼルニック、ブライアーの反アンティオコ派3人が投票総数の77%を獲得し、取締役として選任された。アイカーンは大株主のヘッジファンドを自陣に加えるなどで多数派工作に成功したのだ。ルネサンスタワーの大ホールで開かれた株主総会に出席した社員はあっけに取られ、涙を流す者もいた。会長職を剝奪されたアンティオコは取締役会への復帰を求めた。復帰できないならば、手切れ金5400万ドルを受け取ってC

EOを辞任すると表明した。

「これで幸せかって聞かれたら、イエスとは言えない。うそをつくことになる。でも、諦めたわけじゃない」

アンティオコにCEO辞任をちらつかされて、ブロックバスターの取締役会は8人目の取締役ポストを新たに設けることを決めた。彼を会長へ復帰させるためだ。アイカーンも譲歩した。焦点にしていたオンライン戦略と「延滞料金の終わり」戦略についても邪魔はしないと約束したのだ。

株式市場ではブロックバスター株は買われて上昇した。しかし、翌日の社債市場では悪いニュースが飛び出した。大手格付け機関のフィッチとS&Pが債務増大と競争激化を理由に、ブロックバスターを投資不適格のジャンク債へ格下げしたのだ。

値下げ競争で消耗戦続く

05年2月にブロックバスター・オンラインがスーパーボウルのテレビCMを流したとき、エリック・ジーグラーはシリコンバレーの友人宅で開かれていた「スーパーボウルパーティー」に参加中だった。ネットフリックスではマーケティングアナリストを務めている。CMが終わると、近くの友人から質問を投げ掛けられた。「ブロックバスターはとんでもない金額を広告キャンペーンにつぎ込んでいる。ネットフリックスは戦々恐々としているんじゃない?」

「いいや、全然平気だね」とジーグラーは答えた。「仮に同じ金額を与えられたら、僕はスーパーボウルには使わなかっただろうな。もっと賢く使うやり方が百万通りあると思う」

フレックスファイル――。ジーグラーが完成させたスプレッドシートプログラムのことだ。複雑かつ高度なプログラムであり、ボスであるレスリー・キルゴアの厳しい要求に応えられるように設計されていた。キルゴアはマーケティングの効果について予測も含めて常に知りたがっていた。フレックスファイルの強みは、データが限定的であっても――例えば特定の広告への反応を示すデータが1週間分に限られていても――1カ月後、四半期後、1年後の結果を予測できる点にあった。フレックスファイルはいろいろな用途に利用できた。マーケティングチャネル――ラジオ、テレビ、屋外広告、オンライン――ごとにネットフリックスの広告を分けたうえで、それぞれの顧客獲得単価（CPA）や顧客生涯価値（LTV）、顧客獲得数を割り出せた。特定の広告パターンを分析し、売り上げや解約、新規契約件数を計算することもできた。

だからこそ、ジーグラーは16四半期連続でマーケティング費用と契約者数を正しく予測できたのである。フレックスファイルは占いの水晶玉よりも信頼できて、経営チームのストレス――ブロックバスターとの競争激化に伴ってストレスは高まる一方だった――を和らげるのに役立った。

フレックスファイルを使ってブロックバスターのマーケティング手法を分析したところ、ジーグラーはにんまりしてしまった。ネットフリックスが以前に犯したのと同じミスを見つけたのである。このようなミスは多大な出費を伴う。ブロックバスターはアフィリエイトのクーポンサイトやキャッシュバックサイトに高い報奨金を払っていたのだ。だが、これらのサイトでは顧客の流出が激しく、詐欺も横行していた。資金繰りが厳しい同社がここに大枚をはたいているなんてどうかしている、とジーグラーは思った。

とはいっても、ブロックバスターは広告キャンペーンと無料クーポン券に多額の資金を投じて、足元では新規契約者を大きく増やしていた。このようなバリュープロポジション（価値提案）に対してネットフリックスは対抗策を見いださなければならなかった。

マーケティング予算を減らさずにブロックバスターとの値下げ競争を続ける方法はあるのか。キルゴアの考えでは、一度に1本のみレンタルできる格安プラン（月額9・99ドル）も含めて、さまざまな価格帯のサブスクリプションプランを用意する以外に方法はなかった。マッカーシーは格安プラン導入を発表し、それを受ける形で4月に「ブロックバスターの攻勢によって黒字化のタイミングが1四半期遅れる」と説明した。ウォール街は格安プランへ顧客が流れるのを懸念して、ネットフリックスへの批判を強めていった。

ブロックバスター・オンラインに目標達成の見通し

05年に入ると、ブロックバスター・オンラインではエバンジェリストのマーケティングキャンペーンがフル回転し始めた。彼のブラックベリーは1時間ごとに鳴り響き、1週間当たり1万件のペースで新規申し込みがあることを示していた。アンティオコは1億2千万ドルを投じて契約者数200万人と物流センター30拠点の2大目標を達成すると宣言していた。この調子だと年内に両目標ともクリアとなる見通しだった。

しかし成長の陰に隠れて気付かれにくい大問題があった。ローンチ直後から悩みの種だった解約である。エバンジェリストは顧客維持率（CRR）向上を狙って、AT&Tのマーケティング担当役員を務めていたリリアン・ヘッセルをスカウトしようとしていた。ヘッセルはAT&Tがシンギュラーと合併したのを機に退社。2人の子どもと過ごす時間を増やすため、出張が少なく、労働環境が柔軟な職場を探していた。

最初にエバンジェリストから声を掛けられたとき、ヘッセル——上品な顔立ちで小柄なブロンド女性——はブロックバスター・オンラインが理想の職場なのかどうか自信を持てなかった。顧客サービスとアナリティクスを指揮してほしいと言われ、「一人でやるには荷が重すぎるのでは？」と伝えた。逆に「ほかの誰かに声を掛けるのなら職責を分割したほうがいい」とアドバイスし、具体的な方法まで教えた。

数日後、自分の子どもが通う学校で、催し物の手伝いを終えようとしていたときのことだ。ヘッセルはエバンジェリストから電話をもらい、再びブロックバスター・オンラインの仕事を引き受けるよう頼まれた。「これだけおカネをつぎ込んでいるというのに、顧客がどんどん離れていくんだ。どうにかして食い止めないと大変なことになる。協力してもらえないかな?」

ブロックバスター・オンラインでの初日、ヘッセルはカルチャーショックを受けた。親会社が大企業だとはいってもやはりスタートアップ。エバンジェリストにオフィスを案内してもらうと、AT&T時代とはまるで違う光景が目に飛び込んできた。

「そう、ここが私のオフィスなのね。でも、この人たちは一体誰なの?」と彼女はいぶかしげに尋ねた。

割り当てられたオフィスの中では6人前後のスタッフがパソコンの前に座って作業中だった。

「えーっと、オフィスメイト（同じ部屋をシェアする同僚社員）です」とエバンジェリストは答えた。

「では……この匂いは?」

「下にあるグリストラップ（キッチンの排水に含まれる油脂分や残飯などを分離・収集する装置）です。時々すごく匂うんですよね」とオフィスメイトの一人は説明した。

とはいえ、ヘッセルは新たな職場をすぐに気に入った。行き当たりばったりであっても、何事もさっさと決めて行動するスタートアップは新鮮に感じた。同僚の大半よりも10歳は年上で、大組織の意思決定プロセスや礼儀作法に詳しかったことから、チーム全体を安定させる役割を担えた。堂々と「私は時代遅れのおばさん」と言いながらも、必要ならば口汚く怒鳴ることもできたし、エバンジェリストに直言することにもためらいを見せなかった。

ヘッセルは顧客維持のために、ランドルフとキッシュと同じ手法を採用した。ダイレクトメールで得た自らの経験を生かし、顧客体験をできるだけ完璧にしたのである。ブロックバスター・オンラインのインターフェイスとバックエンドシステムを調べてみたところ、いくつか重要な問題が手付かずのまま放置されていることが判明した。一番見たい映画が在庫切れのときに、フルフィルメントシステムは顧客に届けるべきDVDをどのようにして選んでいるのか？　ディスクに傷がついているかどうかチェックするのは誰の仕事なのか？　複雑な問題もあれば単純な問題もあった。

このような問題には一つずつ丁寧に対処していけば大丈夫、とヘッセルは思った。ネットフリックスがそうだった。過去7年間にわたって成長できたのも、さまざまな問題を一つずつ解決していったからだ。市場シェアをめぐる競争が激化してきたからといって、多くの問題を一気に解決しようとすると壁にぶち当たる。

顧客維持率を高めるうえで、物流システムがきちんと機能しているかどうかは決定的に重要だ。会社と顧客が物理的につながる唯一の接点だからだ。人気DVDを注文したときに「長期待ち」になると、顧客は不満を募らせる。配達スピードも顧客維持に欠かせない。顧客が集中している地域を考慮しないままで、小ぶりの物流システムで済ませると、配達スピードを遅くしてしまう。

ブロックバスター・オンラインは安さを売り物にしていたため、顧客サービスの面で問題を抱えていてもある程度はやり過ごせた。ヘッセルにしてみれば、新たなマーケティングチャネルやウェブサイトの新機能に追加投資する前に、まずは顧客サービスの問題点を解決すべきだった。しかし、エバンジェリストとクーパーはヘッセルの意見になかなか耳を傾けなかった。

もう一つ問題があった。ブロックバスター・オンラインはネットフリックスのフルフィルメントシステムをコピーしたのだが、それがどのようなシステムなのかよく理解していなかった。ネットフリックスが翌日配達体制を短期間で築けたのは、契約者ベースの分布を見て物流センターの設置場所を決めたからだ。この点でクラフトとエリスは失敗した。単に人口が多い地域に物流センターを設けたのである。

そんななか、マーケティングチームは徐々にオンラインレンタルサービスの需給メカニズムを学んでいった。物流システムがきちんと機能している地域に的を絞って戦略的に広告キャンペーンを打ち、配達に遅れが出る地域ではあえてマーケティングを控えた。一方、プログラマーチームはバックエンドシステムを改良した。「長期待ち」になると分かっていても予約リスト1番目のＤＶＤを顧客に送るべきか？　それとも、直ちに発送できるならば予約リスト2番目以降のＤＶＤを顧客に送るべきか？　このような判断をより的確にできるようにアルゴリズムに修正を加えたのである。

ヘッセルは解約しそうな顧客に当たりをつけるコツをつかんだ。予約リスト内の作品数が少なかったり、予約リストの内容が特定ジャンルに偏っていたりする顧客に的を絞り、電子メールで「豊富な映画ライブラリから多様な作品を選べます」と控えめに勧めるようにしたのだ。

ゆっくりとではあったが、ブロックバスター・オンラインの顧客維持率は上昇し、顧客獲得コストは低下していった。やっとうまく回転し始めた、とヘッセルは思った。

親会社の資金繰りが深刻に、オンライン予算に大ナタ

親会社ブロックバスターでは05年初め、アンティオコがザインと共に借り入れ条件の見直しを求めて銀行団と交渉に入った。「延滞料金の終わり」キャンペーンを展開しても思うように業績を回復できず、コスト削減でも壁に突き当たっていた。交渉ではすぐに条件緩和の合意を得られた。再建請負人としての手腕を評価してもらえたのだ。オンラインサービスと「延滞料金の終わり」キャンペーンが軌道に乗るまで赤字経営を続けるということだ。

銀行団と同様に映画スタジオ側との交渉もまとまった。春にザインとシェファードが協力して映画スタジオ各社を訪問し、DVD在庫の仕入れや「レベニューシェア」に絡んだ支払いの猶予を求めたところ、理解を得られた。映画スタジオ自身が興行収入の落ち込みやDVD販売の不振に見舞われていたからかもしれない。

問題がなかったわけではない。経営権をめぐる戦いである委任状争奪戦だ。銀行や映画スタジオなど債権団にしてみれば、アイカーンではなくアンティオコが経営権を握っているという確証が欲しかった。ブロックバスターの経営悪化を理由にレベニューシェア契約の破棄に動く映画スタジオも出ていた。

夏になると、ブロックバスターの資金繰りがいよいよ深刻になり、オンラインサービスへの支援継続がもはや不可能になった。ネットフリックスのマッカーシーとキリンシッチが独自の財務モデルで予測した通りの展開になったのだ。この年にリリースされたDVDの売れ行きはひどく、映画の興行収入——ビデオレンタル市場の先行きを占う指標の一つ——は前年と比べて5％も落ち込んでいた。

こうなるとブロックバスターが当初の収益目標を達成できなくなり、債権団が設けた財務制限条項に抵触するのは必至だった。アンティオコはザインに頼り、改めて債権団と返済条件の緩和交渉に入るよう指示した。同時にエバンジェリストに連絡を入れて、向こう数カ月間はマーケティングへの資金投入を控えるとともに、レンタル料金をネットフリックス並みに引き上げることも視野に入れるよう伝えた。

シェファードはハリウッドへ飛び立ち、映画スタジオ各社に支払い猶予を要請した。ブロックバスターは需要を満たすために大量のＤＶＤが必要なのに、代金を工面できなくなったのだ。多くの映画スタジオはブロックバスターに支払い猶予を認めた。例外はユニバーサルで、支払いスケジュールの厳守を突き付けた。その結果、店舗もオンラインサービスもユニバーサルの新作映画を十分に在庫として持てなくなった。人気作となるとなおさらだった。

アンティオコはクーパーを呼び出し、マーケティング予算を半分に減らすよう命じた。あまりにも予算カットが大幅だったため、ブロックバスター・オンラインはアフィリエイトプログラムを突如として終了しなければならなくなった。終了しないならば、アフィリエイトへの支払いを半分に減らさなければならなくなった。どちらにせよ、クーパーは謝罪するしかなかった。ブロックバスター・オンラインは一部の広告パートナー――映画スタジオと同様にすでに親会社ブロックバスターの支払いの悪さに困惑していた――とは完全に縁を切る格好になった。

アンティオコの支援があったからこそ、ブロックバスター・オンラインはマーケティング費用を湯水のように使うことができ、記録的なペースで契約者ベースを増やせたのである。大ナタを振るわれたら、たちまち失速しかねない、とクーパーは懸念した。

店舗経営者に協力要請

懸念は的中した。マーケティング予算の大幅カットはアクセルから足を離すのと同じだった。新規申し込みがあっても解約で相殺されて、契約者数は数週間にわたって横ばい状態になってしまった。ネットフリックスの契約者数は3月に３００万人の大台に乗せたというのに、ブロックバスター・オンラインは「年内に２００万人」という目標を取り下げなければならなくなった。

エバンジェリストとクーパーは予算カットを埋め合わせようとしてブロックバスターの実店舗に頼った。来店者にオンラインサービスを強く勧めるよう店舗経営者に要請したのである。店舗経営者にとっては無理難題だった。採算悪化を背景に全国各地で閉店が相次いでおり、店舗を取り巻く環境は厳しくなる一方。そんな状況下で顧客にオンラインサービスを勧めたら、自分で自分の首を絞める格好になりかねない、と店舗経営者は考えた。店舗内にはオンラインサービス申し込み用のパソコンも設置されていたが、新規申し込みはまったく増えていなかった。

クーパーとクラフトはこっそり調べてみることにした。全国各地の店舗から一部をサンプルとして選び、そこへシークレットショッパー（顧客を装った覆面調査員）を派遣した。するとオンラインサービスへの勧誘がきちんと行なわれていなかったばかりか、オンラインサービスをむしろ否定するような言動が見られた。申し込み用の専用パソコンを隠す店長もいたし、堂々と「オンラインサービスは良くないよ」と明言する店長もいた。

頭に血が上ったエバンジェリストから直訴され、アンティオコはシェファードと店舗業務マネジャーのブライアン・ベビンを呼んで、緊急ミーティングを開いた。張り詰めた雰囲気のなか、2人の前で裁定を下した。「店長から必ず協力を取り付けること。協力してもらえないなら解雇するしかないと言え」。アンティオコにしてみれば、店舗の売り上げはじり貧が続いており、それは今後も変えようがなかった。ブロックバスターの顧客が店舗に見切りを付けて、オンラインサービスへ乗り換えているのだとしたら？　乗り換え先はネットフリックスではなくブロックバスター・オンラインでなくてはならなかった。これはアンティオコの絶対命令だった。

口数は少ないが実行力があると評判のベビンは、アンティオコの命令を肝に銘じて、ブロックバスターがなお残している直営店5千店を巡る旅に出た。シェファードと相談してオンラインサービスへの申込件数で好成績を収めた店舗に対して報奨金を出す制度も設けた。ブロックバスター店舗派のツートップ――シェファードとベビン――の全面バックアップを背景に店舗経由の新規申し込みは上向き始めた。シェファードが後に語ったところでは、全国の店舗巡りはまるで布教活動のようだった。

泣き面に蜂だったのは、ウォルマートがオンラインレンタルサービスを閉鎖して、顧客をネットフリックスへ誘導すると決めたことだった。ウォルマートのオンライン部門責任者フレミングは契約者数を伸ばせずお手上げ状態だった。そんなとき、ヘイスティングスがトップ会談でフレミングを説得し、提携をのみ込ませたのだ。これによってウォルマートはオンラインサービスの契約希望者をネットフリックスに紹介する代わりに、ネットフリックスからはDVD購入希望者を紹介してもらえることになった。ウォルマートのオンラインサービス契約者にもメリットがあった。ネットフリックスへ契約を移しても、向こう1年間は従来の割安料金のままでサービスを継続できる権利を与えられた。

エバンジェリストとクーパーは不意を突かれた。だが、翌日に対抗策を打ち出した。ウォルマートとネットフリックスのオンラインサービス契約者に対して、ブロックバスターへ乗り換えれば最初の2カ月を無料とするだけでなく、好きなDVD映画1本をプレゼントすると発表した。ウォルマートがDVDレンタル事業をネットフリックスへ譲ってしまった以上、ブロックバスターとしてやれることは限られていた。ただし、一連のやり取りを見たウォール街はオンラインレンタル市場の重要性を認めざるを得なくなった。オンラインレンタルは簡単にまねできる事業ではないし、ましてや店舗型レンタルの廉価版ではない、と理解したのである。

投資銀行トマス・ワイゼル・パートナーズのアナリスト、ゴードン・ホッジはネットフリックス株を格上げして「市場平均以上」とした。顧客へのリポートの中では次のように書いていた。

〈ウォルマートはオンラインレンタルから撤退してネットフリックスへ事業を移管した。これが意味しているのは、ネットフリックスが高度なビジネスモデルを構築して高い参入障壁を築いたということだ。新規参入組が利益を出すのは容易ではない〉

ブロックバスターの攻勢終わる

債務危機と委任状争奪戦をどうにかしのいだアンティオコだが、今度は機能不全に陥りつつある取締役会との消耗戦に臨まなければならなくなった。

アンティオコの目には、取締役会出席中のアイカーンは注意散漫で準備不足に見えた。会議中に電話を取ったり、決着済みの問題を蒸し返したりするのは日常茶飯事だった。アンティオコが提携や買収案件を取締役会に諮《はか》ると、自分のスタッフに内容を調査させると主張して譲らなかった。こうなると、案件が宙ぶらりんのまま数カ月も経過したり、相手が愛想を尽かして案件が白紙撤回されたりするのだ。映画のストリーミングサービスでヒューレット・パッカードと提携する案件は流れてしまったし、映画スタジオ各社が共同出資するビデオオンデマンド（ＶＯＤ）サービス「ムービーリンク」を買収する案件は何カ月も棚ざらしにされてしまった。

最終的にブロックバスターは、取締役会の大半をニューヨーク・マンハッタン内にあるアイカーンのオフィスで開催するようになった。ニューヨーク在住の取締役が多数派になっていたことから利便性は高まったし、ダラス在住のアンティオコにとっても生まれ故郷の友人と会えるので好都合だった。だが、アイカーンは自分のオフィスで取締役会を開くことで事実上の議長役を担う格好になり、会長であるアンティオコの影が薄くなってしまった。

ただ、会社全体のことを考えて、アンティオコとアイカーンは敵対心をむき出しにすることはなかったし、公の場では同じ目的を目指して歩調を合わせているように振る舞った。ネットフリックスの経営チームはブロックバスターを舞台にした委任状争奪戦について何も語ることはなかった。もっとも、ひそかに成り行きを注視していたし、内心では大喜びしていた。アンティオコはアイカーンとの対決で注意力を削がれて、ネットフリックスとの戦いに集中できなくなるからだ。

ブロックバスターのマーケティング攻勢が休止したことで、ネットフリックスは一気に勢いを取り戻したように見えた。予想を上回る成長を追い風にして株価は30ドル台前半を付け、ブロックバスターによるオンラインサービス開始以前の水準に戻った。

エンターテインメント業界全体の構造変化もネットフリックスに味方した。ホームエンターテインメントの台頭を背景に、映画館は顧客を奪われ、興行収入で見れば過去20年で最長の不況下に置かれていた。調査会社イプソスが05年に実施した調査によれば、自宅でＤＶＤ映画を見るよりも映画館で映画を見たいと答えたアメリカ人は全体の22％にとどまった。ウォルト・ディズニーＣＥＯのボブ・アイガーは同年の夏に「ＤＶＤ映画は劇場公開と同時にリリースされるようになる」と予測し、映画館オーナーを激怒させた。ディズニーのような映画スタジオにとってＤＶＤ販売のうまみは大きく、劇場公開と同時にＤＶＤをリリースできればマーケティング費用の節約にもなる。

映画はあらゆるフォーマット――映画館、ＤＶＤ、ペイパービューなど――で同時に公開されるべきとの意見も脚光を浴びつつあった。そんな意見に最も傾斜していた有名人の一人がマーク・キューバンだ。ケーブルテレビ局ＨＤネットの創設者で億万長者の彼は「映画館に行って見るのがいいのか、それともプレミアム料金を払って自宅で見るのがいいのか、決めるのは消費者であるべき」と主張した。これにはエンターテインメント業界が猛反発する一方、消費者が喝采を送った。

競争環境にもう一つ変化があった。ネットフリックスを退社していたミッチ・ロウが、ビデオレンタルの世界に再び姿を現したのだ。今度はレッドボックスと呼ばれる会社——自販機会社コインスターの新子会社——に所属し、マクドナルドの店舗内でビデオレンタルのキオスク事業を実験中だった。なおも自販機の不具合と格闘していたものの、これまでに1200店で実験して良い結果を出しており、全米各地に2万店のキオスクを設置する目標に向けていよいよ動きだそうとしていた。レッドボックスの特徴は、1日1ドルのレンタル料金と新作中心の在庫だ。ネットフリックスの経営チームの考えでは、レッドボックスの競争相手は短期的にはブロックバスターとムービーギャラリーであった。

05年8月上旬、ネットフリックスの経営チームはようやく胸をなで下ろした。冬にマッカーシーが予測した通り、ブロックバスターは格安料金戦略を撤回して料金体系をネットフリックスと同じにすると発表したのである。具体的には、最も人気のあるサブスクリプションプラン——一度に3本までレンタルできるプラン——の月額料金を14・99ドルから17・99ドルへ引き上げるという。ヘイスティングスら経営チームは飛び上がって喜んだ。これからブロックバスター・オンラインから離散していく顧客をどんどん取り込んでいくんだ！

ほぼ同じタイミングで、アメリカ国内ではアマゾンがオンラインレンタル事業に参入しないことが明白になってきた。マッカーシーは投資家に対して「アマゾンは参入しませんよ」とささやき始めた。ネットフリックスが最も恐れる競争相手アマゾンは、イギリスに続き、今度はドイツでオンラインレンタル事業を始めていた。料金体系はネットフリックスとほとんど同じ。「月に最大3本、一度に1本まで」のプランが月9・99ユーロ、「月に最大6本、一度に3本まで」のプランが月18・99ユーロだった。アマゾンは国内ではネットフリックスに勝てないとみて、海外展開に力を入れていくとみられた。

時価総額が逆転

店舗型ビデオレンタルチェーン大手のうち、ムービーギャラリーだけがオンラインレンタル事業を完全に無視していた。ハリウッドビデオの買収で手いっぱいだったのだろう。ヘイスティングスにしてみれば愉快であると同時ににわかに信じられなかった。ムービーギャラリーの会長兼ＣＥＯのジョー・マリュジェンは８月の決算説明会で「オンラインレンタル市場は競争が過熱化しているから興味はない」と言い切った。

「オンライン経由でビデオを借りるとなると忍耐強さが必要です。何を借りるのかいろいろ考えなくてはならないし、ビデオが届くまで何日も待たなければならない。これでは顧客ニーズを満たせません。映画をレンタルするというのは衝動的な行為なんです」とマリュジェンは言った。「オンラインレンタルはニッチな市場だと今でも思っています。市場全体のせいぜい５％にアピールするだけでしょう。それを裏付けているのがブロックバスターとネットフリックス両社の決算数字です。そこから熾烈な価格戦争の痕跡を見て取れます」

ブロックバスターの資金繰り問題は２週間後に公になった。四半期配当をゼロにすると発表したのだ。無配への転落は１９９９年の株式公開以降で初めて。エンターテインメント誌バラエティは、シェファードと映画スタジオ各社との緊急ミーティングについて詳報した。同誌によれば、シェファードは不安顔の映画スタジオ幹部を前にして、支払い猶予の申し入れをするとともに、秋口リリースの新作映画の在庫を確保しなければならないと伝えた。つまり、おカネを払えないけれども新作ＤＶＤの供給をストップしないでほしい、と懇願したわけだ。同社をめぐっては、ほかにも「延滞料金の廃止に伴って4億ドルの収入が無くなる」や「一部の映画スタジオは現金の前払いを要求している」といった悪いニュースが流れていた。

アンティオコは深刻な状況であることをあっさりと認めた。店舗型レンタル業界について「最悪の状態」と表現し、「映画スタジオ側が不安を募らせるのも当然のことだ」と語った。1年にわたって厳しい環境に置かれてきた映画館とビデオレンタルの両業界はさらなる激震に見舞われる、との見方も示した。

アンティオコは12月にインタビューに応じて、「ビデオレンタル業界が順調だなんて言うつもりはありません。なぜなら順調じゃないから」と言った。それでもブロックバスターは第4四半期には黒字化すると予測した。05年に入って5億ドル以上も損失を出しているというのに……。

そんななか、投資銀行ベアー・スターンズのアナリストチームはネットフリックス株を「市場平均」から「市場平均以上」へ格上げし、目標株価も引き上げた。格上げの根拠にしたのは、アンティオコとヘイスティングスがかねて指摘してきた構造変化だ。すわなち、一般消費者が店舗型ビデオレンタルに見切りを付けつつあるということだ。アナリストはブロックバスターには厳しい目を向けた。顧客向けリポートやマスコミを通じて「店舗網が肥大化したまま」「間接費の無駄が多い」などとコメントをするようになった。

アンティオコはやむにやまれず、不要不急な事業は一切合切売り払うリストラに乗り出した。05年の終わりごろ、ブロックバスターの映画獲得・配給部門であるＤＥＪプロダクションズを２５００万ドルで売りに出した。また、水面下で小売店のムービー・トレーディングとビデオ・キングの買い手を探し始めた。ビデオレンタルというコア事業に経営資源を集中投下するためだ。一方で倒産を回避する狙いで転換社債を発行し、1億5千万ドルの資金を調達した。株価が低迷するなかで、アイカーンは３８００万ドルを投じてブロックバスター株を買い増して、持ち株比率を15％へ引き上げた。

厳しい一年が終わりに近づくと、「映画の冬の時代」は数字で裏付けられた。05年の映画館売上高は02年のピークと比べて12％も落ち込み、ビデオレンタル業界の売上高は過去25年間で初の減少を記録した。唯一の明るいニュースは、ＤＶＤ販売がなおも増加していたことだ。

ただ、ブロックバスター・オンラインは会社全体にとってお荷物ではなくなりつつあった。契約者ベースは１００万人で横ばいになっていながらも、安定的な売り上げを通じて現金を生み出していたからだ。確かに親会社ブロックバスターにとっては大変な一年だった。業界全体が不況に直面している状況下で抜本的な経営改革を行なわなければならなかったのだ。しかし06年は違う、とザインは投資家に説明した。「延滞料金の終わり」キャンペーンとブロックバスター・オンラインが結果を出すと期待していたのだ。

05年が終わった時点で、ネットフリックスは無借金経営で、契約者数を４２０万人にまで増やしていた。もう一つ自慢できる点があった。旧作タイトルのレンタルで収益の大半を稼ぎ出し、ハリウッドがどんな新作映画をどんなスケジュールでリリースするのかに左右されないビジネスモデルを築いたのだ。

株式時価総額では年央時点で業界トップが入れ替わった。ネットフリックスは15億ドルで業界首位に躍り出た。10億ドル以上の債務を抱えたブロックバスターは６億８４００万ドルで、首位の座から滑り落ちた。

第10章　帝国の逆襲　"The Empire Strikes Back"

——2006～2007年

デジタル配信に積極的なディズニー

　2006年に入ると、マスコミとウォール街は事実上ブロックバスターを見限り、「ポスト・ブロックバスター」について語り始めた。ネットフリックスになるのか？　それとも、オンラインDVDレンタルを素通りしてビデオオンデマンド（VOD）になるのか？

　ブロードバンド回線が多くのアメリカ人家庭に普及し始めたことで、映画スタジオ業界はインターネット経由のデジタル配信を真剣に検討し始めていた。黄金時代——映画館や商業テレビ、アナログのVHSビデオにコンテンツ利用を厳しく制限できた古き良き時代——にはもう戻れないという現実を不承不承ながらも受け入れたのである。

　そこで、映画スタジオはVODに活路を見いだそうとした。「第2のブロックバスター」が登場してデジタル配信モデルを導入したら、消費者がテレビ広告やケーブルテレビ契約料などの束縛から解放され、業界全体が大打撃を受けかねない。これまで各社はHBOやスターズ、ショータイムなどのプレミアムケーブルチャンネルに新作映画の独占放映権を与え、見返りに合計で毎年15億ドルの支払いを受けていた。このようなビジネスはうまみが大きく、簡単に手放すわけにはいかなかった。しかも、ソニーを除くと大手はそろってメディアコングロマリット（複合企業）であり、傘下にケーブルチャンネルかケーブルテレビ事業を抱えていた。

ＤＶＤレンタル・販売の売上総額は06年にピークの２７０億ドルを記録し、翌年以降は徐々にではあるが、確実に市場規模が縮小していくと予測されていた。対照的に、映像コンテンツのデジタル配信市場は前年比３ケタの伸び率で拡大していた。ただし、映画業界の年間売上高に占める割合で見るとまだ1～２％にすぎなかった。

インターネット上ではコンテンツはタダ――。このような考え方を最初に受け入れたハリウッドの大物は、ウォルト・ディズニーのＣＥＯボブ・アイガーだ。ただし、文字通りタダというわけではなかった。

当時のディズニーはスティーブ・ジョブズのピクサー・アニメーション・スタジオを買収したばかりで、デジタル戦略に前向きだった。そしてｉＴｕｎｅｓ上で映画やテレビドラマをデジタル形式で販売する映画スタジオ第一号になった。本気度を示すために、ハリウッドの大ヒット作『パイレーツ・オブ・カリビアン／呪われた海賊たち』やゴールデンタイムの人気テレビドラマ『ロスト』をｉＴｕｎｅｓの目玉に据えた。

消費者は見たいものを見たいときに見たい場所で見るのであって、これについてはコンテンツ企業――映画スタジオ――は何もコントロールできない。ハイテク業界でかねて常識とされていたことをディズニーも受け入れたといえる。

ディズニーはアップルのｉＴｕｎｅｓとは別に独自のデジタル配信サービスも実験的にスタートさせた。一つは有料ダウンロードサービス「ムービービーム」で、もう一つは広告型ストリーミングサービス「ＡＢＣメディアプレーヤー」だ。

ムービービームは扱いにくい代物だった。消費者は２００ドル払って専用のセットトップボックスを購入し、月間１００タイトルから好きな映画を選んでダウンロードして自宅で視聴できる。１本見るごとにレンタル料を払い、いったん再生ボタンを押すと24時間以内に見なければならない。一方、ＡＢＣメディアプレーヤーは無料だったこともあり、ムービービームと比べればうまくいった。消費者はコマーシャル時間に２、３本の30秒広告を我慢しさえすればよかった。専用ソフトを自分のパソコンにダウンロードする作業も簡単だ。ストリーミング自体も高速でコマ落ちがなく、快適だった。

ムービービームは1年もたたないうちに失速し、ディズニーからスピンオフしてしまった。対照的に、ＡＢＣメディアプレーヤーは徐々に人気となり、２カ月の実験期間中にストリーミング再生回数は１６００万回に達した。

ディズニー以外の映画スタジオ大手もダウンロードサイトに投資した。映画スタジオ大手5社（メトロ・ゴールドウィン・メイヤー、パラマウント、ユニバーサル、ソニー、ワーナー・ブラザース）の共同出資事業「ムービーリンク」はレンタル用に１４００タイトル、販売用に千タイトル用意した。利用者は映画をダウンロードもできたし、ＤＶＤへの焼き付けもできた。スターズチャンネル（メディア大手リバティ・メディア系列）、マイクロソフト、ソニーが共同で設立したビデオダウンロードサービス「ボンゴ」もあった。

ダウンロードの失敗とストリーミングの可能性

だが、デジタル形式のダウンロードサービスはコストと規制が足かせとなって、どれも失敗に終わった。そのうえ、当面どうすることもできない厄介な問題があった。アメリカ国内でのブロードバンドの普及が思ったより遅かったのだ。06年初頭時点では、ブロードバンド接続しているアメリカ人家庭は全体の50％に届いていなかった。

さらに、ブロードバンド接続があっても、DVDに近い画質の映画をパソコンへダウンロードしようとすると数時間もかかった。やっとのことでファイルをダウンロードしても、解像度と音質では最新規格の「HD DVD」やブルーレイディスクにかなわなかった。また消費者にとってはテレビの大画面で映画を視聴できるかどうかも重要なポイントだが、ダウンロードした映画をテレビに映し出す方法がまだ確立されていなかった。

ダウンロードは面倒くさい、ビジネスモデルはダサい、ウェブサイトはテレビ画面ほど魅力的ではない――。結局のところ、ダウンロードサービスはネットフリックスやブロックバスター・オンラインと張り合えるほどの競争力を備えられなかった。

ヘイスティングスとマッカーシーはダウンロードサービスの誕生と失敗を注意深く観察していた。2人の見立てでは、機能性に優れた低料金のストリーミングサービスであれば、自分たちにとって脅威になるのははっきりしていた。だが、機が熟していなかった。致命的な欠陥がいくつかあり、それが修復されない限りデジタル配信は成功しない、と2人は確信していた。

まずは豊富なタイトルを揃えられるかどうかという問題がある。映画スタジオ業界は過去10年間にわたってHBOやスターズ、ショータイムといったプレミアムケーブルチャンネルと蜜月関係にあり、映画の独占放映権を与えてきた。ネットフリックスが独占配信権を獲得するためには、06年末に達成見込みだった600万人よりも大きな契約者ベースが必要になる。

ヘイスティングスとマッカーシーは公の場では「向こう1年内に自社のダウンロードサービスを導入する」と言いながらも、ひそかに別のことを考えていた。ディズニーのような優れたメディアプレーヤーを作って、インターネットからビデオ再生機——ビデオを再生できればどんなポータブルデバイスでも構わない——へ直接ストリーミング配信するのである。最終目的はテレビへのストリーミング配信だ。

しかしまだ先のことだった。セットトップボックスの値段は高過ぎて、潜在的ユーザーの大半にとって高嶺の花だ。この状況下で導入しても、ネットフリックスはストリーミングサービスの急成長を達成できない。そうなると、独占配信権をめぐるハリウッドの映画スタジオとの交渉もうまくいかない。

ヘイスティングスは動画投稿サイトのユーチューブを高く評価していた。ソフトウエアの使い勝手は良かったし、どんなデバイスでも再生できて持ち運びできた。だとすれば、ビデオ再生機にダウンロード可能な無料メディアプレーヤーを作れば、自然と広く普及していくのではないか?

そこでヘイスティングスは有力な助っ人をスカウトした。デジタルビデオレコーダー設計者でリプレイTV創業者のアンソニー・ウッドだ。彼の役割は、安価で使いやすいストリーミング専用セットトップボックスを設計すること。これに成功すれば、ネットフリックスはインターネットからテレビまでの決定的に重要な最後の3フィート(1メートル弱)を移動できる。

ヘイスティングスが記者に対して語っていたように、ネットフリックスはアップルも含めたダウンロードサイトと競争しているつもりはなかった。というのも、サブスクリプション型DVDレンタルは特定のユーザー層を顧客として抱えていたからだ。いつも計画的に行動し、衝動買いとは一線を画している顧客のことだ。一方、衝動買いにぴったりなアラカルト型ダウンロードサービスは、ネットフリックスにとっては補完という位置付けだ。

ビジネスモデル特許侵害で法廷闘争

ブロックバスターが債務問題で悪戦苦闘していた6カ月間、ネットフリックスは事実上の独走状態でいられた。おかげで06年は事前予想を上回る売り上げと契約者数増加を達成するのが確実になった。ヘイスティングスが4月に投資家に語ったところでは、マサチューセッツ州ボストンやカリフォルニア州メンロパークなど一部地域では、DVDプレーヤー保有世帯の20％がネットフリックス契約者であり、市場成熟化の兆しは皆無だった。株式市場では、ブロックバスター株が4ドル前後で低迷しているなか、ネットフリックス株は30ドル台を回復した。

それでもブロックバスター・オンラインの脅威が完全に消え去ったわけではなかった。同社の契約者数は05年第4四半期と06年第1四半期にゼロ成長だったものの、ネットフリックスはなお警戒を解いていなかった。親会社ブロックバスターの債務問題がヤマ場を越えたからなおさらだった。

ブロックバスター・オンラインの閉鎖を求めて、ネットフリックスは法廷闘争にも出ていた。ベータ版リリースで類似性が判明して以降、コピー行為をやめるようブロックバスターに警告状を送り続けてきたにもかかわらず、何の成果も出せないでいた。そこで06年4月にサンフランシスコの連邦地裁へ舞台を移し、特許侵害を理由に訴訟を起こした。裁判所から差し止め命令を勝ち取ってブロックバスター・オンラインを閉鎖に追い込んだうえで、ブロックバスターには特許侵害にならないような設計で一から新たなウェブサイトを構築してもらおうと考えた。これに対してブロックバスターは反発。同社弁護士団の言い分によれば、ネットフリックスが侵害されていると主張する特許2件――特にサブスクリプション型の郵便ＤＶＤ――の権利範囲が広過ぎた。ブロックバスター側は独禁法違反で逆にネットフリックスを訴えた。

ネットフリックスがブロックバスターを提訴する少し前、アメリカ特許商標庁（ＵＳＰＴＯ）はビジネスモデル特許を導入していた。この特許を侵害していると認められると、ブロックバスターはウェブサイトの閉鎖・再設計を強いられる。それが嫌であるのならば、ネットフリックスに対して特許使用料として一定のロイヤルティーを支払わなければならない。

法廷闘争は2年間続き、最後はブロックバスターによる一時金の支払いで和解した。金額は明らかにされなかった。

和解に際し、ブロックバスターはヘイスティングスに一つの要求を出した。「昔ブロックバスター店で延滞料金を要求されたのがヒントになり、ネットフリックスを創業した」という逸話を公の場で語らないよう求めたのだ。社内のデータベースを調べたところ、このような逸話を裏付けるデータを見つけられなかったという。その後、マスコミとのインタビューなどでヘイスティングスはいつの間にか延滞料金を請求された店舗をカリフォルニア州ラホンダ市内の家族経営店——今では店じまいしている——に変えた（両社の和解条件は公になっていない。詳細については、和解内容を知る複数の情報源が私に語ってくれた。私は和解の公式文書を見ていない。また、個人的に知っている和解内容をネットフリックス広報部に伝え、確認を求めたが、回答を得られなかった）。

リストラ加速で復活のチャンス

ザインとシェファードは2005年、西海岸と東海岸への屈辱的な旅を終えた。債権団を構成する銀行と取引相手——主に映画スタジオとDVD卸売業者——にこびへつらって頭を下げ続け、どうにかブロックバスターの債務問題をクリアしたのだ。しかしながら、その間に大きな後れを取ってしまい、やるべきことは山ほどあった。

債権団を満足させるために、アンティオコは非コア事業の売却などリストラを加速させなければならなかった。国際業務やゲームソフト、中古売買業務を売りに出した一方、本社所在地のテキサス州ダラスとマッキニーで社員２００人を解雇した。空席のままになっていた１００人分のポジションも廃止した。解雇された社員の中には、１００万ドルの割増退職金を手にしたステッドも含まれていた。

徹底したリストラによってブロックバスターは復活のチャンスをつかんだように見えた。ウォール街ではアナリストが相次ぎ同社の株価評価を引き上げた。延滞料金の廃止もようやく好結果をもたらし始めたようだった。アンティオコはホッと胸をなで下ろしながら投資家にこう語った。

「過去1年にわたって延滞料金が廃止されているブロックバスター直営店が好調です。既存店売上高で比較すると業界平均を上回っています。対照的に、延滞料金を廃止しなかったフランチャイズ加盟店の不振は今も続いています」

少なくとも公の場ではアイカーンとアンティオコの関係は改善した。06年5月の株主総会では、アイカーンは再び委任状争奪戦を仕掛けるチャンスがあった。アンティオコ、ロバート・ボウマン、ジャッキー・クレッグの取締役３人が任期切れになり、株主投票によって再選される必要があったためだ。しかし、アイカーンは対抗候補を送り込まなかった。結局、株主総会ではアンティオコら３人が3年任期で再選されるのを静かに眺めるだけだった。

アイカーンは柄にもなく新たな混乱を回避したかったのだろう。新たな混乱を引き起こせば、経営陣が動揺して集中できなくなり、株価が再び急落しかねないと危惧したようだ。それを裏付けるかのように、対外的にはアンティオコに全幅の信頼を置いていると表明し、彼主導のリストラ策も高く評価した。

しかしブロックバスター取締役会内では、アイカーンとアンティオコの２人は無視やサボタージュなど、いわば受動的な攻撃行動によって権力闘争を続けていた。その結果、取締役会はほとんど機能不全に陥った。例えば、アイカーンが26歳の息子で映画監督志望のブレットに取締役会を傍聴させ、経営陣の事業計画について意見を述べさせたときのことだ。アイカーンの激しい気性と巨大な富を前にして弱気になり、取締役会内の誰もが何も言わなかった。

2度目の値下げ競争

ブロックバスターは「延滞料金の終わり」キャンペーンをテコにして店舗へ客足を戻すことに成功し、05年のビデオレンタル業界最悪期からどうにか抜け出せた。しかし、延滞料金の廃止に伴う収入減を埋め合わせるまでには回復していなかった。そこでアンティオコはオンラインサービスへマーケティング予算を集中させた。大掛かりな広告キャンペーンを展開しつつ、月4本まで店舗で無料レンタルできるクーポン券の配布に乗り出したのだ。

ネットフリックスに追い付くにはそれでも足りなかった。マーケティング予算をしぼった反動は大きかったのだ。エバンジェリストは週末も倉庫を稼働させて、郵便局からも協力を取り付けた。郵便局には専用スキャナーを与え、それを使ってDVD入りの封筒をスキャンしてもらうようにした。こうすれば、間髪入れずに次のDVDを顧客宅へ配達できる。

ネットフリックスの契約者はブロックバスター・オンラインの配達スピード向上に気付き、ハッキング・ネットフリックスのカルトシュネーを通じて、ヘイスティングスに質問を投げ掛けた。ヘイスティングスはブロックバスター・オンラインのまねをする気はまったくないと明言した。週末も物流センターを動かせば、コスト増を招くうえに社員の健康にも悪影響を及ぼすのは必至だと指摘。「われわれは物流センターが稼働する平日5日間に精いっぱい働きます」

マーケティング予算拡大を追い風にしてブロックバスター・オンラインは再び活気づき始めた。クーポン券の効果は明らかだった。新規契約者の多くはブロックバスター・オンラインを選んだ理由について大きく二つ挙げた。一つは店舗での無料レンタル、もう一つは配達スピードの速さだ。

そんななか、ネットフリックスはインディー映画など質の高い低予算映画へ積極的に投資し始めた。そうすることで、大ヒット作に傾斜するブロックバスターと差別化できると読んだのだ。低予算映画の多くは映画祭で上映されるだけで、劇場公開されないまま。低予算映画の制作者側にしてみればネットフリックスと組むうまみは大きかった。オンラインレンタル最大手にプロモーションしてもらえれば、それまで夢想だにしていなかった人数に作品を見てもらえるのだ。ネットフリックスもイメージ戦略上優位に立てた。盛り上がりつつあるインディー映画運動を支えているとなれば、感度の高い消費者の間で支持されるし、映画コミュニティーの中で存在感を示せる。

ブロックバスターはインディー映画を無視していたわけではなかった。インディー映画スタジオのワインスタイン・カンパニーと提携し、『ミス・ポター』『リバティーン』といった作品の独占レンタル権を得たとアピール。ただし、１９０８年の著作権法（ファーストセール・ドクトリン）が邪魔になった。ワインスタイン・カンパニーのＤＶＤがいったん市場に出回れば、ネットフリックスなどライバル各社も流通市場で同じタイトルを購入し、自社の会員向けにレンタルできたのである。

ブロックバスターとネットフリックスは再び値下げ競争に入った。ブロックバスターは月額料金が最も安いサブスクリプションプラン——一度に１本だけレンタルできて見放題——を月７・99ドルに設定。すると、ネットフリックスはそれを下回る月４・99ドルのサブスクリプションプラン——月２本までしかレンタルできないプラン——を用意した。アナリストは厳しい見方を示した。このような料金体系は契約者を格安プランへ移行させるだけで、契約者ベースの増加というよりも利益率の縮小を招く、と予測した。

実際はどうなったか？　ネットフリックスはウォール街の不安を吹き飛ばした。ヘイスティングスが予測した通り、契約者ベースは６００万人に向けて増大していった。それ以上に驚きだったのは、契約者１人当たりの収入が安定していたことだ。当初の狙い通りに格安プランが新規顧客の開拓につながっていた。

２年目の値下げ競争はだらだらと長引き、決定的な勝者はなかなか現れなかった。エバンジェリストとアンティオコは再び失敗するわけにはいかなかった。苦境に追い込まれる前に、ネットフリックスを一気に打ち負かす決定打を探し始めた。

ハイブリッドモデルで逆転を狙うブロックバスター

契約者５００万人がエバンジェリストの目標だった。そこに到達できれば、出費が先行する立ち上げ局面を終えて、投資回収局面に入れる。ブロックバスターが現在１人の契約者を獲得するために50ドルも投じているのに対し、ネットフリックスは38ドルしか使っていなかった。

エバンジェリストは03年実施の市場調査を再点検して、一つのことに気付いていた。サービス開始から一定期間後を比べてみると、顧客維持の点でネットフリックスはブロックバスター・オンラインよりも優れているということだ。ブロックバスター・オンラインが気前よく無料クーポン券を配布していることを考えれば、なおさらだった。顧客満足度の面でもネットフリックスの勝ち。サービスに満足している割合は信じられないほどの高水準——65％——を記録しており、難攻不落に見えた。解約組の間でさえも満足度は高かったのだ。

ただ、エバンジェリストはデータの中に一つだけ光明を見いだした。オンラインサービスの利用者に対して、自動的にブロックバスターの実店舗をフル活用できるメリットを与えたらどうか？　これを示されれば、ネットフリックスの顧客がブロックバスター・オンラインへ契約先を切り替える可能性があるのではないか？　圧倒的な特典がない限りは、ネットフリックスから顧客を奪い取るのは事実上不可能だった。それを十分に理解していたエバンジェリストにしてみれば、再び勢いを得る方法は一つしかなかった。オンラインと店舗の両部門統合だ。しかしながら、両部門の統合は技術的にも資金的にもハードルが極めて高く、解決策になり得ないように見えた。

アンティオコは「多額の資金をつぎ込む前に、どうしたら両部門の統合が魅力的になるのか考えてみようじゃないか」と言った。現実問題として厄介だったのは、オンラインサービス利用者が店舗で映画を返却する場合だ。店舗はインターネットに接続していなかったから、その利用者が何本の映画をレンタルしており、そのうち何を返却しているのか把握できなかった。結果として、予約リストの最上位タイトルを利用者宅へ送るよう物流システムに指示することもできなかった。

06年の春になって進展があった。夕方、ルネサンスタワー内の一室。アンティオコはエバンジェリストと向き合い、店舗網を生かしてどのように有利な状況を築いたらいいのか議論に熱中していた。

「封筒に無料クーポン券を貼るのはどうだろう？　封筒にクーポン券そのものを印刷してもいい」とアンティオコは言った。「オンラインサービス利用者はクーポン券を店舗に持っていけば、タダで映画をレンタルできるというわけだ。やってみる価値はあるのでは？」

本来ならば、店舗側はオンラインサービス利用者のサブスクリプションプランを調べたうえで、店舗内でレンタル可能なＤＶＤの枚数を計算しなければならない。アンティオコのアイデアでは、利用者はどんなサブスクリプションプランを契約しているかには関係なく、店舗でＤＶＤを返却するたびに、いわばボーナスとして店舗内で映画を無料レンタルできるのである。

店舗内返却にはもう一つ利点があった。オンラインサービス利用者が持参するクーポン券には会員情報と共にバーコードが印刷してある。店員がレジでバーコードを読み取れば、予約リスト最上位のDVDが利用者宅に向けて直ちに発送される。郵便で返却する場合と比べて時間の節約にもなる。

ただし、各店舗はインターネットに接続していないから、毎晩一日のレジ・在庫データをアップロードする旧式の衛星システムに頼ることになった。オンラインでレンタルされながら店舗内で返却されるDVDについては、ブロックバスター・オンラインの物流センターへ郵便で送り返す。

アンティオコのアイデアはエバンジェリストが思い描いていた完全統合サービスとは違った。完全統合というよりも店舗とオンラインの両要素を取り入れたハイブリッドモデルだ。だが、現実性という意味では完全統合モデルよりもハイブリッドモデルに分がある。エバンジェリストの独自調査や消費者の意見を踏まえれば、ハイブリッドモデルでもネットフリックスを打ち負かすことは可能なはずだった。

最も重要なのは、このモデルが消費者にとってシンプルで理解しやすいという点だ。オンラインでレンタルしても店舗でレンタルしても顧客の負担は変わらず、すべて月額の固定料金でまかなえる。

06年7月の実験でハイブリッドモデルの有効性が裏付けられた。ブロックバスターはコロラド州コロラドスプリングス、ノースカロライナ州ローリー、カリフォルニア州フレズノの3都市で実験を実施した。ここでエバンジェリストがずっと追い求めていた結果が出た。オンラインDVDレンタルの品揃えと店舗の利便性が組み合わさると、店舗の客足が伸びるだけでなく、オンラインサービスの新規申し込みがネットフリックスを上回ったのだ。

実験開始から4週間後、エバンジェリストとクーパーは山々に囲まれたコロラドスプリングスへ飛び立った。平日の午後、街の中心部にあるブロックバスター店の前に車を止めた。数ブロックしか離れていないハリウッドビデオ店の様子も車の中から見えた。エバンジェリストはすぐに違いに気付き、興奮した。

ハリウッドビデオ店は客足もまばらで、ほとんど空っぽだった。平日の午後であれば不思議な光景ではない。だが、ブロックバスター店は対照的ににぎやかだった。少人数ではありながらも客足が途絶えることはなかった。しかも全員が到着時に黄と青で色塗りされた封筒——ブロックバスター・オンライン用封筒——を手にしていた。店長によれば、にぎやかなのはこの日だけではなかった。ハイブリッドモデルの開始以降、来店者が大きく増えると同時に、店舗内からブロックバスター・オンラインへの新規申し込みも急増しているという。

エバンジェリストは居ても立ってもいられなくなった。メキシコで休暇中のアンティオコに電話して、コロラドスプリングスでの実地調査について伝えた。ブロックバスターの調査チームによれば、コロラドスプリングスはアメリカ全体の指標となる市場だ。しかも、ローリーとフレズノ両市での実験も同様の結果を示した。アンティオコは翌日プライベートジェット機に乗り込み、コロラドスプリングスへ向かった。自分の目で店舗のにぎわいを確認したかったのだ。


「トータルアクセス」で契約者200万人達成

「トータルアクセス」と名付けられたハイブリッドモデルは、アンティオコが01年以来課題としてきた問題すべてを解決した。拡張し過ぎた店舗網、店舗内の在庫管理、ネットフリックスからの市場シェア奪取——。もちろん大きなコスト負担を伴うことにもなる。

アンティオコはすぐに行動し、クリスマス休暇に間に合うようにトータルアクセスの全国展開を指示した。プロモーションの一環として、広報担当のカレン・ラスコフはハリウッドで最も目立つスターの一人——けれどもブロックバスターとは無縁ではない——に白羽の矢を立てた。地元テキサス出身のジェシカ・シンプソンだ。ハリウッドで大々的に行なう発表イベントに登場してもらうためだ。発表イベントの開催場所は、アカデミー賞授賞式会場であるコダックシアター（後にドルビーシアターへ改称）前の名所で、ハリウッドスターの名前が刻まれた歩道ウォーク・オブ・フェームだ。

06年11月2日、ブロックバスターは公式にトータルアクセスをローンチした。金髪で人形のようなシンプソン——アンティオコの言葉を借りれば「エンターテインメントを体現している女性スター」——はきちんと仕事をこなした。カメラに向かってポーズを取り、一目見ようと集まった大勢のファンや青いシャツを着たブロックバスター社員に向かって愛嬌を振りまいた。もちろんブロックバスターに感謝するのも忘れなかった。「自宅でよくムービーナイト（映画鑑賞会）をやるんです。女友達、女のような男友達、それにデイジーと一緒に。ブロックバスターには感謝しています。だって、ムービーナイトを祝う方法が今では二つあるのですよ」。デイジーはシンプソンが飼っているマルチーズ犬のこと、二つの方法とはオンラインと店舗のことだ。

エンターテインメント業界担当だった私は、業界の主要CEOをインタビューするチャンスを決して逃さなかった。発表イベント後にアンティオコとエバンジェリストをつかまえて、舞台裏で話を聞いた。

まるで死の瀬戸際から逃れてきた直後のように、アンティオコは上機嫌でホッとした様子だった。

エバンジェリストと一緒にいると、父と子のように見えた。そろって細身・小柄で、あふれるばかりのエネルギーをほとばしらせていたからだ。短いインタビューの間、2人はずっと笑みを浮かべて自信たっぷりだった。問題山積だったというのに、ひょっとしたらブロックバスターはネットフリックスを本当に打ち負かすかもしれない――こう思いながら私はインタビューを終えた。

トータルアクセスは簡単な仕組みでありながらも、創意に富んでいた。ブロックバスターが本当に万全の体制を築いたのなら、契約者600万人を超えたネットフリックスに対しても脅威になる。アンティオコは前年に契約者200万人の目標を取り下げなければならなかった。だが、今回はトータルアクセスをテコにして06年末まで――すなわちあと6週間――に200万人を達成したかった。だから発表イベント直後にニック・シェファードを呼び、店舗側の協力を取り付けるにはどうしたらいいか相談したのである。

年内に契約者200万人が実現するかどうかはアンティオコとシェファードの懐に直結する話でもあった。それが年間ボーナス満額支給の条件になっていたからだ。

シェファードはブロックバスターの上級副社長で国際部門社長だ。実際にはアンティオコの大きなアイデアを具体化する役目を負っており、これまで成果を出してきた。すぐに熱くなって大盤振る舞いしようとするアンティオコのブレーキ役でもある。その役割が再び求められようとしていた。小売業界にとって最大の稼ぎ時であるクリスマス商戦に向けて、アンティオコが600万ドル投じる意向を示したからだ。シェファードの考えでは、600万ドルよりもはるかに少ない金額で年内200万人達成は可能だった。

ある日の朝、アンティオコはシェファードと一緒に、ダラス近郊の上品なオークローン地区へジョギングに繰り出した。ランナーやサイクリストでにぎわう遊歩道「ケイティトレイル」へ出ると、不安顔で尋ねた。

「おカネを使いたくないようだけれども、それで大丈夫なのか？　もっと大きな視野で考えたほうがいいんじゃないか？」

「年内２００万人を達成すればいいのですよね？」

アンティオコはこれ以上言うのをやめにした。シェファードのやり方に賭けてみることにしたのだ。

ハイブリッド型サブスクリプションプランは、ネットフリックスとハリウッドビデオへの二面攻撃で成果を出し、両社から顧客を奪った。間接的であるとはいえ、アンティオコが04年にハリウッドビデオ買収によって達成しようとしていた目標――買収後に両社合計の店舗数を半減する――に近づけたわけだ。

その裏で、店舗経営者とブロックバスター本社スタッフは苦難の道を歩んでいた。店舗型ビデオレンタル市場は縮小し続け、反転する兆しはまったく見えなかった。オンラインサービスのプロモーション費を捻出するためのコスト削減額は過去3年間で4億5千万ドル以上に上っていた。アンティオコとシェファードは過去2年にわたって「ビデオレンタル店の時代は終わった」と言い続けてきたが、その現実を店舗側はようやく受け入れたようだった。店舗とオンライン両部門の協力関係を深め、トータルアクセス経由の収入を増やす――これしか店舗側に選択肢は残されていなかったのだ。

結局、シェファードの狙い通り、ブロックバスターは６００万ドルのマーケティング費用を浮かして年内２００万人を達成できた。かかった費用はミニクーパーの購入費だけだ。

契約者２００万人を達成したら店舗業務担当のベビンがもらう約束になっていたのがミニクーパ

ーだ。発表イベント直後から彼は全国行脚に繰り出し、クリスマスイブになるまで戻らなかった。各地の直営店を訪問して、店長を懐柔したり脅したりしてハッパを掛けた。このようなマーケティング攻勢が功を奏して、たったの6週間で75万人の新規契約者を獲得できたのだ。

クリスマスイブ、ベビンの自宅にぴかぴかのミニクーパーが届けられた。シェファードがアメリカンエキスプレスの法人カードを使って購入した新車だ。車体の周りには真っ赤なリボンがちょう結びでぐるりと巻かれていた。ここからブロックバスター・オンラインは青天井で成長していくかのように見えた。

偉大なブランドは「感情的なつながり」

ケン・ロスの考えでは、偉大なブランドは個人的なレベルで消費者とつながらなければならない。その点では創業初期のネットフリックスは申し分なかった。それを象徴していたのが優れたレコメンドエンジン「シネマッチ」や熱狂的な口コミだ。そのことはロスも理解していた。

だが、ランドルフの影響力が消えていくのに合わせて、ネットフリックスのマーケティング戦略は「消費者との感情的なつながり」から「消費者との合理的なつながり」へ変貌していった。成功のカギとされたのは最高のソフトウエア、論理的なユーザーインターフェイス、圧倒的な品揃えだ。これで消費者がネットフリックスを選ばないなんてあり得ない！　ヘイスティングスとキルゴアにしてみればこれで完璧なのだった。

真に偉大なブランドになるためには「感情的なつながり」を育まなければならないと考えるロスは、過去の名作や往年の映画スターが持っている「魔法のパワー」を活用することにした。彼は「魔法のパワー」を具体的なイベントに落とし込んだ。06年夏に全米10カ所で展開した野外映画上映ツアー「ローリング・ロードショー」だ。上映場所は映画の中に出てくる有名なロケ地ばかり。そこに熱心な会員やマスコミ関係者を招いて、ネットフリックスブランドに愛着を覚えてもらうのが狙いだった。

ローリング・ロードショーには著名な映画スターが何人も参加した。06〜07年の参加者にはケビン・コスナー、ブルース・ウィリス、ケビン・ベーコン、デニス・クエイドが含まれていた。もちろん何らかの見返りがなければ参加するはずがない。この点でロスは妙案を思いついた。ロックバンドを同行させるのだ。

ロスはツアーを組むに際して、自分のロックバンドを持つ俳優を狙い撃ちして声を掛けた。こうすることで野外上映会とロックコンサートをセットにしてツアーを行なえたのだ。参加する俳優にしてみれば、熱烈なファンを聴衆にして快適な野外会場で演奏できる。もちろんカメラも入っている。絶対にノーとは言えないはずだ、とロスは思った。実際、その通りだった。

06年夏にアイオワ州ダイヤーズビルで行なわれたイベントは、ノスタルジックな野球映画『フィールド・オブ・ドリームス』の20周年記念だった。ロケ地である球場で野外上映会となった。映画の主演を務めたコスナーも登場し、球場でファンと一緒にピクニックやキャッチボールを楽しんだ。夕方になると自分のバンド「ケビン・コスナー・アンド・ヒズ・バンド」でライブコンサートを行ない、イベントの大トリを務めた。世界からマスコミ関係者が取材に訪れたほか、アイオワ州の住民が大勢押し掛けた。イベント参加者は7千人以上に上り、道路閉鎖のため州警察が動員されなければならないほどだった。

翌年の夏には、ウィリスがＮＡＳＡ（アメリカ航空宇宙局）のケープカナベラル宇宙センターに現れ、自分のロックバンド「アクセラレーターズ」を率いてライブを披露した。主演作『アルマゲドン』のロケ地が同宇宙センターだった。このほか、クエイドはニューオーリンズのミシシッピー川沿いにバンド「シャークス」を連れて登場、ベーコンはボルチモアのインナーハーバー地区にバンド「ベーコン・ブラザース」と一緒に現れた。前者はサスペンス映画『ビッグ・イージー』、後者は青春映画『ダイナー』を記念してライブを行なった。

ローリング・ロードショー（2年目以降は「ロケ地でライブ！」へ名称変更）はマスコミでも取り上げられ、ネットフリックスのイメージ向上に大きく寄与したようだ。顧客満足度調査でネットフリックスは毎年のようにトップに顔を出すようになったのだ。映画館で映画を見るときの喜びや感動がネットフリックスブランドに吹き込まれたのかもしれなかった。消費者が理屈抜きに特定のブランドに思い入れを持つようになれば――現実にはなかなかそのようにはならない――それは強力だ。アルゴリズムや表計算ソフトで定量化できるものではない。消費者が顧客として毎月おカネを払い続けるかどうかを決定づけるのはブランドへの感情である、とロスは理解していた。ネットフリックスの経営チームの中でそのように理解していたのはおそらく彼一人だった。

要するに、数字と論理が支配する企業文化に対抗する唯一の存在がロスだったのだ。

ロスとサランドスはインディー映画運動――映画制作の民主化をモットーにした反体制運動――の興隆に乗っかった。これによってネットフリックスはインディー映画界の若手監督や俳優とつながり、映画界の主流派とは一線を画して流行の最先端を行くブランドというイメージをつくっていった。インディー映画を対象にするインディペンデント・スピリッツ賞授賞式やサンダンス映画祭に行けば、セレブが登場するレッドカーペットの背後にはネットフリックスの赤いロゴマークが目に入ってくる。消費者の多くは気付いていなかったのかもしれないが、映画スターが集まるイベントでは突如として同社の存在感が高まっていた。

消費者と映画界の視点で正しいことをやり続ければ結果的にネットフリックスの利益につながる、とロスは信じていた。そこで映画監督のマーティン・スコセッシに仕事を一つ依頼した。クリスマス商戦に向けて同社の封筒デザインを考案してもらおうと考えたのだ。スコセッシは条件付きで快諾した。条件とは、映画財産保全のために設立した慈善財団「フィルム・ファウンデーション」への寄付だった。

スコセッシは11歳の娘フランチェスカのほか著名な友人4人――オーランド・ブルーム、シャーリーズ・セロン、レオナルド・ディカプリオの俳優3人と映画監督のピーター・ジャクソン――を動員して、新イラストを用意した。キルゴアはネットフリックスを代表してアメリカ監督協会（DGA）で記者会見し、新イラストを発表した。これはマスコミで大きく取り上げられ、ネットフリックスと映画界の近さが印象付けられた。

「赤い封筒に描かれたイラストは、ネットフリックスブランドを最も目立つ形で表現しています。フィルム・ファウンデーションをサポートし、クリスマス休暇を祝う――これがメッセージです」とキルゴアは会見で強調した。「フィルム・ファウンデーションと連携できるのはわれわれにとって大きな喜びです」

非主流のトップブランド――強くてカッコいい皮肉屋のような存在――としての地位確立に成功しながらも、ロスはまだ安心できなかった。２００６年春にハッキング・ネットフリックス上の投稿記事を読み、トータルアクセスについて知ったのである。独自の情報源に調べさせたところ、コロラドスプリングスでの実験も確認できた。

ビデオレンタル版のコーラ戦争

ロスはいわゆる「コーラ戦争」の実体験者であり、何が重要なのかよく理解していた。長いペプシコ時代、価格一本やりの広報戦略の限界に気付き、若い消費者との仲間意識を育む広報戦略へ大きくかじを切った。誰もが二つのコーラ——ペプシとコカ・コーラ——のことをよく知っていた。しかし、コーラ戦争が1980年代に勃発すると、どちらのブランドを選んだらいいのか戸惑った。どちらかにするためには理由を必要としていた。そこでペプシコは自社製品とではなくコーラ愛飲者と一体化する戦略に出た。初めてのことだった。コカ・コーラが85年に新製品「ニューコーク」を売り出したとき、この戦略は決定的に重要になる。

ペプシコの内部調査によれば、消費者は少し甘めのニューコークを気に入っていた。味に関する限りペプシでもなく元祖コーク（コカ・コーラの愛称）でもなくニューコークだった。明確な勝者が決まらないなか、ペプシコはニューコークを狙い撃ちにする作戦に出た。市場からニューコークを消し去ってしまえばいい、と考えたのだ。運も味方した。99年の歴史を持つ元祖コークがいかに愛飲家と一体化していたのか、コカ・コーラは気付かなかった。ペプシコはそれを逆手に取って、元祖コーク愛飲家の怒りを煽るテレビコマーシャルを打った。

コマーシャルに登場したのは偏屈な老人に扮する男優3人。納屋の外で座りながらニューコークに不満たらたらで、そのうちの一人は「やつらは俺のコークの味を勝手に変えやがった」と一刀両断。「俺は3度の戦争と2度の砂嵐を経験したけれども、ずっとコークだった。なのにこれだよ。さすがにやり過ぎだ」。横からペプシ缶を手渡されると、やおらプシュッとプルタブを開けてごくりと一口飲んだ。

結局、ペプシコはニューコークと競争することはなかった。発売から2カ月後、コカ・コーラはニューコークを市場から引き揚げたのである。

トータルアクセスを見て、ロスは「これはビデオレンタル版コーラ戦争だ」と思った。確かにトータルアクセスは手ごわかった。実店舗の利便性とオンラインサービスの品揃えを兼ね備えており、実店舗を持たないネットフリックスにとってまねするのは不可能だった。だが、彼にはコーラ戦争から学んだ教訓があった。ブランドに対する愛着度合いなどの消費者感情が、最終結果に極めて大きな影響を及ぼすのである。

ロスの見立てでは、ブロックバスター側の戦略は自明だった。ネットフリックスに「ウェイトカンパニー（待ち時間が長い企業）」とのレッテルを貼ったうえで、どうにか資金の手当てをしてトータルアクセスを数カ月間続け、ネットフリックスを死に追いやる、という戦略だ。有効な対抗策がないので、ロスとしては何とかしてトータルアクセスをつぶす方法を見いださなければならなかった。

トータルアクセス開始から数週間後、契約者増加数が公になり、ロスの不安を裏付けた。それまでネットフリックスの新規申し込みのシェアは無理なく70％に達していた（残りの30％はブロックバスター・オンライン）。ところが、トータルアクセス導入後は数週間で数字が逆転したのだ。

ただ、ブロックバスター側も万全というわけではなかった。トータルアクセスの影響で店舗内の在庫は品不足に陥っていた。キルゴアが送り込んだスパイ――地元のＤＶＤ卸売業者ら――の報告では、フランチャイズ加盟店オーナーはトータルアクセスを毛嫌いしており、反乱を起こそうとしていた。

いらだつヘイスティングス

ネットフリックス社内の雰囲気は陰鬱だった。ヘイスティングスは妻子――子どもは海外で勉強中――と一緒に過ごすために、1年間ローマへ活動拠点を移す予定だった。だが、諦めた。代わりに月1回のペースでヨーロッパを訪ねて短期滞在するようにしたところ、体力的に消耗してしまった。トータルアクセスをめぐるジレンマにも悩まされ、見るからにつらそうだった。

キルゴアもいらいらを募らせていた。地元ブロックバスター店周辺の歩道へちょくちょく出掛け、トータルアクセス利用者にインタビューするようになった。オフィスに戻ると同僚に向かって「みんなトータルアクセスを本当に気に入っているみたい」と不安顔で報告したものだ。明らかに困惑していた。ブロックバスター・オンラインが月額料金を14・99ドルへ引き下げたとき以上に。

マッカーシーは「業務を最適化して事業計画を完璧にこなしていれば何も心配することはない」と言い、不安を見せるスタッフに対して落ち着くよう促した。その傍らで独自の財務モデルを使って、一部サブスクリプションプランの再値下げのほか、1～2カ月間に限定した値下げなどの対応策を検討した。だが、いずれについても導入を見送った。長期的な利益を見込めなかったり、ヘイスティングスに反対されたりしたからだ。

ヘイスティングスは投資家の反応を気にして、思い切った行動を取れなくなっていた。新規顧客獲得をめぐる競争でブロックバスターの後塵を拝するようになったネットフリックスに対して、投資家は不信感を強めていたのだ。

「表計算ソフトで財務モデルを作ったって？　ばかばかしい」とヘイスティングスはマッカーシーの提案を一蹴。「実際にやってみなければ何も分かりやしないよ」

マッカーシーは水面下で機関投資家やアナリストとの対話を再開した。トータルアクセスがブロックバスターのバランスシート（貸借対照表）に与える影響について見解を聞き、ウォール街の反応を把握しておこうと思ったのだ。同時に、ロスのお膳立てで一部の経済ジャーナリストと会い、ブロックバスターの「債務爆弾」をテーマに意見交換する予定も入れた。

トータルアクセスはウォール街で大きな注目を集めた。アナリストはトータルアクセスの負の側面――ブロックバスターのバランスシートへの悪影響――に気付かなかったのだろうか。ブロックバスターはネットフリックスを打ち負かし、ビデオレンタル業界最大手としての栄光を取り戻す、と結論したのだ。

例外はマラソン・パートナーズのヘッジファンド運用担当者マリオ・シベリだ。今回も逆張り的立場を取り、同僚パートナーや投資家に対して「現状のままではトータルアクセスは長期的に持続不可能」と警告した。彼の考えによれば、ブロックバスターは年度末の目標達成とトータルアクセスの宣伝を優先するあまり、利幅の大きい店舗会員から利幅の薄いオンライン会員への切り替えを後押ししてしまった。顧客向けリポートの中で彼は「店舗会員はブロックバスターにとって最も利幅の大きい上得意だ。短期的にも長期的にも利益率の低下は避けられない」と指摘した。

トータルアクセスキャンペーンの行き着く先は2通りしかなかった。ネットフリックスが経営破綻に追い込まれるのか。それともブロックバスターが耐えられなくなってトータルアクセスの修正を強いられるのか。シベリは後者のシナリオに賭けてネットフリックス株を買いポジションのままにしておくことにした。

ネットフリックスは公式には2012年までに契約者数2千万人を達成できるとの予想をなおも掲げていた。だが、ヘイスティングスはその予想とは徐々に距離を置き始めた。ネットフリックスとブロックバスターは2社で年商80億ドルのビデオレンタル市場を分け合えばいい、と言うようになった。お互いにつぶし合いをしなくても両社に十分な利益が転がり込んでくるとみていた。

「インスタントビューイング」の登場

07年1月、ネットフリックスが待望の新ストリーミングサービスのデモを行なうというので、私は半信半疑でロスガトス市にある新本社を訪問した。他社の経済記者とハッキング・ネットフリックスのカルトシュネーも一緒だった。ヘイスティングスが投資家に警告していたように、スティーブ・スウェイジーは私を含めたマスコミ関係者に対して「品揃えはまだまだだから、あまり期待しないように」とクギを刺していた。それを聞いて私は過去3年間に登場した無数のダウンロードサービスを思い浮かべた。誰もが見たいと思うようなタイトルが皆無だったことが原因で、ほとんどが消え去っていた。ペイパービューをただ使いにくくしたような代物だったといえる。

新本社ではデモの前に、ヘイスティングスとスウェイジー――今では広報担当副社長へ昇格――による簡単な見学ツアーがあった。新本社が入居しているビルは広々としていて風通しが良く、真新しい地中海スタイル建築だった。われわれは1階のキッチン兼食堂エリア内に入ると、最新式エスプレッソバーの前で立ち止まった。そこでヘイスティングスは私にエスプレッソを一杯入れてくれた。後になって知ったのだが、彼は記者と個別に会うときにはいつもこうしているとのことだった。

ストリーミングのデモは大会議室で行なわれた。大会議室は洞窟のような造りで独特の雰囲気を醸し出しており、天窓からは冬の太陽光がさんさんと降り注いでいた。私がヘイスティングスに最初に会ったのは何年も前のことで、当時ネットフリックスはユニバーシティ大通りのみすぼらしいビルに入居していた。「当時と比べて様変わりしましたね」と私が言うと、ヘイスティングスは自慢げに周りを見回して笑い、「私自身も信じられないよ」と言った。

ノートパソコンを取り出してデモの準備に取り掛かるヘイスティングスは、まるで新しいおもちャを与えられた子どものようだった。目玉となるストリーミングサービス「インスタントビューイング（即席映画鑑賞）」はいつものネットフリックスクオリティーだった。完成度が高く、ウェブサイト上のさまざまな機能とシームレスに融合していた。彼がマウスをクリックすると、20秒ほどで映画の読み込みが終わってストリーミング再生が始まった。映画の画質はＤＶＤ並み。画面上の操作もスムーズで、私は「自分のＤＶＤプレーヤーよりもずっといい」と思った。

しかし、ヘイスティングスがなぜこんなに少ない品揃え（たったの千タイトル）でローンチするのか、不可解だった。以前に彼がダウンロードサービスを断念した理由はまさに品揃えの少なさだったのだ。トータルアクセスはネットフリックスの成長にどれほどの影響を与えているのか？　トータルアクセスに顧客を奪われてネットフリックスは焦っているのではないか？　いろいろと疑問が湧いてきた。

アナリストの多くはストリーミングサービス投入のタイミングに理解を示した。ここで何らかのトータルアクセス対策を打ち出さなければ、ネットフリックスはじり貧になるとみていたからだ。だが、テクノロジー系ライターは違う見解を示した。視聴者がインターネットの世界に閉じ込められるとしたら「インスタントビューイング」の価値はあまりない、と結論したのだ。重要なポイントだった。映画やドラマのような長時間作品を見るのならばテレビ画面ではないのか？　小さなノートパソコンの画面上で見たいと思う消費者はどれほどいるだろうか？

しかし、ヘイスティングスは未来を垣間見たのだろう。たとえ直感に反していても大胆にストリーミングへ向かわなければならない、と思ったのだ。

そんななか、ネットフリックスの市場調査チームは顧客からのフィードバックの中に「勝利の方程式」を見いだした。ストリーミングで映画鑑賞中の顧客行動を観察すれば、鑑賞中に顧客が何を考えているのかリアルタイムで把握できるということが判明したのだ。視聴者はどのシーンでストップボタンを押して巻き戻したのか？　好きでない映画を選んでしまったときにどのくらいの時間で見るのをやめるのか？　一時停止ボタンをどこで押したのか？　早送りでどんなシーンを飛ばしたのか？　このような情報を生かすシステムがあれば、人間の行動について個人的なレベルにまで落とし込んだ深い分析が可能になり、フォーカスグループとは比べものにならないほど強力な武器になる。

ネットフリックスは映画評価システムに頼らなくても顧客の好みを把握できるようになるのだ。ペプシコがニューコークを葬り去ったように、ネットフリックスはトータルアクセスを葬り去ることができるのだろうか？　そのためにどうすればいいのかロスには分かっていた。消費者との「感情的なつながり」に頼るのである。

第11章　Ｍｒ．インクレディブル　“The Incredibles”

――２００６～２００９年

ネットフリックス主催のアルゴリズムコンテスト

創業直後からネットフリックスにとって至上命題だったのは、あらゆる映画を魅力的に見せることだった。元をたどれば、ダイレクトメールに魅せられたランドルフの哲学でもあった。これが会社存亡のカギを握るほど重要だったのは、ＤＶＤの黎明期でネットフリックスが品揃えを充実できず、忘れ去られた旧作映画に頼らなければならなかったからだ。

単に好きというだけでなく、愛してやまない映画――。こんな映画を探し出せるとしたら、顧客は何度でも映画をレンタルしようとするはずだ。秘宝を発見するときと同じような喜びを得られるのだから。こうなれば毎月の定額料金をきちんと払ってくれるし、友人・知人に「これはお勧め」と言ってくれる。その意味で強力な武器になるのがレコメンドエンジン「シネマッチ」のアルゴリズムだ。膨大な映画ライブラリの中で道先案内人となり、非常に興味深くて思いも寄らないような景色を顧客に見せてくれるのだ。

ネットフリックス会員（契約者）の予約リスト「キュー」に入っているタイトルのうち、実に70％はシネマッチの推薦作品だった。シネマッチはあまりにも強力であるため、在庫管理のツールとしても威力を発揮した。新作映画のリリース直後に需要急増が見込まれると、間髪入れずに会員を旧作映画へ誘導する。これによって同社は新作映画を大量に仕入れなくても済み、在庫コストの上昇を防げた。

シネマッチによって会員はいわば「映画発見の旅」に魅せられる。ネットフリックス初期であれば、「映画発見の旅」はステーキにかけるソースのようなものだった。しかしながら、ブロックバスターとの戦いの真っただ中となると話は違う。ソースどころかステーキそのもの、つまり勝敗を決める決定打となるのだ。

当初、シネマッチはユーザーによる映画評価（レビュー）を基にして、「高く評価してもらえそうな映画」をリストにしてユーザーに提示していた（コンテンツエディターが作ったテーマ別リストも提示していた）。映画評価が増えるにつれて精度を上げていき、ウェブサイトの機能性が向上すると、個々のユーザーが楽しんでくれそうな映画だけをリストに表示するようになった。そうすると、ログイン時に見るウェブサイトの画面はユーザーごとにすべて異なることになる。多くのユーザーデータをふるいに掛けて分類する「協調フィルタリング」システムとしては、シネマッチはアマゾンのソフトウエアと並んで世界で最も高度なシステムになったのである。

ヘイスティングスは昔から、人間行動の数値化に多大な興味を寄せていた。だからこそエンジニアチームに数学者を雇い入れてアルゴリズム強化に当たらせてきたし、自分自身でもアルゴリズムを相当いじってきたのである。彼にとって、人間行動や嗜好を数字に置き換える作業は楽しくて仕方がなかった。カオスのような人間を数字という世界で本当に規定できるのだろうか？

ヘイスティングス自身が後年語ったところによれば、当時はアルゴリズムに熱を入れ過ぎてほとんど休むことがなかった。クリスマス休暇の家族旅行でユタ州のスキーリゾート地パークシティーを訪ねたときのことだ。スイスシャレー風のホテル内に閉じこもり、ノートパソコンでシネマッチのアルゴリズムと格闘していた。妻のパティは「子どものことを無視して、せっかくのバカンスを台無しにしている」と不平を言った。

2006年までにヘイスティングスはエンジニアチームを主導しながら、アルゴリズムでできることはすべてやり終えた。チームメンバーは彼自身がスカウトした最高の人材だ。最高の人材を動員して最高のアルゴリズムを完成させたわけだ。一見すると外部からの協力は一切不要だった。

だが、ヘイスティングスはシネマッチの土台となっているアルゴリズムを一段と飛躍させるために、賞金100万ドルのアルゴリズムコンテストを開催することを決定した。曾祖父のアルフレッド・ルーミスが物理学上の重大問題に取り組むために、世界中から最高の科学者を結集したように。ルーミスは最先端の研究設備や豪華な住居、多額の報酬をちらつかせて著名科学者をラボへ誘い入れた。ヘイスティングスは違うやり方で説得した。現実世界のデータをちらつかせて機械語研究者にラブコールを送ったのだ。機械語コミュニティーがそれまでに見たこともないような膨大なスケールのデータだ。

目的も違った。ルーミスはレーダーや核分裂の研究で飛躍的進歩を遂げ、第2次世界大戦を終結させようとした。一方、ヘイスティングスはアルゴリズムをさらに強化し、ブロックバスターとの闘いに一刻も早く決着をつけたかった。二つのコンテストがお手本になった。一つは1714年にイギリス政府が開催した経緯測定コンテストで、海上での経度を最も正確に測定した科学者に2万ポンドが与えられた。もう一つは民間非営利団体が2004年に開催した「アンサリXプライズ」コンテストで、再利用可能な民間宇宙船を最初に開発したチームに1千万ドルの賞金が支払われた。

世界規模の壮大なオープンイノベーション

アルゴリズムコンテストでは、出場チームがシネマッチの精度向上を競い合う。11年を期限とし、最初に10％の精度向上に成功したチームに賞金1００万ドルが払われる。10％が達成されていない途中段階でも、年に1回は最上位チームに「プログレス賞」と呼ばれる賞金5万ドルが用意される。コンテストには誰でも参加できる。学歴や出身は問われないし、法的に問題がなければ国籍も問われない。

10％の精度向上は何を意味するのか。ネットフリックスの五つ星評価システムに基づくと、シネマッチの誤差は0・5～0・75星の範囲内に収まることになる。

ネットフリックスが出場チームに提供するのは、会員による映画評価のデータベースで、評価件数は計1億件に及ぶ（会員の個人情報は除かれている）。つまり、出場チームは現実世界のデータを駆使して自分のアルゴリズムの有効性を検証できるわけだ。各チームの進捗状況はスコアボード上で常時公開される。優勝チームはアルゴリズムの所有権を保持するが、ネットフリックスに対して使用権を与えなければいけない。

会社の運命を握るほど重要なアルゴリズムコンテストを仕切るのは、レコメンドエンジン担当副社長のジェームズ・ベネットとエンジニアのスタン・ラニングの2人だ。

はげ頭でひげ面のラニングはピュア・エイトリア出身。ヘイスティングスと一緒にシネマッチに磨きをかけ、映画評価システムの開発を主導してきた。性格は朗らかであるというのに、オフィスは暗い穴蔵のようだった。何台ものコンピューターモニターが整然と並べられているほか、片隅にはおもちゃが置いてあった。等身大の骸骨の形をしたホッピング「ポゴスティック」だ。

スティーブ・スウェイジーとケン・ロスはマスコミ対応をした。コンテストのローンチ当日――

06年10月2日——に2人はニューヨーク・タイムズの紙面を見てびっくりした。コンテストについての記事が同紙1面に載っていたのだ。アメリカばかりか外国の報道機関もこぞってコンテストについて報じたことで、ローンチ日だけで5千以上のチーム・個人が参加登録した。

スウェイジーは、ネットフリックスがどのようにマスコミで取り上げられるのかフォローするだけで大忙しだった。マスコミの反応を見ているうちに、選挙で応援している候補が地滑り的な勝利を収める光景を目にしているような気分になった。IT系オタクにしてみたら、競馬のプリークネス・ステークス、サッカーのワールドカップ、アメフトのスーパーボウルの三つを一緒にしたような一大競技会がこのアルゴリズムコンテストだ。少なくともスウェイジーにはそう感じられた。

ローンチから3年経過したときには、世界186カ国から4万チーム以上が参加登録していた。出場チームにとっての最大の魅力は、ダウンロード用に公開された膨大なデータとオープンで公正なコンテストの仕組みだ。出場チームがスコアボード上にリアルタイムで成果を投稿し、ディスカッショングループ内で意見交換するようになると、世界最強のレコメンドエンジンが徐々に姿を現し始めた。壮大なオープンイノベーションの主役は世界に散らばる無数の科学者や数学者、アマチュアである。

その中の一つが人間行動の予測を得意とする統計専門家のチームだった。拠点はAT&Tシャノン研究所（通称AT&Tラボ）だ。

AT&Tラボはニューヨーク・マンハッタンから電車で90分、ニュージャージー州フローラムパークにある。大きな樹木で囲まれた敷地は正方形で幾何学的にデザインされている。飾り気がなく清潔感にあふれているロビーからは、いくつもの通路が放射状に延びている。ロビーの一角にはギャラリーもある。そこにはベル研究所出身の著名科学者の写真が掲げられているほか、初期の電話機など年代物の電気機器も置かれている。

野球の統計からデータマイニングへ

ラボ内のオフィスの一つを占有していたのがロバート・ベルだ。はにかみ屋のカリフォルニア人で、１９９８年にＡＴ＆Ｔラボ入りしている。彼がアルゴリズムコンテスト「ネットフリックス賞」について知ったのは、コンテストのローンチ日から1、２日後のことだ。

ＡＴ＆Ｔラボの研究部長クリス・ボリンスキーがラボ内の研究者20人ほどに電子メールを送り、コンテストのことを知らせたのだ。彼はラボ内でデータマイニングのチームを率い、過去10年以上にわたって顧客行動を予測するシステムについて研究を続けていた。どんな顧客がｉＰｈｏｎｅを購入しそうか？　どんな顧客が詐欺まがいのアカウントを作りそうか？　アメリカの顧客ベースをめぐってどんなリスクが表面化しそうか？

データマイニングとは一言で言えば、ビッグデータを分析して、その中から予測可能で有益なパターンを発見するプロセスのことだ。グーグル検索によって何十億ものウェブサイトを瞬間的にふるい分けて一定の順番に従って結果を表示する、医療用スキャンによって正常な細胞の中から異常な細胞を見つけ出す、アメリカにとって脅威となりそうなビザ保有者の一団に警戒信号を出す、などである。

データマイニングの専門家はアルゴリズムを書く。アルゴリズムを書くうえで重要なのは、有益なパターン発見につながるデータセットを選び出すと同時に、魅力的でありながらも何の結果も生み出さないデータセットを捨て去ることだ。

ボリンスキーは社交的な男で、小さいころに野球の統計データ分析に熱を上げるあまりデータマイニングの専門家になった経緯がある。だからこそ、アルゴリズムコンテストと聞いてすぐに飛び付いた。AT&Tラボの力量を世界に見せつけるだけでなく、注目されつつあるアルゴリズムの分野で世界最高の頭脳と勝負できるのである。さらに映画も大好きだった。野球の統計データにはまってデータマイニングの世界に飛び込んだという点ではベルも同じだった。ボリンスキーとベルはコンテスト出場のチャンスに巡り合えてそろって大喜びした。何しろ、ネットフリックスが集めた膨大なデータ——会員による映画評価という現実世界のデータ——はこれまで2人が目にしたどんなデータより100倍も巨大だったのだ。

ベル自身は以前にもコンテストに出場して優勝したことがあった。ただし、今回は賞金が100万ドルと大きかったうえ、コンテストが非常にオープンな仕組みになっていた。パソコンとインターネット接続さえあれば基本的に誰でも参加できるという点にベルは魅力を感じた。間もなくして出張先で研究者仲間と雑談するときにも、コンテストの話題で盛り上がるようになった。同じ研究者仲間と競争して、自分がどの程度の順位に付けるのか試せたら、どんなに楽しいことだろう!

「ベルコア」が首位に

ネットフリックスがコンテスト開催を発表すると、ボリンスキーはブレインストーミングをやろうとラボ内の研究員に呼び掛けた。15人前後が集まった。しかし、2週間後には事実上3人にまで減ってしまった。ベル、ボリンスキー、それにイスラエル人の若手イェフーダ・コレンの3人だ。

最初のうち3人は観察に徹した。スコアボードが立ち上がると、数百チームの成績が表示された。1週間以内に少なくとも2チームがシネマッチを超える成績をたたき出した。さらに1カ月後、出場チームは数千に膨れ上がり、首位チームは完全にオリジナルな手法でシネマッチを4%上回る精度を達成した。１００万ドルの賞金獲得を目指して集まったのはデータマイニングの専門家に限らない。機械語研究者や数学者のほか、優秀なアマチュア――ソフトウエア開発や心理学出身の猛者――も多数参戦した。

各チームがシネマッチの改良版を提出できるのは1日1回に制限されていた。だが、精度向上をめぐる議論は昼夜問わずに活発に行なわれた。ネットフリックスが運営するディスカッションフォーラムに世界中から多くの出場者が登録し、自由に意見交換していたのだ。

誰かから命令されたわけでもないのに、優秀な頭脳が結集して同じ問題に取り組んでいる――。コレンはすっかり心を奪われてしまった。自宅でも職場でも時間を忘れて数式と格闘し、他チームよりも一歩先へ行こうと努力した。スコアボードを見るとアルゴリズムはどんどん進化しており、うかうかしていると置いていかれる。改良版を考え出す、大型コンピューターで膨大なデータセットを走らせる、結果を分析して再び微調整する、別のデータセットを走らせる――。数式に少し手を加えるだけでも1週間以上かかった。その分通常業務を減らすか残業するかしかない。そんなわけで、睡眠中も含めてコンテストのことを考えていた。事実、夜中に目覚めて「こうすればもう少し改良できるかも！」とひらめくこともあった。

コンテスト開始から4カ月目、AT&Tラボのチームは「ベルコア」をチーム名にして、スコアボード上にこれまでの成果を投稿する準備が整った。ネットフリックスによる検証――秘密のデータを使っている――をパスすると、チーム・ベルコアはスコアボード上で20位に初登場した。これでコレンは病みつきになり、ボリンスキーとベルを急かし続けた。次は10位以内に入れるかどうか試してみよう！　その次はトップ5、その次はトップ3……。

07年4月、ベルコアは数日間だけ首位に立った。それから数週間にわたってプリンストン大学のチーム「ダイナソープラネット」とハンガリーの研究チーム「グラビティ」と首位を争った。８カ月目、ベルコアは再び首位を奪取し、今回は王座をしばらく守った。結局、１年目のプログレス賞５万ドルを獲得したのはベルコアだった。シネマッチを８・４％上回る成績での受賞だ。コンテスト２年目を迎え、１００万ドルのネットフリックス賞の獲得も十分達成可能な目標に見えた。

２年目にアルゴリズム進化がストップ

ネットフリックス創業時のエンジニアチームがレコメンドエンジン開発を考え始めたのは１９９９年だ。ヘイスティングスも含めた当時のチームは初歩的な手法を使っていた。ジャンル、俳優、監督、ロケ地、時代背景、エンディング（ハッピーエンドかどうか）――。このような属性を使って個々の映画を関連付けていた。だが、映画ライブラリが大きくなるにつれて、これでは対応できなくなった。どんなに多くの属性を加えても精度を上げられなくなったのだ。例えば、『プリティ・ウーマン』と『アメリカン・ジゴロ』は、どちらもテーマは売春、舞台は大都市、主演はリチャード・ギアであり、属性という点では瓜二つだ。しかし同じ視聴者にアピールするとはとても思えない。

初期のレコメンドエンジンは予測不能でもあった。大失敗として有名なのはウォルマートのケースだ。同社のウェブサイトは「黒人歴史月間」関連の映画を探している顧客に対して映画『猿の惑星』を勧め、謝罪に追い込まれた。

ネットフリックスのエンジニアチームが次に頼ったのが、協調フィルタリングを応用した「最近傍アルゴリズム」だ。特定の属性に基づいて映画同士を関連付けるのではなく、共通の好みに基づいて顧客同士をグループ化するのである。

ネットフリックス賞が発表されるころには、会員が評価した作品数は映画とテレビドラマ合計で6万本、五つ星評価に基づく評価件数は10億件に達していた。巨大なデータセットだ。しかし、その中に微妙な意味合いがあるというのに、シネマッチは捉え切れていなかった。

ベルコアを含め上位チームはレコメンドエンジンのアルゴリズムをゼロから書いていた。その点を踏まえれば、ラーニングカーブ（学習曲線）で見てネットフリックスよりもはるかに先を行っていた。ネットフリックスが数年かけていたプロジェクトを数カ月で達成したのである。

不可解な点もあった。上位チームのアルゴリズムが巨大なデータセットの中で発見した渦巻状のものだ。それが何を意味しているのか、ボリンスキー、ベル、コレンの3人にとってはまったく理解不能だった。だが、アルゴリズムは会員の映画評価に基づいたパターンを分析し、個々の映画に独自のキーを割り当てた。独自のキーは人間にとっては何の意味も成さない記号であるものの、監督や俳優、ジャンルといった属性よりもずっと奥深くて微妙だった。

微妙という部分ではこんな話があった。ベルの観察によれば、映画監督ウディ・アレンのファンだからといって自動的に同監督の全作品を好きになるわけではない、とアルゴリズムは〝学習〟した。同監督のファンが好きになるのは一定の条件に合致した作品――特定の時期や場所、時代背景で制作された作品――に限られると判断し、それ以外の作品は推薦しないのだった。

コンテスト2年目に入ると、アルゴリズムの進化スピードはゆっくりし始めた。ネットフリックス賞の規定に従って、ベルコアがアルゴリズムを公開したのがきっかけだった。公開後、他チームがベルコアのアルゴリズムを導入して急追してきた。その結果、アルゴリズムの精度はシネマッチを8・6％上回る水準で足踏み状態になってしまった。

2年目の半ばを迎え、コレンは転職することになった。転職先は、ヤフーがイスラエルで運営する研究所だ。転職後もベルコアへ貢献できるかどうか分からなくなり、コレンはアルゴリズムの一段の改良に向けてアクセルを踏んだ。それでもスピードをなかなか上げられず、むしろスローダウンしてしまった。スコアボード上の成績を0・5ポイント改善できれば御の字で、0・1ポイントしか改善できないこともあった。ベルとボリンスキーは局面打開を狙ってスコアボードに目を向け、新たな人材を探し始めた。

『ナポレオン・ダイナマイト』問題

2人の目に留まったのは「ビッグカオス」という名のチームだ。オーストリア出身の若い数学者2人のチームで、ベルコア1年目のアルゴリズムを土台にした改良版を投入して快進撃中だった。ビッグカオスの2人は研究手法や人柄・個性の点でベルコアのメンバーと共通点があるだろうか？ベルは一種のブラインドデートを試してみようと思い、ビッグカオスの2人に電子メールを送り、提携の可能性を探ってみた。

2人はオーストリアのソフトウエア会社コメンド・リサーチ所属のアンドレアス・トシャーとミハエル・ヤーラーだ。ベルは何度かメールでやり取りした後、信頼できると確信した。ボリンスキーも同じ意見だった。最後に両チームは国際電話でつながり、「ビッグカオスのベルコア」というチーム名で力を合わせることで合意した。

次にベルコアチームは、会員の映画評価に影響を与える環境上・心理上の要因に注目した。人は平日ではなく週末に映画を評価すると、寛容になって甘く評価するのか？一度にたくさんの映画を評価するとどんな影響をもたらすのか？気分によって評価を変えるのか？だとしたら、それをどう定量化できるのか？厳しい評価（あるいは甘い評価）一辺倒の人は時間の経過とともに評価姿勢を変えるのか？　だとしたら、どんな理由でどのように？

このような疑問はそれぞれ独自の数式に落とし込まれ、検証されなければならない。もし検証結果に矛盾がなく意味があると判明すれば、勝利の方程式が出来上がる。

今ではアルゴリズムを改良してもシネマッチとの差を0・1ポイントしか広げられない場合もあるなど、10％に届く見通しが立たなかった。この膠着状態を打開するカギを握るのは、それまで予測不可能として除外されてきた小カテゴリーだ。一般的に風刺映画や社会派映画と呼ばれるジャンルで、視聴者の間でも批評家の間でも評価が二分し、見る人によって傑作にもなるし駄作にもなるという代物だ。

そのような映画として代表的なのがひねりの効いたインディー映画『ナポレオン・ダイナマイト』だ。ベルコアのモデルの中で誤差率が最大だった。同様に誤差率が高かったのがマイケル・ムーア監督のドキュメンタリー映画『華氏９１１』。これはアメリカ同時多発テロとイラク戦争をテーマにしており、世論を二分するような政治色の強い作品だ。

両極端な評価が多い作品を見たら、視聴者はどんな評価を下すのか？　どちら側の立場で評価するのか？　『ハッカビーズ』『ロスト・イン・トランスレーション』『ライフ・アクアティック』『パッション』――。このような映画を傑作と見なすのか、それとも駄作と見なすのか？　過去の映画評価歴を参考にしたところで、視聴者がどのような感情を抱くのか予測するのは不可能だ。

ベルは『ナポレオン・ダイナマイト』問題について一つの結論を出した。アルゴリズムが会員について何も知らないから予測不可能になる、と推論したのだ。何も知らないのならば、「最近傍アルゴリズム」だけでは不十分であり、何も知らないということをアルゴリズムに教えてあげればいい。結果として出来上がったのは、一部の会員を除外する数式だ。除外対象は、①ほとんど映画評価をしていない②大量に映画評価しているけれども対象が特定の映画に偏っている③一貫して高評価（あるいは低評価）の件数がわずかしかない――などの条件を満たす会員だ。

各チームが大規模に連携、首位争い白熱

2年目には独創性に富んだ改良が施されたにもかかわらず、上位チームのアルゴリズムは1年目と比べて1ポイントしか精度が向上しなかった。ベルコアは前年に続いて再びプログレス賞を受賞して5万ドルを獲得した。賞金に加えて、ハリウッドのスターの名前が刻まれたプレート「ウォーク・オブ・フェームの星」も前年にもらっている。実際には低俗なレプリカであり、AT&Tラボが入居するビルのロビーに置かれている。

ネットフリックスのベネット――09年に退職――は「本当に100万ドルの賞金を獲得する人はいるのだろうか?」と不安になった。3年目に入った09年1月、スコアボードが活気づいてきた。2位以下の上位チームが首位ベルコアに急接近してきたのだ。ベルコアとの差は今や1ポイントもなかった。

各チームは大規模に連携し始めていた。それぞれの研究手法を統合すれば、1ポイント未満なら精度を上げることが可能になり、10%超えも視野に入ってくるかもしれない、と考えたのだ。一方、ベルコアも新メンバーを探し始めた。白羽の矢が立ったのは、フランス系カナダ人のマルタン・シャベールとマルタン・ピオットだ。2人は「プラグマチック」という名のチームで出場。型破りな手法を考え出し、それをベルコアの手法と統合させることで順位を大きく上げていた。

シャベールとピオットの2人はいろいろな点で異例だ。データマイニングの分野で正式な経験を積んでいなかったし、コンテスト開始後の2年間についても関連分野の研究を意図的に避けてきた。

ではどうやっているのか？　会員のデータや会員の心理の中にパターンを見いだしてモデル化し、問題解決に取り組むのである。映画関連の外部データの利用を拒否し、会員による映画評価を「説明」するのではなく「予測」することに集中する――これが2人のやり方だ。

「データの中に現実のパターンを見いだすアルゴリズムは非常に強力です」とシャベールは説明した。「そこには白と黒に分けられないグレーゾーンが無限に広がっています。白と黒にはっきり分けられるメタデータの類いとは全然違います」

シャベールとピオットの参加でベルコアは膠着状態を脱するきっかけを得た。「ビッグカオスのベルコア」から「ベルコアのプラグマチックカオス」へチーム名を変更し、09年6月26日に、精度をさらに0・65ポイント向上させた最新版アルゴリズムを投稿した。これでついにシネマッチを10%以上上回った。

賞金獲得が決まったわけではなかった。ネットフリックス賞の規定によれば、あと30日間は他チームにもチャンスは残されていた。その間にベルコアを上回る成績を出せば、優勝の権利を得られる。緊張感あふれる状況下で、ベルコア以外の上位チームがいくつか合体してチーム「アンサンブル」となり、09年7月25日に新たなアルゴリズムを投稿した。わずかにベルコアを上回った。0・04ポイントの差だ。

残り24時間しかなく、ベルコアには逆転のチャンスはないように思われた。コレンとビッグカオスチーム――オーストリアの数学者2人――は密に連絡を取り合いながらラストスパートを切った。数式を統合するなどして、あと0・1～0・2ポイントだけたたき出せばいいのだ。コンテスト終了を目前にして最後の改良版を投稿し、他チームからの駆け込み投稿がないかどうか待った。20分後、スコアボード上ではアンサンブルの成績がベルコアよりも0・01ポイント上回っているように見えた。

コンテスト終了から1時間前後、ネットフリックスからは何の発信もなかった。シアトルで家族と一緒に休暇中のボリンスキーは、時々こっそり抜け出しては電子メールをチェックしていた。過去にプログレス賞を受賞した際には数分以内でネットフリックスから受賞の知らせが届いていたからだ。

落胆したボリンスキーはニュージャージーにいるベルらチームメンバーに連絡を入れてみた。やはりネットフリックスから何の知らせも届いていないと知り、携帯電話の電源を切ろうとした。しかし、最後にもう一度だけメールをチェックしてみようと思い、携帯電話でメールを再度読み込んでみた。そこにはネットフリックスからのメッセージがあった。

優勝したのである。

最強のレコメンドエンジンが生まれる

後日、ニューヨークのフォーシーズンズホテルで「ベルコアのプラグマチックカオス」メンバーの初顔合わせが実現した。全員が授賞式に招かれ、記者会見でヘイスティングスから優勝メダルを手渡された。授賞式にはAT&Tラボの所長、ヘイスティングス、ネットフリックス最高技術責任者（CTO）のニール・ハント、アンサンブルのメンバー、それにマスコミ関係者の一団が出席した。

ヘイスティングスは地元ロスガトスで記者会見を行ないたかったが、スウェイジーはニューヨークにこだわり、自分の意思を押し通した。過去3年間にわたって各国から大勢の人がコンテストに出場し、科学コミュニティーに限らず一般人も含めて世界中から注目を集めてきたのだ。スウェイジーの考えでは、出場チームが達成したことは偉業であり、盛大なセレモニー——受賞スピーチ、金メダル授与、記者会見——で祝福されるべきだった。

セレモニー終了後、優勝チームはどのようにして10％の壁を乗り越えたのか技術的なブリーフィングを行なった。出席者の多さに驚いていたスウェイジーは再び驚いた。高度に難解なブリーフィングが1時間も続いたというのに、大半のマスコミ関係者が辛抱強く耳を傾けていたのだ。

黒子としてマスコミ対応してきたスウェイジーにとってセレモニーはこの3年間の集大成だった。セレモニーについても多くのメディアが取り上げてくれた。その日の夕方、彼はフォーシーズンズホテルの横にある寿司屋に行き、一人で祝杯をあげた。高価だけれども月並みな寿司屋で物思いにふけっていると、少し寂しい気持ちになった。楽しい宴は終わってしまった……。

ネットフリックスのロゴ入り横断幕、人目を引く派手な小道具、最新のハイテク機器——。ネットフリックス賞の受賞記者会見は、それまで控えめだったネットフリックスが後に海外進出を発表する際のひな型になるのだった。

ベルコアのメンバーとAT&Tラボはどうなったのか。ベルとボリンスキーは賞金を受け取らず、慈善団体へ寄付すると表明した。コンテストの規定に従い、AT&Tはネットフリックスに対して優勝アルゴリズムの使用権を与えた。もちろん自社でも使用した。有料テレビサービス「Uバース」に優勝アルゴリズムを適用し、利用者のテレビ習慣を観察するなどで番組編成に役立てようと考えた。

コンテストの成果を取り入れたレコメンドエンジンは非常に高度なシステムへ変貌するのだった。視聴行動から映画の好みを読み取るため、映画評価システムに頼る必要もなくなる。ビデオストリーミングと併せるととりわけ効果的だ。どの会員が平日の夕方にコメディ番組を見るのか？　どの会員が週末に刑事ドラマを一気見するのか？　この俳優——あるいはこのシーン——が登場すると巻き戻す会員は誰か？　このようなことまで理解できるようになるのだ。

コンテスト終了後、ボリンスキーは「ユーザーのあなたは何もしなくてもいいんですよ。それでも好みを把握できるのです」と私に説明してくれた。要するに、五つ星で映画を評価してもらわなくても会員の好みが分かるようになるということだ。セットトップボックスかウェブサイトに組み込まれたプログラムが会員の行動を観察しているからだ。

アルゴリズムは会員がどんな映画・ドラマを選び、どのように見たのかを分析することで、素晴らしい作品だったのかどうか判定できる。そのうえで、ストリーミング用の映画ライブラリの中から次の作品を選び出し、会員に同じ体験をしてもらうのだ。もし「はずれ」よりも「あたり」を多く選べていれば、ブランドにとって最も重要な要素を手に入れることになる。信頼である。

シネマッチのアルゴリズムはマーケティングとテクノロジーの融合の産物であり、ネットフリックスが信じられないような成功を遂げる礎になるのだった。消費者はビデオレンタル店の品揃えの少なさに落胆し、オンラインサービスへ流れていった。消費者がネットフリックスに抱く信頼はランドルフの直感的インターフェイスと完璧な顧客サービスによって育まれ、ヘイスティングスが生み出した美しいアルゴリズムによって強固になった。「郵便ＤＶＤレンタル」から本格的なビデオストリーミングへ移行する準備が整ったのだ。

第12章　真昼の決闘　“High Noon”

——2007〜2008年

冬のサンダンス映画祭、コテージでライバルを待つ

新ストリーミングサービス「インスタントビューイング」ローンチから1週間後、ヘイスティングスはスタッフと共に雪景色のユタ州パークシティーに降り立った。目的はサンダンス映画祭。同映画祭にはネットフリックスとブロックバスター関係者が例年参加し、インディー映画制作者と交わってちやほやされるのを習わしにしていた。

ネットフリックスのウェブサイトがローンチとなってから数年間、ヘイスティングスは毎年1月になると本社を空っぽにして、全社員をサンダンス映画祭へ行かせていた。みんなで一緒に上映会に顔を出したり、ヘイスティングスのスイスシャレー風コテージ——古い教会を改修——でくつろいだりしたものだ。彼の狙いは社員の士気向上。われわれは偉大な会社に所属して偉大なことをやっているんだ！　こんな誇りを社員に持ってもらいたかったのだ。

この日は日曜日。空がどんよりと曇って冷え込みが激しい午後、ヘイスティングスは一人でコテージにとどまり、ライバルの到着を待った。質素な赤レンガで覆われたコテージの外からは話し声や足音が聞こえてくる。映画祭参加者が雪道をぶらぶらと歩いているのだ。これから街の中心部へ

行って間に合わせの上映会場へ入り、映画を見たり商談に臨んだりするのだろう。

ヘイスティングスもライバルとの会話を終えたら、後を追って街の中心部へ行くつもりだ。ネットフリックスが毎年主催している招待者限定パーティーに顔を出すのだ。会場となる倉庫にはセレブの登場に備えてレッドカーペットを敷いてある。アルコールなどを出すオープンバーをあちこちに設け、中央をダンスフロアにしている。ネットフリックスパーティーは関係者の間では有名だ。前年にはエバンジェリストらブロックバスター・オンラインの一行がネットフリックスの社員を装い、会場内に入ろうとしたほどだ。でも入れなかった。一行の中の若者がヘイスティングスを名乗ったため、入り口で制止されて追い返されたのだ。

07年のパーティーが祝ったのは映画『リトル・ミス・サンシャイン』だ。前年のサンダンス映画祭でデビューし、2月発表のアカデミー賞の4部門にノミネートされている。そんなわけでネットフリックスのマーケティングチームは、派手なプラスチック製テーブルクロスや「ダイナース・チキン」のフライドチキンが入ったバケツを用意した。倉庫の内装を同映画と同じように荒れ果てた郊外の雰囲気にするためだ。

マーケティングチームは古びた年代物の黄色いフォルクスワーゲン製マイクロバスも調達し、会場内の一角に置いた。主演男優グレッグ・キニアが映画の中で運転していたのと同じモデルだ。パーティーは「アイロニッククール（皮肉屋でカッコいい）」を演出していた。これこそネットフリックスが消費者を引き付ける魅力であり、マーケティングチームが創業来10年にわたって念入りに育んできたブランドイメージである。

サンダンス映画祭はネットフリックスにとって一年で最も重要なマーケティングイベントと位置付けられていた。同映画祭は反体制的でありながらもきらびやかなノリを売り物にしている。エンターテインメントの世界でダークホースからいきなり台風の目に躍り出たネットフリックスにぴったりだった。

映画祭開催中、ヘイスティングスはネットフリックスのロゴをキーパーソンに見てもらおうとして奔走した。キーパーソンとは、映画・テレビドラマの権利を握る映画スタジオ経営者や映画監督、プロデューサーらのことだ。ネットフリックスがストリーミングで成功するためには彼らの協力が不可欠だった。

ヘイスティングスはネットフリックスのロゴを目立たせるために人手に頼った。数十人の若手社員を募っておそろいの赤いパーカーを羽織らせ、パークシティー内の大通りをあちこち歩かせたのだ。赤いパーカーには赤と白のネットフリックスのロゴが大きくプリントされていた。いわば歩く広告塔だ。マーケティングチームはロゴ入りの物品もバラまいた。ビーンバッグチェアや野球帽、スカーフなどだ。VIP用のラウンジに置いたり、参加者に配る手提げ袋に入れたりした。

ブロックバスター・オンライン側はどうしていたのか。エバンジェリストはクラフトとクーパーと一緒に同じコテージに宿泊中だった。外を眺めると、パークシティーの街中がネットフリックスの赤いロゴで埋め尽くされるように見えた。静観していたわけではなかった。5、6人のモデルを雇い、スキニージーンズと白いパーカー姿で街中を闊歩させた。もちろんパーカーにはブロックバスター・オンラインのロゴがプリントされていた。

この年のサンダンス映画祭では、ヘイスティングスはいつもと違う重要な秘密のミッションを携えていた。ブロックバスターのアンティオコと直談判し、トータルアクセスをやめさせるのだ。ブロックバスター・オンライン自体を店じまいさせることができればもっといい。これ以外にネットフリックスを窮地から救い出す方法はない。そのためにも映画祭開催中にアンティオコに接触するいいタイミングを見つけ出さなければならない。

トータルアクセスに完敗

トータルアクセス開始からわずか2カ月間で、ブロックバスター・オンラインは100万人近い新規契約者を獲得した。市場調査によれば、消費者は一点についてはほぼ例外なく同意見だった。ネットフリックスの会員が得られるどんな特典もトータルアクセスにはかなわないというのだ。ヘイスティングスの予測では3カ月もすれば、オンラインレンタルの新規契約者の100%がブロックバスター・オンラインに流れるようになる見込みだった。それどころか、ネットフリックスから既存顧客を奪いかねない勢いだった。

ヘイスティングスはウォール街の証券アナリストや経済ジャーナリストとのミーティングの席では「ブロックバスター・オンラインは技術的に未熟」と軽蔑していた。この点で間違ってはいなかった。しかし、ダラスにある倉庫を拠点にブロックバスター・オンラインを運営しているのは、若くて活力にあふれるMBAの一団だ。彼らは技術的に見劣りしていても負けないと確信していた。ネットフリックスにはまねできない強み——トータルアクセス——があるからだ。

アンティオコは7千店以上の店舗網を使ってブロックバスター・オンラインをテコ入れする方法をようやく見いだしたのである。

ヘイスティングスは渋々ながらもブロックバスターCEOの手腕を認めざるを得なかった。それどころかパニックに陥りつつあった。クリスマスシーズンの年末商戦は書き入れ時であるにもかかわらず、まったくの空振りに終わっている。マッカーシーやキルゴア、ロス、CTOのニール・ハントら経営チームを呼び出して対策を練らせたものの、局面打開の妙手を見いだせなかった。

キリンシッチとジーグラーが作ったモデルによれば、トータルアクセスがあと1～2四半期も続けば、ブロックバスターの財務破綻リスクが表面化するはずだった。要は、このままではネットフリックスもブロックバスターも共倒れになりかねなかった。結局、経営チームは単純な結論に行き着いた。ヘイスティングスがアンティオコを説得してトータルアクセスをやめさせるのだ。ヘイスティングスがやらなければならない秘密のミッションとはこのことだった。

トップ会談は07年1月21日の日曜日に実現しなければならなかった。その調整は国家元首2人の会談を実現するのと同じくらい大変だった。両社のスタッフはそれぞれ四苦八苦し、最後には携帯電話のテキストメッセージ経由でようやく調整できた。時間は午後、場所はヘイスティングスのコテージに決まった。

アンティオコもシェファードもトップ会談の理由を事前に聞いておこうとは思わなかった。ヘイスティングスが何を話したいのか想像できたからだ。数日前にパークシティー入りし、映画スタジオ幹部とミーティングを重ねるうちに「トータルアクセスにやられて、ネットフリックスの第4四半期は相当ひどかったようだ」と聞かされていたのだ。

アンティオコは一人で会いに行くことにした。できるだけインフォーマルにすることで、ヘイスティングスにはざっくばらんに語ってもらおうと考えた。ただ、ミーティングを終えたらすぐにレストランでシェファードと落ち合い、ランチを食べながらすべてを伝えるつもりだった。シェファードは納得しながらも悔しがった。ネットフリックスCEOが負けを認める場面に居合わせたかったのだ。

アンティオコはヘイスティングス側から言われた住所を手に取り、タクシーを拾った。人通りの多い街の中心部を離れ、丘の上にあるヘイスティングスのコテージを目指した。車中、この3年間を振り返った。大きな賭けに出たり、大失敗したり、大喜びしたり……。ビデオレンタル店を蹴散らして躍進してきた強敵に対してついに優位に立てたのだ！　もちろんここまでやって来るのに無傷では済まなかった。ネットフリックスを5千万ドルで買収するチャンスを棒に振り、その失敗を穴埋めするために5億ドル以上も使わなければならなかった。ネットフリックスも同じ時期に同じ金額を投じなければならなかった。でも、結果として完璧なプラットフォームを完成させている。何年にも及ぶマーケットテストと絶え間ない改善の産物である。

ヘイスティングス、負けを認める

目的地に着くと、アンティオコはタクシー運転手に料金を払い、コテージ玄関前に立った。尖塔形の赤レンガの建物だ。ドアを開けて出迎えてくれたのはヘイスティングス本人だった。２人は飲み物を手にして座った。すると、ヘイスティングスはあいさつもそこそこに本題に入った。

ヘイスティングスは主なポイントを列挙した。「トータルアクセスは大成功で、ネットフリックスは年末商戦で厳しい戦いを強いられた」「素晴らしいバリュープロポジションであり、ネットフリックスには絶対にまねできない」「しかし、独自に分析したところ、店舗内で無料レンタルがあるたびにブロックバスターには2ドルのコストが発生している」「トータルアクセス利用者が毎月無料レンタルできる映画の本数に制限はなく見放題となると、契約者数が３００万人を超えて増えているなか、ブロックバスターの債務はどんどん膨れ上がっていく」——。

アンティオコはすぐに返事をせずに結論を待った。

ヘイスティングスは再び口を開いた。

「トータルアクセスの成長は驚異的ですね。でも、これを続けていったら窮地に追い込まれます。

ならばやめますか？　無料レンタルをやめて値上げしますか？　そうしたら優位性を失い、ネットフリックスに復活のチャンスを与えてしまうのでは？」

「それで、そちらのご提案は？」

「ブロックバスター・オンラインの契約者を丸ごと買い取ります。われわれにはオンライン分野では一日の長がありますから」

ヘイスティングスはブロックバスターのために便宜を図ってあげているような話し方をしていた。だが、アンティオコには分かっていた。ヘイスティングスははっきりと言わなかったものの、事実上負けを認めていたのだ。

「ちょっと判断しかねますね」とアンティオコは答えた。「われわれはうまくやっていますから。それに、われわれがあなたの提案をのみ込んだら、独禁法当局は何と言いますかね？」

「それなら共同出資で新会社をつくるのはどうでしょう？　そうすれば独禁法に引っ掛からないかもしれないですよ」

ヘイスティングスは共同出資会社以外の提携シナリオにもぼんやりと言及したが、金銭面には一切触れなかった。

2人は今後もスタッフ経由で協議を進めることで合意し、別れた。アンティオコはコテージを離れるとき、うれしくて飛び上がりたい気分になった。

シェファードは胃がきりきりと痛む思いをしながら、サンダンス映画祭を後にした。アンティオコからトップ会談について説明を受け、これから待ち受ける試練のことを想像したからだ。ネットフリックスはトータルアクセスの脅威にさらされ、にっちもさっちもいかなくなっていると認めた。これには確かに興奮する。しかしながら、トータルアクセスは金食い虫であり、無期限に続けばブロックバスターを破局に追い込む。アンティオコとエバンジェリストはトータルアクセスを黒字化させる方法を探っているけれども、そんな方法があるのかどうか疑わしかった。

前年の11〜12月、シェファードは大変なストレスを抱えながら過ごしていた。ザインと一緒に会社所有のジェット機に乗ってロサンゼルスへ何度も行き、映画スタジオ各社に頭を下げる日々を送っていた。同じことを繰り返すのはまっぴらだった。

となると、アンティオコとエバンジェリストに流動性危機という緊急事態を直視してもらうしかなかった。オンラインサービスの爆発的成長の陰でブロックバスターは崖っぷちに追い込まれているのだ。

オンラインレンタル市場は誰もが予想していたよりも急ピッチで拡大していた。ブロックバスターとネットフリックスがそれぞれ数億ドルものマーケティング予算を組んでいたこともあり、オンラインサービスの契約者総数は07年末までに1200万人以上に達する見通しだった。

エバンジェリストとアンティオコは「ネットフリックスはもはや青息吐息」と豪語していた。だが、シェファードは四半期決算を控えてやきもきしていた。どう切り抜けたらいいのか想像もできなかった。新規契約者200万人に対して無制限に無料レンタルを認め続けながら、店舗型ビデオレンタル事業の縮小に苦しめられているのだ。店舗型ビデオレンタルチェーンのムービーギャラリーとハリウッドビデオの苦境を見れば、浮かれているわけにはいかなかった。

今後数カ月はブロックバスターにとってとりわけ厳しくなる、とシェファードは思った。

ブロックバスター、ネットフリックスの買収提案を拒否

サンダンス映画祭からロスガトス本社に戻ると、ヘイスティングスは悪いニュースをいくつも耳

にした。特に厄介なのが四半期決算だ。トータルアクセスの開始から3カ月間で、ネットフリックスは強烈な逆風下に置かれている。ヘイスティングスとマッカーシーはウォール街に対してその現状を説明しなければならないのだ。

市場の競争環境も変わっていた。ウォルマートはハリウッドの映画スタジオ大手の全面支援を受け、レンタルではなく購入形式のビデオダウンロードサービスを始めようとしていた。格安の値段を武器にして、ダウンロードサービスで先行するアップルのｉＴｕｎｅｓとアマゾンのＵｎＢｏｘを追い掛ける格好になる。デジタル配信市場はまだ小さいというのに早くも群雄割拠状態だ。レッドボックスも気を吐いていた。全国各地にビデオレンタルのキオスクを1万台以上設置し終え、潜在的脅威になりつつあった。ブロックバスターとの泥沼の戦いに突入する余裕はネットフリックスにはなかった。

大幅値下げ、無料クーポン券のばらまき、大規模な広告キャンペーン――。過去3年間、ブロックバスターはオンラインサービスの分野でさまざまな攻撃を仕掛けてきた。だが、新規契約者獲得競争という点で見れば、06年まではネットフリックスに大したダメージを与えてはいなかった。同年の四半期ごとの契約者数を見れば一目瞭然だ。前年同期比で第1四半期74％増、第2四半期76％増、第3四半期60％増、第4四半期51％増で、誰もがうらやむ数字だ。それと比べると07年の予想はショッキングだ。たったの17％増だ。

アンティオコがサンダンス映画祭で表明した通りに、ブロックバスターが1億7千万ドルを投じてトータルアクセスを続けたらどうなるか？　07年の夏までにオンラインサービス新規契約者の100％がブロックバスター・オンラインへ流れると予想された。

ネットフリックスは追い込まれていた。ヘイスティングスは毎年恒例の契約者増加率予想を引き下げざるをえなくなっていた。マッカーシーと一緒になってブロックバスターの危機を煽ることも忘れなかった。アナリストとのミーティングではブロックバスターの債務膨張を取り上げ、このままでは債権団との交渉も暗礁に乗り上げる、と警告した。一方で、自社の財務に触れてバランスシートの健全性をアピールした。ネットフリックスは債務ゼロの状態で多額の現預金を保有しており、ブロックバスターの攻勢が長期化しても耐えられる、と指摘した。

しかし、トータルアクセスの脅威はあまりにも深刻で、ウォール街は聞く耳を持たなかった。ネットフリックスの第1四半期決算発表後、ウェドブッシュ・モーガンのアナリスト、マイケル・パクターは次のように語っている。「ネットフリックスがどうやってこの戦いを切り抜けようとしているのか分からない。同社が成長軌道に再び戻る方法は一つしかない。ブロックバスターを消し去ることだ」

ヘイスティングスの不安はまさにここにあった。

となるとやるべきことは自明だ。サンダンス映画祭後、ヘイスティングスはブロックバスターに対して非公式に提案を行なった。1人当たり200ドルでオンラインサービス契約者を買い取ると表明したのだ。買収金額は総額6億ドル。契約者増を反映して総額は今後どんどん増えていく。

シェファードは6億ドルの買収提示額を交渉の出発点と位置付け、大幅引き上げも可能だと考えていた。これだけの支払いを受ければ債務問題から解放されるので、ひそかに希望を抱いた。しかし、アンティオコとエバンジェリストは提示額の低さに怒りを覚えた。数カ月後にはネットフリックスは顧客流出に見舞われ始め、危機的状況になるのでは？　そのときになって再交渉を呼び掛ければ、ずっといい条件を引き出せるのでは？　結局、取締役会に対してはネットフリックスの提案を拒否するよう助言した。

ブロックバスターは2月に取締役会を開催し、ネットフリックスの買収提案を議題に取り上げた。エバンジェリストは取締役会に出席し、ブロックバスター・オンライン売却の是非について説明した。契約者数は1日当たり2万〜2万5千人のペースで増えており、夏の終わりごろには400万人突破が見込まれた。

「私の分析は単純です」とエバンジェリストは言った。「ネットフリックスの提示額を受け入れるのは得策ではありません。ネットフリックスはいずれ顧客流出に見舞われます。そのときになってどれだけ払う用意があるのか、見てみようじゃありませんか。ブロックバスター・オンラインは勢いに乗っているのだから、売り急ぐ理由はまったくありません」

アイカーンも取締役会も納得した。ネットフリックスの買収提案を正式に拒否した。

サンダンス映画祭でヘイスティングスと会った後、アンティオコはエバンジェリストに会い、ネットフリックスの提案内容をそれとなく伝えていた。これを聞いたエバンジェリストは当初喜んだ。だが、ブロックバスター・オンライン売却となれば、自分は失職するかもしれない。トータルアクセスがうまくいっているというのに、である。それだけに、取締役会がネットフリックスの提案を拒否するのを見てホッとした。もう少しだけ長く成功の喜びに浸っていられるのだ。

CEOと筆頭株主が大げんか

続いて取締役会はいつものお決まりの議題に移った。お決まりとはいっても、ネットフリックスの提案拒否よりもブロックバスターの将来に大きな影響を及ぼすかもしれないテーマを取り上げるのだ。経営幹部の年間ボーナスだ。

ここにはアンティオコの業績連動型ボーナス380万ドルの倍増も含まれている。アンティオコにしてみれば、自分のボーナス倍増は当然で、取締役会でとやかく言われる筋合いはない。ネットフリックスはブロックバスター・オンラインを買収すると提案してきたし、ムービーギャラリーとハリウッドビデオがつぶれるのはもはや時間の問題だ。いずれもアンティオコの戦略の正しさを裏付けている。

取締役会は経営幹部全員のボーナスを記したリストを前にし、ほとんど議論なく次々に承認していった。リストの最後にあった名前がジョン・アンティオコだ。金額は380万ドルから760万ドルへの倍増。アイカーンはそれを見て驚いた表情を見せ、すぐに怒りをあらわにした。

「こんな大金を払うわけにはいきませんね」

「どういう意味ですか?」。アンティオコはあきれた表情で反論した。「あなたはボーナス倍増をすでに承認しているのですよ。あなたは報酬委員会の一員なんですから」

確かにアンティオコには一理あった。前年に取締役会が認めた契約に従えば、彼に特別ボーナスが支払われる条件は「ブロックバスターの売上総利益が2億8500万ドル以上に増える」ことと「ブロックバスター・オンラインの契約者数が12月31日までに200万人を達成する」ことの二つだ。いずれの条件も満たされていた。

しかし、アイカーンも含め投資家にとっては株価がすべてである。その株価はどうなったのかというと、過去最安値の7ドルを付けていた。アイカーンはボーナス倍増についてとぼけて言った。

「こんな大金になるなんて知らなかった」

アンティオコはすぐに言い返した。

「ならばちゃんと勉強しておくべきでしたね」

結局、アイカーンに説得されて、取締役会はアンティオコのボーナス半減を決めた。もちろんアンティオコは反発した。

おそらく違うやり方があったのだろう。取締役会メンバーがアンティオコに向かって「ネットフリックスとの戦いが激しくなるなかで、ブロックバスターの株主は株価下落で傷ついています。ここは株主の感情を考えて、自主的にボーナスの一部を返上したらどうでしょう?」と丁寧に語り掛けていたらどうだっただろうか。

アンティオコは納得したに違いなかった。すでに金持ちであり、彼にとってボーナスは自分の実績を客観的に評価する物差しでしかないのだ。だが、丁寧に語り掛けるのはアイカーンの流儀ではなかった。

2月下旬、取締役会はアンティオコに対して200万ドルの小切手を切った。ザインはアンティオコを訪ねて小切手を手渡した。するとすぐに突き返された。「わざわざありがとう。でも受け取れない。悪いけれど持ち帰ってくれ」

アンティオコはボーナスの受け取りを拒否しつつ、戦う意思を鮮明にした。取締役会が不正行為を働いたと断定。自分の弁護士を通じて仲裁の申立書を作成し、次の月曜日に外部の法律顧問に提出する考えを示した。これに対して取締役会は緊急会合を開き、ボーナスの支払い義務が発生したときに備えて400万ドルの引当金を用意しておくことを決めた。投資家にも何が起きているのか伝えるため、2月23日に証券取引委員会（SEC）へ書類を提出して「取締役会はボーナスをめぐって会長兼CEOと確執状態にある」と公表した。

アンティオコの我慢も限界に

申立書提出を週明けに控えた金曜日の夜、ダラスにあるアンティオコの自宅の電話が鳴った。アイカーンからだ。ニューヨーク時間ではすでに真夜中。1、2杯のマティーニを飲んで酔ったところで、怒りに任せてニューヨークから電話してきたのだ。

寝室で映画を鑑賞中だったアンティオコは、ベッドの横にある電話を取った。「こんばんは、カール」とあいさつしながら、すぐに身構えた。アイカーンの名前を聞いた妻のリサは何も言わずに寝室から出て階下へ行き、テキーラのボトルとショットグラスを手にして戻ってきた。

アイカーンは間髪を入れずにまくし立てた。ボーナス問題でみっともない争い事をなおも続けたいのか？　ボーナスの減額を潔く受け入れればすべて丸く収まるじゃないか！　ボーナスの倍増が投資家にとってどう見えるのか分からないのか？　投資家は3年間で投資額の40％を失っているんだぞ！

アンティオコはこれ以上我慢できなかった。テキーラで火が付いてしまった。ブロックバスターの筆頭株主――アイカーン――に向かって怒鳴り返すなんてことはこれまで一度もなかった。だが、今回は感情的にも精神的にも限界を超えてしまった。

電話で口論を続けているうちに、アンティオコは突如として「こんなことに何の意味があるのか？」と自問した。ボーナスをもらっても最後には慈善団体へ寄付するというのに……。

そもそも過去10年間にわたってブロックバスターの経営でいい思いをしてきたのだ。バイアコム傘下で爪はじきにされていた同社は今やビデオレンタル業界の覇者だ。オンラインレンタルの世界では技術的に優位にあるネットフリックスを相手に戦い、「成長率の高さでナンバーワンのオンラインレンタル業者」の称号を奪取した。革命的な技術革新、経営危機の表面化、深刻な資金繰り悪化、フランチャイズ加盟店の反乱――。普通の企業なら簡単につぶれてしまうような逆風を何度もはねのけてきた。すべてCEOとして全身全霊をささげてきた結果である。醜い争いで晩節を汚していいものなのか。

アンティオコは今、非常に危険な賭けに出ている。オンラインレンタルがいずれ花開いて大きな利益を生み出すと信じて、身の丈を超えた金額をブロックバスター・オンラインに投じているのだ。これに失敗すればCEOとしての評価がガタ落ちになる。だが、市場調査によって日々入ってくる情報によれば、経営判断は間違っていない。トータルアクセスのおかげで実店舗への来訪者は増えているし、ネットフリックスの会員さえもブロックバスター・オンラインに関心を寄せつつある。

トータルアクセス成功の裏で苦しんでいたのはネットフリックスにとどまらない。ムービーギャラリーは07年に入ってハリウッドビデオ買収に伴う債務14億ドルが返済期限を迎えると、全額を借り換えなければならなかった。アンティオコが予測したように、従来型のビデオレンタル業界にも激震が走っていたのだ。ムービーギャラリーCEOのジョー・マリュジェンは「オンラインレンタルはニッチな市場」という発言を撤回せざるを得なくなった。それまでオンラインレンタルは片田舎に住む顧客——ムービーギャラリーの顧客——には理解不可能な代物と見なしていたのだ。なのに今や年内にオンラインレンタルサービスを始める計画を明らかにするとともに、その一環としてディズニーからダウンロードサービス「ムービービーム」を買収すると発表した。

ブロックバスターCEO、ついに退任

不仲とはいえ、公の場ではアイカーンはアンティオコのビジョンを支持していた。トータルアクセスの成功も間違いなかった。それでもこの先を考えたとき、ブロックバスターCEOはもがき苦しむ自分の姿しか思い浮かばなかった。数字を出しても取締役会に自分の実績を正当に評価してもらえないのならば、引退して田舎の牧場へ戻り、リサと子どもたちと一緒に過ごしたほうがいい。

「ならば私の退職条件について話をしよう」とアンティオコは電話口でアイカーンに伝えた。

アイカーンは合意し、すぐに話題を退職条件に切り替えた。アンティオコは退職金800万ドルとともに、在職最終日（07年12月31日）に行使可能となる500万株相当のストックオプション（株式購入権）を受け取ることになった。800万ドルは契約を大幅に下回る金額だ。アンティオコにしてみれば退職金の減額はどうでもいいことだった。それよりも肩の荷がやっと下りた気がして、ホッとした。

07年3月20日、ブロックバスターはアンティオコの退任を発表した。アイカーンは経済メディアにコメントし、「CEOの退職条件は株主の利益にかなう」と強調した。

アンティオコは「和解できてうれしい」と短めにコメント。そのうえで、次期CEOへの移行をスムーズにするために少なくとも7月1日までは職務を続ける意向を示した。また、取締役会が次期CEOを探し出すまでの間については、トータルアクセスのキャンペーンを全開にして、可能な限り契約者を増やすと表明した。

退任発表の1日前、アンティオコはエバンジェリストも含め経営幹部を集めてミーティングを行ない、退任ニュースを伝えていた。

「オンラインサービスを黒字化しなければならないし、ハリウッドビデオとムービーギャラリーにはプレッシャーをかけ続けなければなりません。だから、私がいなくなってもやるべき仕事は山ほどあります。私の後任を探す作業はこれから本格化します。その間、皆さんはトータルアクセスに集中して、どうにか持続可能なビジネスモデルを見いだしてください」

突然の退任発表にみんながびっくりした。しかし、誰も退任理由を聞こうとはしなかった。アンティオコがアイカーンを中心とした取締役会と対立し、苦しんでいたのは周知の事実だった。ミーティング後、エバンジェリストは自分のオフィスに戻ってやおらパソコンを立ち上げた。自分の履歴書をアップデートするのだ。これまでヘッドハンターからの誘いを無視していたけれども、今度は真面目に話を聞くべきかもしれない……。

アンティオコにとって年末に退任するまでに実現すべき目標ははっきりしていた。第1に、統廃合によって店舗事業を縮小する。第2に、ネットフリックスの「インスタントビューイング」に匹敵するストリーミングサービスを開始する。第3に、トータルアクセスを全開にしてオンラインサービスの新規加入を最大化する。

そんななか、6月に入ってアンティオコは債権団に対して不愉快な報告をしなければならなくなった。前年同期と比べて店舗売り上げが16%近く減少したのである。こうなると、借り入れ条件を改めて緩和しない限り――再び条件緩和となれば05年以降で4度目になる――トータルアクセスに振り向けるべき1億7千万ドルを用意できなくなる。

経営悪化という点では同業他社も同じだった。この年の夏、ムービーギャラリーは第2四半期決算の内容がひどかったのを受け、デフォルト（債務不履行）に陥る可能性を示唆した。ソレイユ証券アナリストのマーラ・バッカーはムービーギャラリー株の評価を「ホールド（保有）」から「セル（売り）」へ引き下げた。理由として「ブロックバスターのトータルアクセスの影響もあり、ビデオレンタル業界全体の競争環境が厳しくなっている。それを示しているのがムービーギャラリーの現状だ」と説明した。

仕方がないことだった。店舗型ビデオレンタルは時代に適合できず、消え去る運命にあるのだ。ブロックバスターとしては業態を変えて生き残るしか道はない、とアンティオコは確信していた。

オンラインレンタルへの業態転換は急ピッチで進んでいた。ブロックバスターは6カ月間でオンラインサービスの契約者ベースを3倍に増やし、合計で360万人を達成した。6月までにオンラインサービス新規契約者の100%を取り込むようになっていたばかりか、ネットフリックスから顧客を奪い始めていた。

エバンジェリストは有頂天になった。ヘイスティングスはわらをもつかむ思いをしているはずであり、ここで改めてブロックバスター・オンラインの売却話を持ち出せば、以前よりもずっと高い価格を提示してくるのは間違いない、と考えた。ところが、アンティオコはためらった。こんな重大案件に中途半端に手をつけて退任を迎えたくなかったのだ。

アンティオコはエバンジェリストに言った。「次期CEOにやらせたらいいよ」

追い詰められて士気が低下

ブロックバスターが湯水のように資金をつぎ込んでトータルアクセスを宣伝したことで、アメリカの一般消費者がどっとオンラインレンタルに流れ始めた。オンラインレンタルを初体験する消費者は1千万人の大台に乗せた。ウォール街が想像するよりも市場規模はずっと大きいというヘイスティングスの見立てがようやく裏付けられたのだ。ただし、ネットフリックスにとって不幸だったのは、夏ごろには新規顧客の大半はブロックバスター・オンラインで契約申し込みをしていたということだ。

「オンラインレンタル市場が非常に大きいという仮説は実証されつつあります」とヘイスティングスは4月の第1四半期決算説明会で語った。「新規契約者の大半がネットフリックスを選ぶという仮説が正しいかどうかは何とも言えません。少なくとも現状では」

第1四半期決算は予想を下回る内容だった。売り上げ、契約者数、利益——。主要な指標が事前予想の下限になったのは、ネットフリックスにとって株式上場後では初めてのことだった。悪いニュースはもっとあった。ヘイスティングスとマッカーシーは年末までの年間収益予想を引き下げたうえ、長期目標——毎年の増益率50％と12年までに契約者ベース2千万人——を取り下げなければならなかった。

唯一の光明はビデオストリーミングだ。ヘイスティングスにハッパを掛けられ、テッド・サランドス率いるコンテンツ獲得チームはビバリーヒルズを拠点にフルスピードで品揃えを増やしていた。同時に、最大多数の消費者にストリーミングサービスを届けるために、多様なプラットフォーム——携帯電話、家庭用ゲーム機、ＤＶＤプレーヤーなど——にソフトウエアを埋め込んでいった。こうしておけば、消費者はビデオレンタル店・オンラインＤＶＤレンタルからストリーミングへ手軽に切り替えることができるわけだ。「いずれストリーミングが主流になる」との確信から、ヘイスティングスは徐々に大きな賭けに出始めた。これまでネットフリックスが強みとしてきたビジネスモデルが犠牲になるのを承知のうえで、ストリーミングに経営資源を集中投下する体制を築こうとしていた。

その第一歩となるのがインターネットとテレビをつなぐセットトップボックスだ。ネットフリックス社内で完成しつつあり、08年中に商業化される見通しになっていた。問題はネットフリックスの株価が暴落するなか、それで間に合うかどうかだ。

とにかく目先の対策が急務だった。キルゴアはマーケットテストを実施し、値下げの影響を予測してみた。一度に2本までレンタルできるプランの月額料金を1ドル値下げした場合、マーケティング費用や新規契約者数、顧客維持にどんな影響が考えられるのか？　結局、値下げ可能という予測が出た。トータルアクセスによる競争環境の激化で、ネットフリックスの1人当たり顧客獲得コスト（ＣＡＣ）は過去最高の47ドルに達していた。それを引き下げることが可能だと分かったのだ。

ヘイスティングスとキルゴアは三つのサブスクリプションプランを値下げする検討に入った。６月には新規顧客を獲得できていないばかりか、顧客がブロックバスター・オンラインへと流出していたのである。１９９９年のサブスクリプションプラン導入後で初めてのことだ。ネットフリックスが最も得意としてきた口コミ――ネットフリックスにとって最も重要なマーケティング手段――さえも効果薄になっていた。トータルアクセスはあまりに強力だった。

７月発表の第２四半期決算はまたしても散々だった。ネットフリックスは契約者数の１％減と07年の年間予想――契約者数と利益の予想――の下方修正を発表しなければならなかった。下方修正は半年で２度目だ。06年に起こした特許侵害訴訟でブロックバスター・オンラインを閉鎖に追い込むシナリオも崩れた。ブロックバスターがネットフリックスに一時金として和解金を支払うことで決着したのだ。ネットフリックスが期待していたロイヤルティーの支払いは認められなかった。

第２四半期決算発表に向けて、マッカーシーとキリンシッチは再値下げに反対の考えを示した。経営チームは再値下げについては留保し、もう１カ月だけ様子を見ることで合意した。マッカーシーの予測が正しければ、トータルアクセスに絡んでブロックバスターが07年に２億ドル以上の赤字を計上するのは必至だった。だとすれば、ブロックバスターに残された選択肢は二つしかない。オンラインサービスを値上げするか、店舗内無料レンタルを廃止するか、そのどちらかである。

だが、ヘイスティングスはプレッシャーに負けてしまった。家族と会うために海外旅行を重ねて体力的に消耗したことも影響したようだ。翌日、一方的にすべてのサブスクリプションプランの値下げを決めた。

あまりにも唐突だったことから、一部のスタッフはショックを隠せなかったし、ヘイスティングスはどうかしてしまったのではないかという不安の声も上がった。確かにスタッフの全員が動揺していた。株価が年初から30％以上も値下がりしていたのだから、当然だった。とはいっても、誰もが目標を見失わないように集中し、計画に沿って厳格にやるべき仕事をやっていた。

ヘイスティングスの意向に従って、ネットフリックスは全サブスクリプションプランの値下げを発表した。同時に、07年の契約者数と利益予想も下方修正した。すべての数字が悪い方向へ向かっていた。マッカーシーによれば、今後の2四半期については売り上げや利益はもちろん、既存契約者が毎月払う1人当たり平均契約料も減少に転じる見込みだった。

7月23日の第2四半期決算説明会で、マッカーシーは投資家に向かって警告した。「ブロックバスターはオンラインサービスの黒字化を狙っていずれ値上げするでしょう。そうなればわれわれの業績も上向きます。ただし、そうなるまでは契約者数も収益数字もなかなか上向かないと考えてください」

第2四半期決算には一つだけ明るいニュースがあった。ミッチ・ロウのレッドボックスだ。全国各地に配置しているキオスクが増え続け、ビデオレンタル店にとって脅威になりつつあった。ヘイスティングスは浮かれなかった。「まだ規模は小さいですね。周辺ビジネスという感じです。でも、向こう3年間のスパンで見れば大きなポテンシャルがあります。ビデオレンタル店にとっては厳しいでしょうね。もちろん、われわれにとってはプラスですけれども」

この年の夏、ネットフリックスではスタッフ全員が疲れ果て、士気の低下に直面していた。ヘイスティングスは明らかに活力を失っていた。キルゴアは不安を募らせるばかりだった。

第13章　大脱走　"The Great Escape"

——2007〜2009年

新CEOはセブンイレブン出身

カール・アイカーンは後になって振り返り、「ジョン・アンティオコはトータルアクセス戦略で実に良い仕事をしていた。もしボーナスをめぐって対立せず、会社にとどまっていたなら、全然違う展開になっていたかもしれない」と語るのだった。

しかし、2007年の夏は違った。アイカーンはアンティオコを一刻も早く追い出したかった。ボーナスを目いっぱいもらい、テキーラを飲みながら牧場で引退生活を送ることばかり気に掛けていて、ブロックバスターのことを二の次にしているのだ！　後任CEOを探していたら、コンビニ大手セブン-イレブンの元CEOジム・キーズに出会った。仲介役になったのは、ブロックバスターの大株主の一人で、ヘッジファンドを運営するマイケル・ジマーマンだ。

ブロックバスター再建について折に触れてアンティオコにアドバイスしてきたジマーマンは、「ジム・キーズで間違いない」と太鼓判を押した。小売業界で十分に経験を積んでいるうえ、ビデオストリーミングなどデジタル配信に備えるためのノウハウも持っている、とみていた。

キーズは05年、日本の小売り大手セブン&アイ・ホールディングスによる完全子会社化——総額

14億ドルの買収――を受けて、20年以上も勤務していたセブン-イレブンを50歳で退任した。いわゆる「ゴールデンパラシュート」規定に従って、総額6400万ドルに上る割増退職金を受け取っている。CEO在任中の最後の1年間でコスト削減を徹底して、株価を2倍に引き上げたことで得られた〝ご褒美〟ともいえた。引退後は慈善団体「教育は自由」に自分の時間をささげる傍ら、飛行機の免許に加えてヘリコプターの免許を取得しようと考えていた。

アンティオコはキーズが自分の後任CEO候補だと分かって面食らった。セブン-イレブン時代に職場を共にした経験があるのでキーズのことはよく知っていたが、彼がシェファードを飛び越えて、いきなりCEOになる展開はにわかに信じられなかった。シェファードはトータルアクセスで大成功して、4月にナンバー2の最高執行責任者（COO）に昇格したばかり。ストリーミングサービスを手掛けられる社内人材が育っていないと実感し、春の間に6週間かけて自らデジタル配信の専門家に集中的に会って勉強している。ブロックバスターを含めビデオレンタル業界全体がデジタル配信へ大きくかじを切らなければならない局面に差し掛かっていた。なのに、伝統的な小売業界にどっぷり漬かってきたキーズに白羽の矢を立てて一体どうするつもりなのか、とアンティオコはいぶかしがった。

ブロックバスターがキーズのCEO就任を発表した日、取締役会メンバーの一人ゲーリー・フェルナンデスはキーズを選んだ理由について私に解説してくれた。セブン-イレブン時代の功績として売り上げの回復と同業他社との提携の2点を挙げながら、「このような経験はブロックバスターにとって極めて重要」と指摘した。

ブロックバスターの取締役会は、キーズに対してアンティオコの路線踏襲を望んでいるようだった。既存店舗網から最後の一銭まで徹底的に資金を絞り出し、オンラインサービスの強化とデジタル配信への参入に投じてほしい、とフェルナンデスは願っていた。

だが、それは見当違いだった。キーズは「現在の戦略を一から見直したい」と宣言したのだ。キーズは一見すると丸顔で愛想が良い男なのだが、実態はちょっと異なる。セブン-イレブンでは一時期アンティオコの下で働き、そこで敵対心を抱くようになったようだ。アンティオコから人との接し方に難があると指摘され、経営者版「チャームスクール（女性に礼儀作法を教える学校）」へ行かされたこともあった。

07年7月2日、キーズはブロックバスターのCEOに就任した。誰の目にも明らかだったのは、経営者版チャームスクールが何の役にも立っていないということだった。せっかちなうえに強権的。人の話を聞こうとしなかったし、自分の意に反するデータを見せられると無視した。前CEOの痕跡をすべて消し去ろうとしているようでもあった。最初の幹部ミーティングでも全員を凍り付かせた。下品と言っていいほどぶっきらぼうだったり、声を荒らげて平気で相手を威嚇・愚弄したりしたのだ。

キーズのCEO就任を発表するプレスリリースには、「新CEOへの移行をスムーズに進めるためアンティオコは当面の間当社に残ります」と書いてあったが、アンティオコは新CEO到着の2日前に荷物をまとめて去っていった。

お別れパーティーは開かれた。ルネサンスタワー内で大勢のスタッフがアンティオコを囲み、涙ながらに記念品を贈ったり賛辞を述べたりした。シェファードは一時はあふれ出る涙を拭うために、自分のオフィスへ引き返さなければならなかった。そして携帯電話のカメラでアンティオコの笑顔を撮り、その後何カ月にもわたって携帯画面の壁紙として使うのだった。アンティオコはパーティー会場に少し長居し、CEOとして最後の報酬として小切手を受け取ると秘書に渡し、銀行へ振り込んでおくよう指示した。論争になったボーナス分については後日、非営利団体「ボーイズ&ガールズ・クラブ・オブ・アメリカ（青少年向けの放課後プログラム全国組織）」へ寄付した。

ルネサンスタワーを出ると、アンティオコはダラスのラブフィールド空港へ行ってプライベートジェット機に乗り込んだ。妻と3人の子どもを連れてニューヨーク郊外の高級リゾート地ハンプトンズを訪ね、そこで1カ月間ゆっくりと余暇を楽しむのだ。自分の妹やセブン-イレブン時代の友人に会うほか、生まれ育った地域の隣人と旧交を温める。ブロックバスターを辞めることについては特に不満もなかったし、タイミングもぴったりだったように思えた。

ジェット機が空港に着陸すると、解放感でいっぱいになった。

CEOになれずに落ち込むシェファード

アイカーンが乗り込んできた後の取締役会でアンティオコはつらい立場に置かれていたが、今度はニック・シェファードが同じ立場に置かれることになった。店舗網を統括する責任者であったため、アイカーン派取締役から「なぜ店舗が赤字なんだ！」と責め立てられるのはしょっちゅうだった。特にエド・ブライアーは変わったアイデアが好きで、シェフェードを困らせた。

ある時、ブライアーはシェファードに聞いた。「ニック、ジーンズ姿の来店者は多いかな?」。ビデオが置かれている棚を一掃してジーンズを置いてみたらどうか、と提案していたのだ。

シェファードは80歳のブライアーを正面から相手にせず、逆に質問した。「スニーカーを履いている来店者も多いですよ。スニーカーも棚に並べたほうがいいでしょうかね?」

このやり取りから分かるように、取締役会と経営陣はまともに意思疎通できない状況に陥っていた。取締役会は経営陣が「まったく聞く耳を持たない」と思っていたし、経営陣は取締役会について「まったく機能していない」と思っていた。これではらちが明かないので、シェファードはなぜ店舗再建がうまくいかないのかをきちんと説明するために、取締役会メンバーを対象に丸一日かけて説明会を開いた。大量の資料を入れた段ボール箱を数箱用意し、過去4年間にわたって実験してきた店舗再建策をいくつも示した。個々の再建策について目的、方法、結果を丁寧に説明した。

結論は自明だった。どんな再建策を導入しても店舗は再建できないのだ。店舗型ビデオレンタルの時代は終わり、ストリーミングなどデジタル配信にこそ未来はある。

シェファードによるプレゼンが延々と続くなか、取締役の一人ストラウス・ゼルニックがついに声を上げた。「よく分かったよ」。取締役会メンバーの大半も同調し、シェファードの見解を受け入れた。だが、ブライアーは別だった。グリーティングカード大手ホールマークとの提携、書店チェーン大手バーンズ・アンド・ノーブルとの提携、店舗内でのピザ販売――。彼の店舗再建策は尽きなかった。

シェファードはCEOになれず、ひどく落ち込んだ。泣き面に蜂だったのは、キーズとのやり取りだ。キーズは食品や商品販売も併せて手掛けようとするなど、セブン‐イレブン再建の手法を使って店舗ビジネスを甦らせようとしていた。アンティオコの前任者ビル・フィールズと同じだ。

シェファードは10月には退社する予定でいた。それまでは波紋を起こさずにアドバイザーとしてプロフェッショナルに徹しているつもりだった。ある時、ブライアン・ベビンと共にキーズを訪ね、失敗に終わったフィールズの再建策や市場調査の結果について説明しようとした。ところがキーズには迷惑顔をされるだけで、報告書を未開封のまま突き返された。

シェファードにとって、フィールズと同じ過ちが繰り返されるのを見るのはもどかしかった。キーズはブロックバスターをセブン‐イレブンのようなコンビニチェーンと同じように扱い、「何でもいいから棚に並べておけば、いずれ顧客に購入してもらえる」と思い込んでいた。シェファードにしてみれば、ブロックバスターブランドは最新のＤＶＤ映画をレンタルする場所を意味しており、それ以外はあり得なかった。

シェファードははっきり言った。

「ブロックバスターは不採算店舗を思い切って閉鎖すべきです。残りの店舗の存在目的はただ一つ。オンラインレンタルとデジタル配信への移行を資金面でサポートするということです」

キーズはすぐに反論した。「われわれは小売業だ。店を開いてナンボなんだよ。店を閉めるのは駄目だ」

１週間足らずしてベビンは会社を去った。キーズとの打合せ中に一人だけ抜け出し、二度と戻ってこなかった。新ＣＥＯの戦略を聞くのが堪えられなかったのだ。このままではブロックバスター号が氷山にぶつかるのは必至だった。

トップの「デジタル音痴」にあぜんとする

キーズとの最初のミーティングでエバンジェリストは直ちに理解した。新ＣＥＯはオンラインサービスを敵視しているのだ。

「トータルアクセスによって店舗ビジネスが破壊されつつある」とキーズは言った。「君は店舗を破綻に追い込んでいるんだ。赤字で営業し続けるなんてあり得ないんだよ」

確かに07年にオンラインレンタルは大幅赤字になる見込みだった。しかし、エバンジェリストとアンティオコは翌年には黒字化の見通しを立てていた。値上げを実施する予定であったうえ、契約者ベースの拡大に伴って規模の経済が働くと期待できたからだ。

エバンジェリストは反論した。「対応策は考えています。近いうちにトータルアクセスからオンラインレンタルを切り離します。その際にオンラインレンタルの料金体系をネットフリックスよりも安くします」。この場合、07年第3四半期から一部の利用者に対して25％の値上げが実施される。一部の利用者とは、トータルアクセスのヘビーユーザーとブロックバスター・オンラインの新規契約者のことだ。

キーズが何をもくろんでいるのかすぐに判明した。トータルアクセスの実質的廃止だ。オンラインサービスの料金を一斉値上げし、オンラインサービス強化に使っていた資金を店舗ビジネス強化へ振り向ける、というのが彼の戦略だ。

「ジム、一つ見落しがあります」とエバンジェリストはやんわりと指摘した。「トータルアクセスはハリウッドビデオとネットフリックスを同時に攻撃できる唯一の方法です。こんなことはほかのやり方では絶対にできません」

トータルアクセスの廃止でどんな影響が出るのか、エバンジェリストは経験から直感的に分かった。アンティオコの下でブロックバスターは債務対策のためにオンラインサービスへの資金投入を一時的に減らし、失敗している。積極的なマーケティングが行なわれなければ、同じことが起きる。オンラインサービスの契約者ベースはキーズ体制発足時（7月）の370万人から年末には150万人までに一気に縮小する、とエバンジェリストは予測した。

07年7月30日、キーズはCEOとしての新経営戦略を用意して、幹部社員を対象に研修会を開いた。ダラスより140キロほど南下した場所にある高級リゾートホテルを会場にして、「店舗を再び偉大にする」というテーマを掲げた。彼が描いた戦略によれば、店舗はピザや炭酸飲料などの食品・飲料のほか、携帯音楽プレーヤーのｉＰｏｄやＤＶＤプレーヤーなど家電製品も扱い、総合エンターテインメント施設になる。

古参の幹部社員はキーズのプレゼンを聞いてあぜんとした。フィールズとアンティオコも同じような戦略を掲げて大やけどしたというのに、どうかしているのではないか……。

それ以上に驚きだったのは、キーズがデジタルに明るいどころかまったくの「デジタル音痴」であることだった。

「将来、消費者はブロックバスター店にやって来て、店内のキオスクで映画やゲームソフトを自分のUSBメモリにダウンロードするようになるでしょう。USBメモリの代わりにビデオ再生可能なデバイスにダウンロードしても構いません。こうすれば自宅のブロードバンド回線を使う必要もなくなるのです」

研修会があまりにもショッキングだったことから、エバンジェリストやシェファード、ザインも含め多数の幹部が証券会社に電話し、持ち株の大半——あるいは持ち株のすべて——を売却するよう指示した。もちろんインサイダー取引にならないように事前に定めた方法に従って、である。このうちエバンジェリスト、ザイン、アンティオコの3人は持ち株の売却代金をネットフリックス株の購入に充てた。3人ともネットフリックスの内部情報を知っていたわけではなかったものの、次にブロックバスターに何が起きるのか手に取るように分かった。

当局への提出書類の中で幹部社員の持ち株売却が開示されると、キーズは怒り心頭に発した。雇用契約で持ち株比率を4％まで高める権利を付与されていたため、彼以外の幹部社員が売却したブロックバスター株を自腹でどんどん買い集めていった。同僚に対しては「持ち株を売るのは自由だ。それでも売る相手は私だ」と宣言した。

キーズの店舗再生戦略に対する暗黙の——しかし的を射た——警告が発せられたわけだ。それでも彼は自分の路線を修正しなかった。

ブロックバスターの取締役会はアイカーンの指示に従い、キーズを好きなようにさせた。つまり、トータルアクセスから資金を引き揚げる一方で、店舗内で食品や商品の委託販売を行なう戦略にゴーサインを出した。このほか、経営不振の家電量販店サーキット・シティの買収も承認した。ウォール街のアナリストは一様に否定的な見解を示していたのだが、キーズは自分の意思を押し通した。

公約通り、キーズはブロックバスター・オンラインの月額料金を一斉値上げしつつ、トータルアクセス向けの資金を店舗ビジネス強化へ回した。一方で、エバンジェリストから何度もブロックバスター・オンラインの売却を勧められながらも、聞く耳を持たなかった。ネットフリックスへ売却すれば今なら10億ドル近い資金を得られるというのに、である。デジタル配信へのつなぎとしてオンラインサービスを温存しておきたかったのだ。その後、ヘイスティングスから改めて売却を打診されたものの、交渉にさえ入らなかった。

ウォール街は値上げ――プレミアムプランは月額10ドル増の34・99ドル――に否定的に反応した。シティグループのアナリスト、トニー・ワイブルはネットフリックス株の投資評価を引き上げる一方で、ブロックバスター・オンラインは顧客の半分を失うと予測した。

ついにエバンジェリストも愛想を尽かす

ネットフリックスはアンティオコの退場とキーズの登場に大喜びした。キーズは公の場で「トータルアクセスを続けたらブロックバスターはつぶれてしまう」と認めた。ついに赤字垂れ流しの攻撃をやめて、持続可能な戦略に戻らざるを得なくなったのだ。こうなると、マッカーシーとヘイスティングスの2人はウォール街とマスコミに向かって「われわれが過去何カ月にもわたって語っていたことの正しさが証明された」と胸を張って言える。２人にしてみれば、同じ土俵で戦えるのならばブロックバスターに負けるはずがなかった。

ＣＥＯとしての初の投資家向け説明会で、キーズは「ロック・ザ・ブロック」と名付けた店舗再生戦略をぶち上げた。ロスやキリンシッチ、デビッド・ウェルズらネットフリックス経営幹部もプレゼンに耳を傾けた。新コンセプトを取り入れた店舗のスケッチを見たロスは、新コンセプトを評価しながらも「ニューヨークのタイムズスクエアにあるトイザらスのガラス張り店舗みたい」と思わずにいられなかった。

ブロックバスターの古参幹部と同様に、ロスらネットフリックス幹部も「どんなに工夫したところで店舗を再生するのは不可能」との意見で一致していた。だが、キーズが無駄なプロジェクトに経営資源を集中投下したいのなら、大歓迎だった。ヘイスティングスは公にはキーズの新コンセプトを褒めたたえながら、裏ではブロックバスターがオンラインサービスから目をそらしてくれたことを喜んだ。

07年秋、エバンジェリストはなおも諦めていなかった。今後の経営戦略をめぐってキーズと最高財務責任者（ＣＦＯ）トム・ケイシーと激しく議論を戦わせるなか、改めてブロックバスター・オンラインの売却を提案した。

「高く売れるときに売るべきです」とエバンジェリストは主張した。「現在のオンラインサービス契約者に対しては、ネットフリックスへの売却後も１年間に限って店舗内無料レンタルを保証します。経費として見積もっておけばいい。さらにはネットフリックスの契約者に対してもブロックバスターの店舗を開放します。店舗でＤＶＤを返却すれば、１本当たり２ドルでレンタルできるようにするんです」

またしてもキーズは否定的で、あざ笑うかのように「シェーン、一体誰に売ろうというんだ？」と聞いた。

「誰でしょうかね、ジム。とりあえずカリフォルニアの男から始めるべきでは？　以前、契約者1人当たり200ドルを提示してきた男がいました。私にやらせてくれませんか？　6カ月間もあればどうにかできます」

このまま放っておけばブロックバスター・オンラインは立ち行かなくなるとの思いから、エバンジェリストはますます必死になっていた。しかし無力感を味わうばかりだった。結局、キーズはブロックバスター・オンラインへの資金投入を絞り込む方針を変えず、エバンジェリストに言い放った。「どうしても嫌と言うのなら辞めてもらうしかない」

その日の夕方、車で帰宅途中のことだ。エバンジェリストは人事部から電話をもらい、辞めるのかどうか聞かれた。それまで幹部ポストをいくつか打診されていたというのに……。「雇用契約を切ってくれ。もうキーズの下では働きたくない」

帰宅後、エバンジェリストは自宅裏の椅子に座り、テキサスの夕日が沈むのを見ながら物思いにふけっていた。すると、いつの間にかむせび泣きしていた。これまでの4年間が雲散霧消してしまったのだ……。

エバンジェリストの辞任を知ると、いつもは冷静なヘッセルも自分のオフィスに閉じこもり、鍵を閉め、泣いた。数週間後、後を追うようにして退社した。

3週間後のことだ。ひょんなことからエバンジェリストはサンフランシスコでリード・ヘイスティングスと夕食を共にすることになった。シリコンバレーの投資家であるシミノフ夫妻——デビッドとエレン——の自宅に招かれたところ、ヘイスティングスと一緒になったのだ。

エバンジェリストはブロックバスター退社後、オンライン自動車部品販売会社USオート・パーツ・ネットワークのCEOに就任して、同社取締役の一人エレンと知り合いになった。一方、ヘイスティングスは夫デビッドの友人としてシミノフ宅へ招かれた。

エバンジェリストとヘイスティングスにとっては初顔合わせだ。2人は食卓を挟んで向かい合って着席し、お互いに儀礼的な会話を交わしていた。しかし、デザートが出てから会話が盛り上がった。お互いに舞台裏を明かし始めたのだ。

「ブロックバスター・オンラインを手に入れるために、1人当たり300ドル払う用意があったんだ」とヘイスティングスは打ち明けた。「ブロックバスター・オンラインを消し去るためには何でもやるつもりだった。うちは事実上、チェックメイトされていたんだからね」

続いて2人はキーズの経営戦略について意見交換し始めた。エバンジェリストは「キーズが最優先しているのは店舗再生」としたうえで、「キーズは失敗し、いずれクビになるでしょう。後任はテクノロジーに明るい人材になるはず」と解説した。ヘイスティングスも同意した。

「トップ交代まではどのくらい時間があるかな?」

「どんなに長くても2年でしょう」

夕食が終わると、ヘイスティングスはエバンジェリストに尋ねた。「うちの経営チームの前で話をしてくれないかな?」。数カ月後の08年初め、2人はシミノフ宅での会話を再現する機会を得た。ロスガトス市内にある映画館ロスガトスシアターのステージに上がり、ネットフリックスの幹部スタッフを前にして対談をしたのだ。中心テーマは、ネットフリックスとブロックバスターの間で繰り広げられた熾烈な値下げ競争だ。当時お互いに聞きたくても聞けなかったことはいくらでもあったため、話は尽きなかった。

再び成長路線に入るネットフリックス

エバンジェリストの予想通り、08年になるとネットフリックスは突如として再び成長路線に入った。キーズがトータルアクセスによる攻勢をやめた途端、まるで水道の蛇口が開いてどっと水があふれ出てきたかのようだった。契約者の増加ペースや収益の伸び率で見ても以前の勢いを取り戻したといえた。だが、ヘイスティングスはまったく満足していなかった。「経営環境は3カ月前と比べると右肩上りで良くなっています。でもまだまだです。新規契約者は増えていますけれども、われわれが目指しているのはもっと高い成長です」

前年の秋にはムービーギャラリーが倒産していた。レッドボックス、トータルアクセス、ネットフリックスの3者に取り囲まれ、四面楚歌の状況に追い込まれたのだ。対照的に、ネットフリックスのストリーミングサービスはヘイスティングスの予想を上回るペースで契約者が増えていった。全体として見ると、同社はオンラインレンタル市場において過去4年間で最も有利な状況にあると言ってもよかった。

未来を担うデジタル配信についてヘイスティングスはどう考えていたのか。主に三つの市場があり、それぞれ重複する部分はほとんどないとみていた。一つ目は、ネットフリックスのサブスクリプション型ストリーミングサービス。二つ目は、アップルのiＴｕｎｅｓ型ダウンロードサービス。三つめは、ユーチューブが開拓した無料ストリーミングサービス。ネットフリックスが狙っていたのは、サブスクリプション型ストリーミングで圧倒的な存在になることだった。そうなると、同社が年商８１０億ドルのケーブルテレビ業界と激突するのは避けられなくなる。

ネットフリックスはオンラインレンタル市場で圧倒的な存在として浮上してきたうえ、手元資金を積み上げており、映画の配信権をめぐる映画スタジオ大手との交渉でも今まで以上に優位に立てる。ヘイスティングスは「われわれは新しいステージに上がりました。より大きな経営基盤、より大きな競争相手、より大きな潜在市場を手に入れたのです」と宣言した。

とはいっても、ストリーミングサービスだけで急成長を続けることが可能になるまでには、あと10年以上はかかると予想されていた。ネットフリックスのＤＶＤ映画ライブラリにある7万5千タイトルすべてについてストリーミング配信権を獲得しなければならなかったからだ。映画スタジオは２００６年時点で、売上高全体のうち41%をＤＶＤ販売でたたき出しており、そのうまみをやすやすと手放すつもりはなさそうだった。

もう一つ見逃せない要素があった。高画質の次世代ＤＶＤ——「ＨＤ　ＤＶＤ」とブルーレイディスク——をめぐる規格争いだ。規格争いが決着して次世代ＤＶＤが登場すれば、映画鑑賞の手段としてＤＶＤの寿命は少なくとも数年は延びると予想された。ネットフリックスとしてはＤＶＤ市場がゆっくりと縮小していくことには何の問題もなかった。

自社製セットトップボックス「Ｒｏｋｕ」が大ヒット

08年に入って、ネットフリックスは初めて家電メーカーとの提携に乗り出した。韓国ＬＧエレクトロニクスと提携し、同社製セットトップボックスにストリーミング専用ソフトを組み込むことで合意した。これによって消費者はセットトップボックス経由でインターネットから必要な信号を取り込み、自分のテレビ画面上で好きな映画をスムーズにストリーミング再生できるようになる。画質はケーブルテレビや衛星放送と遜色ない。

数カ月後、ネットフリックスの自社製セットトップボックス「Ｒｏ《ロ》ｋｕ《ク》」が完成した。開発したのは社内ベンチャーの「ロク」で、同社創業者はヘイスティングスとアンソニー・ウッドだ。

1台99ドルのＲｏｋｕはアイスホッケー用パックとほぼ同じ大きさで、批評家の間でも消費者の間でもたちまち大評判になった。直感的で使いやすいインターフェイスを備え、箱から取り出してすぐに設置・利用できるほど扱いやすい。ストリーミング用に用意された1万2千タイトルは、ペイパービューの基準では充実していたし、映画の再生が始まるまでわずか20秒しかかからなかった。しかもＤＶＤ並みの画質でストレスなく視聴できるとなれば、ヒットするのも当然だった。

Ｒｏｋｕは08年5月に発売となり、初回出荷分は数週間のうちに売り切れた。批評家からの高い評価と好調な売れ行きの追い風を受けて、ネットフリックスは新たな提携を次々とまとめていくことになる。

発売タイミングをめぐってヘイスティングスとロスが対立する局面もあった。ロスは目立つ相手と提携を結んでから発売したかった。家庭用ゲーム機で広大なプラットフォームを築いているソニーのプレイステーションやマイクロソフトのＸｂｏｘ（エックスボックス）を相手として想定していた。そうしておけば「ネットフリックスは提携相手を見つけられずに単独でスタートせざるを得なかった」などと陰口をたたかれずに済む。しかし実際には杞憂だった。専門家であろうが消費者であろうがほぼ例外なく誰もがＲｏｋｕを持ち上げたことで、ネットフリックスは想像をはるかに超える注目を各界から集めた。優雅で洗練され、使い勝手が良いハードウエアを作り上げるメーカーとして世界にアピールできたのだ。

ＩＴ系のブログ界も興奮し、「ネットフリックスはＸｂｏｘと提携するのでは」といった観測が広がった。きっかけはネットフリックスがＸｂｏｘによるストリーミング再生への関心について調査を始めたことだ。Ｘｂｏｘにネットフリックスのストリーミング専用ソフトがインストールされたら、Ｘｂｏｘ利用者1千万人がいきなり潜在顧客になる。メリットはそれにとどまらない。ヘイスティングスが1年前にマイクロソフトの取締役会に加わっていたとはいえ、まだ手探り状態のストリーミングサービスにＩＴ業界の巨人マイクロソフトがお墨付きを与える意味合いは計り知れないほど大きい。

両社が提携発表の場として選んだのは、ロサンゼルスで開催された世界最大級のゲーム見本市「Ｅ３」。マイクロソフトは最新のゲーム機「Ｘｂｏｘ３６０」でネットフリックスのストリーミングサービスを提供することになった。サービス開始はクリスマス商戦前。マイクロソフトのエンターテインメント部門責任者ジョン・シャパートが大量の発表資料の中に提携ニュースを埋もれさせてしまったことにロスは落胆した。だが、マスコミと消費者の反応は満足いくものだった。

ＲｏｋｕとＸｂｏｘの成功をきっかけに、ネットフリックスにはさらに提携話が次々と舞い込んできた。ブルーレイプレーヤー、セットトップボックス、テレビ、ノートパソコン、携帯情報端末——。これらにネットフリックスのストリーミング専用ソフトがインストールされた状態で販売されるのだ。インターネットにつながってビデオ再生が可能なデバイスのうち、ネットフリックスに対応したデバイスは3年間で２００種類以上に達した。

広報担当のロスとスウェイジーは大わらわになった。複数の提携話を同時に処理しなければならず、発表スケジュールを組むのに苦心するほどだった。「ネットフリックスがストリーミングで提携」と題したプレスリリースが途切れなく発表されるにつれて、業界関係者の間では「ＤＶＤからデジタル配信へのシフトがいよいよ本格化してきた」との認識が強まっていくのだった。

コンテンツの面でも進展が見られた。コンテンツ責任者のサランドスはテレビ局のＣＢＳと映画スタジオのウォルト・ディズニーとの交渉をまとめ、両社のテレビ番組をネットフリックスで配信できるようにした。一方で、有料テレビチャンネルのスターズ・エンターテインメントと3年契約を結び、映画やテレビ番組、コンサートなど合計2500タイトルのストリーミング配信権を獲得した（スターズが所有する映像コンテンツの受け皿になっていたビデオダウンロードサービス「ボンゴ」は休眠状態になっていた）。

成功が新たな成功を呼び込み、提携が新たな提携を生み出す、とロスは感じた。この調子でネットフリックスが提携関係を広げていくと、ストリーミングが世の中の主流になるかもしれなかった。そうなると、ＤＶＤに依存する家電メーカーや映画スタジオ各社が危機感を覚えてもおかしくなかった。

そんななか、ウォルマートは08年末に映画のダウンロードサービスを閉鎖した。開始から1年も経過していなかった。小売り大手で資金力があるからといってデジタル配信の世界でも成功するとは限らない、と同社は説明した。

物理的な店舗にこだわって家電量販店に買収提案

一方、ブロックバスターではキーズが「家電製品は店舗型ビデオレンタル事業に不可欠」と考え、大型企業買収に乗り出した。08年4月、10億ドルを投じて家電量販店大手サーキット・シティを買収すると公にぶち上げたのだ。ビデオレンタル店の家電量販店化を一気に推し進めるのを狙いにしていた。実は、数カ月前にも水面下でサーキット・シティに買収を打診していたのだが、同社取締役会に冷たくあしらわれていた。買収資金を用意できないと見なされたためだ。

キーズによる買収提案が公になると、ＩＴ系ニュースサイトであるＣＮＥＴの記者ジム・カーステッターはウォール街の反応をまとめて、否定的に伝えた。「ウォール街ではみんなが困惑している。私も同じだ。キーズはやけくそになっているのではないか」

サーキット・シティの取締役会も同じように困惑していた。当初はブロックバスターに対して財務内容を開示することさえ拒否していた。後になって財務内容を開示したのは、アイカーンが「ブロックバスターが買収資金を用意できない場合には、私を中心とした投資家グループが資金を出して自らサーキット・シティを買収する」と表明したからだ。

3カ月後、サーキット・シティが抵抗を続けたのに加えて、買収提案の拙さに批判が集まり、ブロックバスターはついに買収を諦めた。キーズは投資家に対して次のメッセージを発した。

「われわれは買収提案を撤回しました。再び同じような行動に出ることはありません。それでもブロックバスター店にとって家電製品が不可欠だという認識に変わりはありません。家電製品の中でも持ち運び可能なビデオ再生デバイスはとりわけ重要です。ブロックバスター店が未来に向かって飛躍するうえで大きなチャンスをもたらしてくれるはずです」

結局、キーズは家電製品に見切りを付け、ビデオストリーミングに目を向け始めた。1年以上にわたってオンラインDVDレンタルとデジタル配信の可能性を軽んじてきたのに、である。それまでブロックバスター・オンラインへのマーケティング予算を削減してきたことをどのように正当化するのか。キーズはIT系ブログサイトのペイドコンテント・ドット・オーグとのインタビューに応じて自分の見解を披露した。

「店舗型ビデオレンタルが年商240億ドルに上るほど巨大であるのに対し、オンライン型ビデオレンタルはずっと小さいですね。だから以前は店舗型からオンライン型へ顧客がシフトするようにマーケティング予算を振り向けていたのです。それを元に戻したにすぎません。キャッシュを生み出しているのが店舗だということを忘れてはいけません」

キーズにしてみれば、デジタル化時代を迎えても物理的な店舗強化が最も重要な戦略だった。その一環としてブロックバスターは店舗内キオスクに投資してきた。店舗内キオスクが将来的に「映画の自販機」から「デジタルダウンロードマシン」へ変貌する構想を描いていたのだ。キーズは「広大な映画ライブラリが小さなキオスクにすべて収まっている未来を想像してみてください」と興奮気味に語っていた。

ブロックバスターはデジタル化時代への布石を打っていた。660万ドルを投じて映画ダウンロードサービス「ムービーリンク」を買収していたのだ。エバンジェリストが退社前にキーズを説得して実現した案件だ。ムービーリンクは映画スタジオ大手の共同出資事業であり、豊富なコンテンツを持っていた。

ネットフリックスによるストリーミングサービス開始から1年後、ブロックバスターもセットトップボックス事業への参入を発表した。08年11月に同社が市場に投入したセットトップボックスは99ドルのデジタルメディアプレーヤーで、消費者はブロードバンド回線経由で高画質の映画をダウンロードし、自宅のテレビ画面上で視聴できる。

新サービス「ブロックバスター・オンデマンド」はネットフリックスと比べると全体の品揃えで見劣りしながらも、新作映画の豊富さに限れば勝っていた。映画スタジオ大手からデジタル配信権を与えられていたムービーリンクを活用できたためだ。

それでも問題が残されていることにキーズは気付いていなかった。消費者は見たいときに見たい場所で自由に映画を視聴したいのに、ブロックバスター・オンデマンドではなお視聴制限を受けていたのだ。例えば、再生ボタンを押してから24時間以内に映画を見なければならなかった。24時間を超えると自動的に映画は削除され、1・99ドルのレンタル料金が無駄になってしまう。仮に再生ボタンを押さずに放っておいても、1カ月の期限を過ぎるとやはり映画は削除されるのだった。

リーマンショックで「コラボ消費」の追い風

08年秋にリーマンショックがアメリカ経済を直撃すると、ネットフリックスはうまい具合にいわゆる「コラボ消費」の波に乗れた。消費者は節約に走って自宅にこもり、ネットフリックスに加入して格安のエンターテインメントを楽しむようになったのだ。

家庭用ゲーム機、携帯電話、DVDプレーヤー――。映画をストリーミング再生できるデバイスの種類はどんどん広がり、家族全員で同じエンターテインメントをシェアすることが可能になった。ネットフリックスのアプリは雨後のたけのこのように増殖していった。08年暮れから09年初めにかけて新規申込件数は1日当たり1万件前後に達していた。

ストリーミングサービスが急ピッチで契約者を増やす一方で、伝統の「郵便DVDレンタル」は一段と効率性を高めていた。電子商取引を対象にした顧客満足度調査でネットフリックスは首位に顔を出していた。全国60カ所に物流センターを設け、全体のうち97％で翌日配達を実現していたのが高く評価された。

09年春にネットフリックスの契約者ベースはついに1千万人を突破した。その1カ月後、私は同社のビバリーヒルズ事務所を訪ね、ヘイスティングスに単独インタビューする機会を得た。45分間のインタビュー中、彼は物思いにふけりながらもリラックスした様子だった。リーマンショックの影響で契約者の増加ペースが鈍っていないか？「契約者数は過去最高ペースで伸びている」。ネットフリックスが新作映画をストリーミング配信する権利を得るのはいつになるのか？「少なくともあと10年かかる」。あらゆる種類の質問によどみなく答えてくれた。

会話が競争相手に及ぶと、明らかに雰囲気が変わった。過去数日、ブロックバスターは否定していたとはいえ、「経営破綻の申請を行なうのでは」とのうわさが駆け巡っていたのだ。ブロックバスターとの戦いのさなか、ヘイスティングスは最大のライバルについて公に語るのを常に避けてきた。自分の考えが投資家——あるいはブロックバスター——に知られるのを恐れていたのだろうか？　私には何とも言い難かった。

「最大のライバルであるブロックバスターについてそろそろ語ってくれませんか？」と吹っ掛けてみた。

「いったい誰のこと？」。ヘイスティングスはあたかもブロックバスターのことを知らないかのように振る舞った。「最大のライバルはレッドボックスですよ。ブロックバスターの時代は終わっています」

私は驚きながらも笑わずにはいられなかった。ヘイスティングスがブロックバスターについて冗談を言うことはめったになかったのだ。少なくとも過去5年間は一度もなかったはずだ（5年前にブロックバスター・オンラインを見下すコメントをしたことがある）。

バイアコムがブロックバスターに十分な資金を与えて、ネットフリックスを攻撃させていたら？　バイアコムが配当金という形で、ブロックバスターから10億ドルを搾り取らなかったら？　バイアコムがブロックバスターに「さよならキス」——ヘイスティングスの言葉——をせず、子会社として傘下に残していたら？

「まったく違う展開になっていたかもね」とヘイスティングスは答えた。

「ブロックバスターが倒産の道を選ぶといううわさが流れています。それについてはどう思います？」

「……悲しくもあるし、うれしくもある。ブロックバスターの人間はいい人たちだし、非常に仕事熱心だから、いなくなると悲しい。では、なぜうれしいのか？　これまで長い間われわれを打ち倒そうとしてきた相手が消え去るからですよ」

ヘイスティングスはまだ言い足りなかったようだ。

「あれだけの店舗が閉鎖され、店員が解雇されるというのだから、当然ながら悲しい。われわれは安泰だからなおさらですね。以前はこんな感情は持たなかった。ブロックバスターはわれわれを追い詰めて、息の根を止めようとしていたんです。でも今は違う。ブロックバスターは退場しようとしている。だから幸運を祈っているだけ。安心しているわけじゃありません。これからは違う強敵を相手にしなければならない」

違う強敵の一つはレッドボックスだ。ヘイスティングスによれば、ネットフリックスを解約した会員の多くはレッドボックスに流れていることが判明したという。09年末までにレッドボックスは全国2万カ所にキオスクを配置し終え、ビデオレンタル業界に揺さぶりを掛けていた。

私とのインタビューを終えた夜、ヘイスティングスはロスガトス本社で開かれたパーティーに参加した。1階のキッチン兼食堂エリアから続々と社員が現れ、地中海様式ビルの中庭に集まった。美しい中庭の一角はネットフリックスの貸し切りで、オードブルとワインが用意されていた。ヘイスティングスは自分の顔にハート形のフェイクタトゥーを入れていた。ハートの真ん中に「1千万」と書き込んであった。短いながらものどかで完璧なひと時だった。

オンラインレンタルサービスで契約者1千万人というのは、多くの専門家が達成不可能とみていた数字だ。それをクリアしたのだからみんなが喜び合うのは当然だ。しかし、これで終わりではないという意識もあった。「12年までに2千万人」という目標が新たに視野に入ってきたからだ。「12

年までに2千万人」という数字が最初に出たのは10年近く前のことだ。当時はたわ言に聞こえた目標がにわかに現実味を帯びてきた。契約者ベースを2倍にして2千万人を達成するまでにあと3年だ。

ネットフリックスはこれからどれだけ大きくなっていくのか？　どれほど速いスピードで成長していくのか？　社内の全員が一秒たりとも無駄にしたくなかった。これまで長時間労働を強いられてきたけれども、なおもやる気に満ちあふれていた。2千万人が現実となる瞬間を自分の目で見たいからだ。

第14章　勇気ある追跡　“True Grit”

——2009〜2010年

店舗ビジネスが時代遅れなのは明らかなのに……

2008年秋のリーマンショックで世界的な信用収縮が起きた後、ブロックバスターのジム・キーズは苦しい状況に追い込まれた。店舗再生のための資金を確保しなければならないのに、金融機関が貸し渋り姿勢を強め、過去3年で5度目となる借り入れ条件の緩和に応じてくれなくなったのだ。店舗再生策の柱は「総合エンターテインメント施設」。彼の構想では、顧客は店舗内で映画のダウンロードが終わるのを待ちつつ、ピザやコカ・コーラを飲食したり、書籍や薄型テレビを購入したりする。週末に家族が子ども連れで楽しめる環境が想定されていた。

経営の軸足が店舗再生に移っていたことから、ブロックバスター・オンラインは下り坂をまっしぐらだった。契約者ベースが160万人を割り込むと、キーズは投資家に対して「契約者数は経営上重要ではない」と言って数字の公表を取りやめた。また、アメリカのDVDレンタル・販売の市場規模がまだ250億ドルあるのに対して、デジタルダウンロードとストリーミングサービスは15億ドルにすぎないと指摘した。

「結論から言えば、サブスクリプション型サービスはブロックバスターにとって重要な指標ではないということです。一つのデータポイントとしては興味深いけれども、われわれの未来にとって意味があるものだとは思っていません」

キーズにとって不幸だったのは、世界は彼の見解とは正反対の方向へ動き始めていたということだ。ブロックバスターの既存店売り上げが前年同期比でマイナスを続けるなかで、デジタルメディアが主流になるかどうかという議論はもう終わっていた。エンターテインメント誌のバラエティは「08年はデジタル元年。全世界で見てデジタルメディアの売上高が映画館とホームビデオの合計売上高を初めて上回った」と伝えた。

バラエティ誌が根拠にしていたのは、イギリスの調査会社ストラテジー・アナリティクスが09年初頭にまとめた報告書だ。同報告書によれば、全世界で見ると08年に映画コンテンツ（映画館とホームビデオ）の売上高が８３１億ドルにとどまったのに対し、オンライン・モバイル（デジタルメディア）経由の売上高は９００億ドルに達した。ストラテジー・アナリティクスの調査担当マーチン・オローソンは、バラエティ誌の取材に応じてこう語っている。

「多くの企業にとってデジタルメディアがますます重要になっています。すでに売り上げ全体の大きなシェアを占めるようになっています。つい数年前までは映画をデジタル配信できるかどうかで議論が盛り上がっていたのですよ。そんな議論をしている人なんて今はいません」

それでもキーズは店舗重視の方針を変えなかった。限られた資金を引き続き店舗拡充に投じ、ネットフリックスの土俵で戦う姿勢を見せなかった。公の場でも「ネットフリックスから顧客を奪おうなんて考えていません。そんなことしたら非常に高くつくでしょう」と語っていた。

キーズはレッドボックスと正面から競争する気もなかった。実は2年間にわたって1日1ドルレンタル型キオスク事業への参入を検討していながら、カニバリゼーションによる悪影響をどう防いだらいいのか解を見いだせずにいた。

キーズは09年に入ってブロックバスターブランドの使用権を情報システム大手ＮＣＲに与えた。ＮＣＲを通じて自社ブランドのキオスクを各地のスーパーやコンビニに配置するのだ。もっともレッドボックスははるかに先を行っていた。同年までに全国のスーパーやコンビニを中心に合計２万カ所にキオスクを設置し終えていた。キーズはキオスク事業について「どちらかと言えば既存店舗のサテライトとして位置付けています」と説明していた。

キーズの認識では、一般的なアメリカ人にとってブロックバスター店はなおも重要なエンターテインメント拠点として機能していた。多くの消費者にとってデジタル形式のビデオレンタルは複雑で分かりにくいというのが理由だ。「消費者ニーズに合わせて店舗内の商品構成を変えていけば、ブロックバスター店の魅力を今後も維持できます」

だが、ブロックバスターが時代遅れなのは誰の目にも明らかで、どんな戦略を打ち出したところでブランドイメージの刷新は難しかった。風刺サイト「ジ・オニオン」が２００８年にユーチューブに投稿した動画は、かたくなにデジタル化に背を向けるブロックバスターを皮肉っていた。動画で描かれたのは、ミシガン州オーバーンヒルズにある架空のブロックバスター博物館。そこではネットフリックスやｉＴｕｎｅｓが登場する前のブロックバスター店が再現され、昔のアメリカ人が１本の映画をレンタルするのにどれだけ苦労していたのかを面白おかしく紹介していた。

キーズは動画を見たのだろうか？　いずれにせよ、ブロックバスターの凋落を重く受け止めていなかったのは確かだ。いくつかの店舗強化策でつまずいたというのに、軌道修正しようとしなかったのだから。

リーマンショックで急降下、ついに上場廃止基準に抵触

08年末からのアメリカ経済の急降下で、ブロックバスターの店舗売り上げは急降下した。対照的にネットフリックスの契約者ベースはほとんど影響を受けずに拡大し続けた。アナリストはブロックバスターの先行きについて厳しい見方を示し始めた。店舗売り上げの落ち込みについて、キーズは当初「最新DVDのリリースで魅力的な作品が乏しかったから」と説明していた。続いて「人気映画が相次いで劇場公開されたから」へ説明を修正した。09年に入ると、ブロックバスターは投資銀行と法律事務所と契約して経営再建の策定に入った。ウォール街に対して経営破綻も視野に入れていると警告を発したのだ。

経営破綻を回避する方法はないのか？　キーズはネットフリックスから改めて「ブロックバスター・オンラインを売る気はないか」と打診されたのだが、パスしていた。代わりに古いやり方に回帰した。店舗内ビデオレンタルの料金を引き上げ、延滞料金を再導入したのだ。ただし、今回は「延滞料金」の代わりに「日割り料金」という言葉を使った。レンタル日から5日を超えると1日1ドルの料金が発生し、15日を超えるとDVDの購入義務が発生するというのが日割り料金制だ。

キーズは「ダイレクトアクセス」と名付けたレンタルプランも用意した。顧客が店舗内でレンタルしたい映画を見つけられない場合、店舗スタッフが近くの物流センターから当該映画を見つけ出して顧客宅まで郵送する、という仕組みだ。レンタル期間は7日間。キーズは意図していなかったとはいえ、10年以上も前にネットフリックスが採用した最初のビジネスモデルとそっくりだった。

ブロックバスターはダイレクトアクセスを宣伝する資金を持ち合わせておらず、必然的に失敗した。年末のクリスマス商戦を控え、キーズはいわゆる「ウィンドウ」規制に期待を掛けた。ハリウッ

ドの映画スタジオはコンテンツの販売や配信のタイミングを流通チャネルごとに「ウィンドウ」と称して規制しており、レッドボックスやネットフリックスなどビデオレンタル業者に対しては「レンタル用DVDを購入できるのはDVDリリースから少なくとも28日後」と定めていた。映画スタジオがウィンドウ規制を徹底してくれれば、ブロックバスターはDVDの最新作を大量に仕入れ、クリスマス商戦で一気に飛躍できるわけだ。同社はレッドボックスやネットフリックスと違ってDVD販売（セルビデオ）も手掛けており、この部分ではウィンドウ規制を受けない。

「ウィンドウ規制が守られる限りは、ビデオレンタルチェーンは有利になります。新作映画が豊富にある所に映画ファンが集まってくるのは当然ですからね」とキーズは投資家に説明した。

キーズの期待とは裏腹にウィンドウ規制は徹底されず、クリスマス商戦でブロックバスターがぼろもうけする計画は失敗に終わった。確かにレッドボックスとネットフリックスは、映画スタジオや卸売業者からレンタル用の最新DVDを大量に仕入れることはできなかった。だが、予想されたことだったのだが、抜け道があった。両社は大規模小売店のウォルマートなどに駆け込み、最新のDVD映画を格安価格で仕入れていたのだ。

この結果、ブロックバスターは売れ残りのDVD在庫を大量に抱え込み、第4四半期決算で大幅な収益悪化に見舞われた。キーズは言い訳するしかなかった。「クリスマス商戦では12月に売り上げが大きく盛り上がると見込んでいました。そのように信じる理由が十分にあったのです。映画スタジオが新たに導入したウィンドウ規制です。でもウィンドウ規制は機能しませんでした」

キオスク事業でも大幅に出遅れていた。キオスクの設置はわずか2千カ所にとどまり、レッドボックスの2万カ所の10分の1にすぎなかった。レッドボックスの売り上げは09年に11億ドルに達し、伸び率はキオスク1台当たり平均で26％を記録していた。キーズは「キオスク市場は飽和状態」と言っていたのだが……。

ビデオレンタル業界で急降下していたのはブロックバスターに限らなかった。ムービーギャラリーは10年2月になって2度目の経営破綻に見舞われた。07年の破綻から何とか再生していながら2年余りで再びつぶれた格好になる。今回は1回目の破綻と異なり、残りの店舗2400店――ムービーギャラリーとハリウッドビデオの合計――の全店閉鎖を強いられる。同社最高リストラ責任者（CRO）のスティーブ・ムーアは破産裁判所に出廷し、「ビデオレンタル市場が激変してムービーギャラリーは競争力を失いました」と証言した。

ブロックバスターも追うように経営破綻へ向けて転げ落ちていった。翌月になって09年の決算内容が明らかになった。同社は10億ドルの債務を抱えて5億ドル以上の赤字を計上したのだ。全株式の17％を保有する筆頭株主アイカーンは持ち株をすべて売り払い、取締役を辞任した。決算説明会に登場したキーズは10年5月の増資を目指しているとして、株主と債権者に協力を呼び掛けた。

「アメリカ経済が深刻な状況にあるなか、ネットフリックスは非常によくやっています。それと比べてブロックバスターは破綻に向けてまっしぐら」とウェドブッシュ証券アナリストのエドワード・ウーは指摘した。「投資家はどこまで辛抱できるでしょうかね？」

その後、株価は1ドルを下回り、ニューヨーク証券取引所の上場廃止基準に抵触した。かつてビデオレンタル業界の巨人と言われたブロックバスターは、残された国内店舗3500店とキオスク4千台をよりどころにしながら、風前のともしびとなっていた。

真っ赤なDVDレンタル自販機

シカゴ郊外に行って本社ビルを目にすれば、レッドボックスが大成功しているということはすぐに分かる。

レッドボックスはおしゃれなガラス張りタワービルに入居し、合計で6フロアを借り切っている。ロビーに足を踏み入れると、巨大電子掲示板が目に入る。そこでは1日単位で顧客の映画レンタル件数とＤＶＤレンタル自販機（キオスク）への新規訪問者数が表示されている。その下の電子地図上は赤い点でいっぱいだ。レッドボックスのキオスク所在地が全国のスーパーやコンビニ、空港内に次々と設置されている様子を見せているのだ。10年に入り、1時間1台のペースで設置されるほどキオスクは増殖している。

ロウはネットフリックスを辞めると、外食大手マクドナルドが03年に試験的に始めた新規事業のコンサルタントを引き受けた。新規事業は二つあった。一つはＤＶＤレンタル自販機「ティックトックＤＶＤショップ」、もう一つは巨大コンビニ自販機「ティックトック・イージーショップ」。来店者を増やす呼び水になるかどうか、実験台の役割を担っていた。

ティックトック・イージーショップは首都ワシントン内にある6店の駐車場に設置された。間口6メートル・奥行き3メートル・高さ3メートルの大きさで、スープ、サンドイッチ、ペーパータオル、洗剤、紙おむつ、コンドームなど何でも取り扱っていた。行列が出来るほど顧客の関心を集めたのは最初だけ。巨大な機械は不格好で見苦しいうえ、頻繁に故障した。間もなくして撤去された。

ティックトックＤＶＤショップは真っ赤にペイントされて見栄えした。ロウが率いるティックトックチームは外部のブランディング会社と契約して、チャーミングな名称を考え出すよう委託したが、無駄骨に終わった。結局、真っ赤な色に引っ掛けて「レッドボックス」と呼ぶことに決めた。

理屈のうえではレッドボックスは必ずうまくいくはずだった。第1にコスト構造だ。広大な不動産を抱えるブロックバスターとムービーギャラリーでは固定費が膨れ上がっていた。第2に人気の最新DVDへの特化だ。レッドボックスは最も利幅が大きい最新作を集中的に扱う。スーパーでの買い物やファストフード店での食事を終えた消費者は帰りがけ、キオスクの前で立ち止まって衝動的に最新話題作をレンタルする――これがビジネスモデルだ。

最初にレッドボックスの実験場所になったのはコロラド州デンバー市だ。実験を始めるや否や、ロウはブロックバスターの動きを見て驚いた。対ネットフリックスで犯したのと同じミスを繰り返していたのだ。つまり、市内でマクドナルドが運営する140店に続々とレッドボックスのキオスクが設置されていたというのに、ブロックバスターは静観しているだけ。そんなわけでロウは04年から翌年にかけて、料金体系を変えたり商品構成に手を加えたり自由自在に動けた。

05年に入ると事態は急変した。マクドナルドが突如としてキオスク事業からの撤退を決めたのだ。同社役員の一人はロウに対して「マクドナルドはレストラン内でR指定の映画を扱っているでしょう。それを知って創業者のレイ・クロックは墓場の中で悶々としているんじゃないかな。マクドナルドにはふさわしくないんだよ」と説明した。

ただ、ロウに説得されて、マクドナルドは撤退後も一定の収入を確保する方策を探る方向へ転じた。全国各地にすでに800台前後のキオスクを設置済みで、そこから生まれる売り上げの一部を懐に入れるのも悪くないと考えたのだ。そこでロウは戦略担当役員のグレッグ・カプランと協力して、レッドボックスに3千万ドルの出資をしてくれる相手を探すことにした。ロウが最優先した相手はネットフリックスとブロックバスターだ。

しかし、ロウから出資を持ち掛けられても、ブロックバスターはそっぽを向いたし、ネットフリックスは関心を示すだけで行動に至らなかった。さらにはベンチャーキャピタルも出資を見送った。

ロウとカプランは落胆したが、諦めることはなかった。レッドボックスの市場は間違いなくあると信じていたからだ。

レッドボックスの市場に将来性を見いだしたのが、ワシントン州ベルビューに本社を置く自販機メーカーのコインスターだ。同社は全国各地のスーパーに設置したコイン交換機で成長し、コイン交換機以外の自販機にも事業を拡大していた。05年に3200万ドルを投じてレッドボックスに出資し、全株式の50％を取得。4年後には残りの株式もマクドナルドから1億7500万ドルで買い取り、完全子会社化した。ネットフリックス時代に知り合いになったコインスター社員のことを今でも覚えているロウ。当時はこのような展開になるとは夢想だにしていなかった。

躍進するレッドボックス

ロウとカプランがレッドボックスの主要顧客として当初想定していたのは比較的富裕な若い男性だ。創業初期のネットフリックスの顧客層と同じだ。①キオスクを使うにはネットフリックスと同様にクレジットカードが必要（つまり比較的富裕でなければならない）②新し物好きのオタク系は女性よりも男性に多い――が理由だった。

しかし、このような想定が誤りであることが後で分かった。それを示したのがラスベガス郊外の低所得地域にあるスーパー「スミス」だ。そこにたまたまレッドボックスのキオスクが設置されたところ、まったく違う結果が出た。ここでレンタルされたＤＶＤの枚数はほかの地域の平均と比べて2～3倍も多かった。

ロウはすぐに実地調査を行なった。キオスク前にスタッフを配置して利用者にインタビューさせた。同時に、富裕地域のスーパーにもスタッフを派遣してキオスク前に立たせた。結果は？　富裕地域の消費者はキオスクにクレジットカードを差し込むのをためらうということが分かった。1ドルという価格があまりに低く、逆に不信感を強めたのだ。低所得地域の顧客は違った。1ドルという価格に非常に魅力を感じ、クレジットカードの利用にあまり不安を抱かなかった。

これを受け、レッドボックスは低所得地域に優先してキオスクを配置するようにした。いったん低所得地域でブランドを確立すると、富裕地域へも進出しやすくなった。

スーパー店内にはさまざまな自販機が進出しており、競争が激しかった。ここではレッドボックスはコインスターに大いに助けられた。例えば、ロウとカプランが「DVDレンタル自販機を置かせてください」と何度営業を掛けても、決して首を縦に振ってくれなかったスーパーの店長。コインスターの一声で態度を一変させ、レッドボックスのキオスクを置いてくれた。コインスターが長い時間をかけて築いてきたスーパーとの密な関係が物を言った。

レッドボックスは自販機市場で優位になると、今度はブロックバスターに目標を定めた。07年までに早くもブロックバスターを追い抜いた。キオスクの設置台数でブロックバスターの店舗数を上回ったのだ。

レッドボックスの影響が及んだのは自販機業界とビデオレンタル業界にとどまらなかった。ネットフリックスと映画スタジオ業界もレッドボックスの躍進の裏で明らかに市場を侵食されていた。ヘイスティングスは09年の投資家説明会で「最新DVDのリリースがたったの1ドルでレンタルできるキオスクが至る所に置かれているのですよ。長期的な影響は無視できないです。ネットフリックスにとっても、映画業界全体にとっても」と語っている。

ここでポイントになるのがウィンドウ規制だ。映画スタジオはかねてビデオレンタル業者に対して、少なくとも28日間のウィンドウ規制に従うよう求めてきた。それに従うと、最新DVDのリリースから28日以上経過しないと、ビデオレンタル業者はＤＶＤレンタルを開始できない。ただし、映画スタジオはビデオレンタル業者にインセンティブも与えていた。ＤＶＤ販売には何の規制も設けなかったし、最新ＤＶＤの大口購入を割引対象にしていたのだ。

ロウはウィンドウ規制に強く反対していた。レッドボックスでは人気の新作映画が全レンタルの１００％を占めていたからだ。同じビデオレンタル業者なのにネットフリックスはウィンドウ規制を全面的に支持していた。旧作映画が全レンタルの70％以上を占めていたため、最新ＤＶＤ映画の仕入れよりも大口割引に魅力を感じていたのだ。

「ウィンドウ規制のメリットはコスト削減です」とヘイスティングスは投資家に説明した。「最新ＤＶＤのリリースから29日目までに、われわれはスタジオ大手のワーナーから格安の値段で大量にディスクを仕入れているんです。これだけあれば需要がどんなに高まっても困ることはありません。一方で、大口割引で浮いた資金をストリーミングサービス強化に投じています。一石二鳥ですね」

ストリーミングへ急ピッチでシフト

ネットフリックスでは「郵便ＤＶＤレンタル」からビデオストリーミングへのシフトが急ピッチで進んでいた。サービス開始からたった18カ月で、サブスクリプションプラン契約者の半分がストリーミング利用者になっていた。ネットフリックスに映画やテレビドラマの最新作が十分に用意されていなかったら？　その場合はＨｕｌｕやユーチューブ、アマゾン、アップルのｉＴｕｎｅｓがその隙間を埋めた。

「ストリーミングなどのオンラインビデオはまだ大海の一滴のような存在です」とヘイスティングスは言った。「でも、アメリカ人一般家庭の１日平均視聴時間５時間をめぐり、ケーブルテレビ・

衛星放送・通信会社の３勢力と競い合うようになっています。そんななか、ネットフリックスはどうなるでしょうか？　映画スタジオとテレビネットワークにとっていつか最大顧客の一つになると思っています。ケーブルテレビ・衛星放送・通信会社と並ぶ第４の存在、つまりインターネットテレビになるのです」

ヘイスティングスの見立てでは、ネットフリックスはフェイスブックやユーチューブと共にインターネット時代のテレビの役割を担おうとしていた。ここでカギとなるのは個々の消費者向けにカスタマイズされ、どんなデバイスにも組み込めるアプリだ。アプリ上で視聴できるコンテンツはソーシャルメディア経由で広く共有・宣伝され、伝統的な流通チャネルをすり抜けてしまう。すなわち、ケーブルテレビ・衛星放送・通信会社の手法――事前に決められた放映スケジュールを消費者に押し付けるやり方――が一気に陳腐化する可能性がある。

ヘイスティングスにしてみたら、ケーブルテレビが複数のチャンネルをパッケージにしてまとめて提供する「バンドル」は音楽のアルバムに相当した。ｉＴｕｎｅｓ経由であればアルバムをばらばらにして好きな曲だけ購入することが可能になる。同じように、ネットフリックス経由であればバンドルをばらばらにして好きなチャンネルだけ――あるいは好きな映画・テレビ番組だけ――視聴することも可能になる。

ネットフリックスが人気コンテンツの獲得とストリーミングサービスの収益拡大に本腰を入れると、ケーブルテレビ・衛星放送・通信会社の３勢力が脅威を抱いてもおかしくなかった。そこでヘイスティングスは３勢力がうまみの大きいブロードバンドサービスを手掛けているのに注目して、ストリーミングの拡大がブロードバンドサービスの利益増大につながる点を強調した。「インターネットテレビが成長するとケーブルテレビ業界全体の利益も増えるとなれば、ウィンウィンです」

コンテンツをめぐる競争ではネットフリックスは新参者だ。ストリーミング用コンテンツを拡充するためにはスピーディーかつ大胆に行動しなければならなかった。まずは、人気テレビ番組を選別して個別に獲得していった。代表例は、コメディ中心のケーブルテレビチャンネルであるコメディ・セントラルで人気のアニメ番組『サウスパーク』だ。続いて、複数のテレビ番組の配信権をまとめて購入するバンドル買いに乗り出した。ウォルト・ディズニー系列ABCテレビのゴールデンタイムで大ヒットしたテレビドラマ『ロスト』『グレイズ・アナトミー』『デスパレートな妻たち』のほか、ディズニーチャンネルの人気子ども番組もバンドル買いの対象にした。

年を追うごとにコンテンツ獲得規模は大きくなっていった。しかし、ホームエンターテインメントの世界では、ネットフリックスはなおも伝統的配給システムの枠外に置かれていた。業界内ではインターネット経由で映画・テレビ番組を配信するオンラインビデオの潜在力を軽視する風潮は根強く、ネットフリックスもそのような扱いを受けていた。だからこそコンテンツのストリーミング配信権も破格の値段で獲得できたのだ。

例えば、ネットフリックスはプレミアムケーブルチャンネルであるスターズとライセンス契約を結び、破格の2500万ドルで2年間の映画配信権を獲得した。スターズの人気タイトルを一気に獲得したことで、負担を最小限に抑えながらコンテンツの内容では伝統的なケーブルテレビ大手と同格になった。NBCユニバーサルとも同様に破格の値段でライセンス契約を交わし、多数の人気テレビ番組の配信権を手に入れた。その中の一つは、NBCテレビで毎週土曜日夜に生放送されている人気バラエティ番組『サタデー・ナイト・ライブ』だ。同番組は生放送翌日からネットフリックスで見られるようになった。

ヘイスティングスは公の場で「テレビ番組、映画、ビデオスルー（劇場公開・テレビ放送されずに直接DVDなどで発売される映像コンテンツのこと）のコンテンツに投資する資金を十分に持っていますと説明していた。だが、映画スタジオなどコンテンツ企業に対してどんな提案をしているのかは伏せていた。

水面下でヘイスティングスが何をしていたのかは、間もなくして明らかになった。ネットフリックスは総額10億ドル近い資金を投じて、映画スタジオ大手3社が共同で設立したエピックスと5年間のライセンス契約を結んだのである。大手3社とはパラマウント・ピクチャーズ、ライオンズゲート、メトロ・ゴールドウィン・メイヤー（MGM）。これによって、3社が保有する膨大な映像コンテンツが最新作も含めてネットフリックス上で見放題になった。

10億ドル近い契約料のインパクトは大きかった。スターズとの契約料2500万ドルを見てもぴくりとも動かなかった有力コンテンツ企業が態度を一変させ、続々とネットフリックスのビバリーヒルズ事務所のドアをたたくようになったのだ。コンテンツ企業に限らなかった。映画業界関係者――監督、俳優、脚本家――も一斉にストリーミングの世界に目を向け始めた。

ネットフリックスという名の「トロイの木馬」

10年までに映画スタジオとケーブルテレビの両業界は過ちにようやく気付いた。ネットフリックスという名の「トロイの木馬」を招き入れてしまったのである。スターズとNBCユニバーサルとライセンス契約を結んだ時点では、ネットフリックスは経営規模で地方のテーブルテレビ局にも及ばなかった。それが2年間で様変わりした。契約者ベースで見て、ケーブルテレビ業界最大手のコムキャストに匹敵する規模になったのだ。同年暮れ、映画スタジオ幹部の一人はロイターの取材に応じて次のように語っていた。

「われわれはネットフリックスについてすっかり勘違いしていましたね。数年前にネットフリックスにデジタル配信権を売ったときには、いずれ脅威になるかもしれないなんてこれっぽっちも思っていませんでした。明らかに判断ミスで、それが今の問題を生み出しているんです」

さらに悪いことに、ケーブルテレビや衛星放送などの有料テレビ契約者数が10年に入って前年同期比で初の減少を記録するようになった。そのため業界内では「景気悪化で先行き不安を強めた消費者が有料テレビを解約して、ネットフリックスなどインターネット経由で映画やテレビドラマを見るようになった」との見方が広がった。

ネットフリックスのコンテンツ責任者テッド・サランドスはそんな見方にくみしなかった。彼の見立てでは、ネットフリックスはケーブルテレビ業界を「補完」しているにすぎなかった。

ネットフリックス警戒論が広がると、ライセンス契約料もはね上がっていった。スターズとＮＢＣユニバーサルは契約更新を迎えると数億ドルに上る更新料を要求した。しかも、ＤＶＤ販売への悪影響を懸念する映画スタジオ各社はストリーミング配信に制限を加えた。例えばソニーとディズニー。ストリーミング視聴できる契約者数に上限を設け、上限に達するとネットフリックスの映画ライブラリから唐突に人気作品を削除した。

そんななか、ウォール街のアナリストはネットフリックスの先行きに懸念を示し始めた。コンテンツの複数年ライセンス契約が高額化してコスト増としてはね返っているうえ、デジタル配信市場への新規参入が増えていたからだ。とくにアマゾンとグーグルはネットフリックス以上の資金力を誇っており、コンテンツ獲得競争では有利な立場にあった。ウェドブッシュ証券アナリストのマイケル・パクターは次のように指摘した。

「ネットフリックスはコンテンツを流通させるパイプの一つにすぎない。資金力のある大手がどっと入ってきたら顧客を奪われるかもしれないし、コンテンツ価格の急騰に見舞われるかもしれない。どちらにしてもネットフリックスの負けです」

マラソン・パートナーズのファンドマネジャー、マリオ・シベリはネットフリックス株について売り時と判断した。6年前にマラソンの株式ポートフォリオに組み込まれたネットフリックス。今では株価200ドルを謳歌し、ケーブルテレビ業界で脅威と見なされるようになった。リスクを取って大手に挑戦するという段階を卒業し、エンターテインメント業界の勝ち組に加わった──このようにシベリは結論した。逆張り投資家の彼にしてみればまさに売りのタイミングだった。

別の指標でもネットフリックスの急成長は裏付けられた。同社はストリーミング配信された映画10本のうち6本を占めるほか、ゴールデンタイムの時間帯にはアメリカ全体のブロードバンド回線トラフィック（データ量）のうち20%を消費する存在になっていた。

ネットフリックスは「アルバニア軍」か

当然ながらネットフリックスはブロードバンド回線業者やケーブルテレビ大手から余計な注目を浴びることになった。映画スタジオ大手を傘下に持つタイムワーナーのCEOジェフリー・ビュークスは、あからさまにネットフリックスを見下していた。金融機関UBS主催のメディア会議に出席して、冗談めかして「アルバニア軍が世界を制覇するかと聞かれたら何と答えますか？　あり得ない、というのが普通の答えでしょう。ネットフリックスも同じようなものです」と語った。同シンポジウムではネットフリックスに否定的な発言があちこちで飛び出した。

経済テレビ局CNBCとのインタビューの中でも、ビュークスの口からネットフリックスを小ばかにする発言が飛び出した。彼はネットフリックスがHBO──タイムワーナーのプレミアムケーブルチャンネル――にとって脅威になっているという説を否定し、「ネットフリックスはせいぜい200ポンドのチンパンジーだね。決して800ポンドのゴリラじゃない」と言った。

ネットフリックスの経営チームはビュークスの発言を軽く受け流した。冗談も飛び交った。幹部の一人は「インターネット戦略を聞かれるたびに、ビュークスはトラウマに苦しめられるんだよ。タイムワーナーは2000年にインターネット企業のAOLと合併して大失敗したでしょう。だからネットフリックスのことを良く言えるはずがない」と解説してみせた。

11年にラスベガスで開かれた家電見本市「コンシューマー・エレクトロニクス・ショー（CES）」。ネットメディアのハフィントン・ポスト発行人アリアナ・ハフィントンはヘイスティングスと対談し、ビュークスの「アルバニア軍発言」について聞いてみた。するとヘイスティングスはやおら自分のシャツの中からチェーンを取り出し、「喜んでアルバニア軍のドッグタグ（軍人が自分の首に下げる認識票）を身に着けますよ」と言った。後にネットフリックスがシリコンバレーのコンベンションセンターで2日間の研修会を開催すると、参加した幹部社員90人以上の多くがアルバニア軍のベレー帽をかぶっていた。研修会用にヘイスティングスが特注したベレー帽だった。

ネットフリックス社内ではビュークスの「チンパンジー発言」も面白おかしく受け止められた。例えばデビッド・ウェルズ。全スタッフが集まる会合の場でパワーポイントのプレゼン資料を見せ、いかにチンパンジーがゴリラよりも賢いのかを示した。最後のスライドはフォトショップで加工した写真。その中に納まっていたのは、アルバニア軍のベレー帽をかぶってネットフリックスの旗を振るチンパンジーだった。

「ネット中立性」をめぐり再び政治の世界へ

同じころ、ブロードバンド回線を握るインターネットサービスプロバイダ（ＩＳＰ）がネットフリックス対策に乗り出した。ブロードバンド回線のデータ使用量に上限を設けるほか、データ使用量1ギガバイトごとに課金する方針を示したのだ。

いち早く手を打ったのは、ＮＢＣユニバーサルを買収中だったケーブルテレビ最大手コムキャストだ。ネットフリックスの契約先通信業者レベル３コミュニケーションズに対して追加料金を課した。ネットフリックスのストリーミング配信によってデータ使用量が急増し、レベル３経由でコムキャストのブロードバンド回線に負担がかかっていたからだ。ヘイスティングスは追加料金について「不適切」と指摘。その後、ネットフリックスとコムキャストは対立を深めることになった。

ネットフリックスは全面対決の姿勢を見せた。自社のウェブサイト上にブログ記事を投稿し、コムキャストの対応を批判。ネットフリックスの映像コンテンツが視聴者の自宅でどれだけのスピードでストリーミング再生できるのかを調べ、アメリカとカナダ両国のＩＳＰ業者をランキングした。

結局、ヘイスティングスは再び政治の世界に飛び込む格好になった。05年にカリフォルニア州教育委員会の委員長ポストを辞めてからは、政治と距離を置いていた。だが、今回はネットフリックスのためにもやむを得なかった。

ヘイスティングスはいわゆる「ネット中立性」のルールを徹底しなければならないと考えていた。そこでネットフリックス会員と消費者団体を動員して、連邦政府に圧力をかけていくことにした。

ＩＳＰはインターネット上のデータを公平に扱わなければならない、というのがネット中立性だ。ネット中立性の原則に従えば、ＩＳＰは自社コンテンツを優遇してネットフリックスのようなライバル勢のコンテンツの速度を遅くしたりブロックしたりできない。自社のブロードバンド回線を持たないネットフリックスにとってネット中立性は死活問題だ。

連邦政府を動かすにはロビー活動を強化しなければならない。ネットフリックスは09年の2万ドルから11年には50万ドルまでロビー活動費を増やしていた。ヘイスティングスの基準ではそれでも足りなかった。そこで「フリックスパック（ＦＬＩＸＰＡＣ）」と名付けた実行委員会を立ち上げた。ネット中立性の維持や映画の海賊行為防止、ビデオレンタルデータの共有といったインターネット関連分野に焦点を合わせ、政治献金によって連邦法改正を促すのを狙いにしていた。

規制当局はネット中立性確保に傾いていた。連邦通信委員会（ＦＣＣ）が10年後半に導入したルールは、ＩＳＰに対して特定のコンテンツやアプリをブロックしないよう求めた。そんなこともあり、ネット中立性の旗振り役であるヘイスティングスは全国的な注目を集め、ついには有力ビジネス誌フォーチュンの「今年のビジネスパーソン（ビジネスパーソン・オブ・ザ・イヤー）」に選ばれた。同誌の表紙を飾ったのだ。

「今年のビジネスパーソン」は広報担当ケン・ロスからヘイスティングスへの餞別のようなものだった。ロスがネットフリックスを去る前に手掛けた最後の大仕事だからだ。ヘイスティングスが個人的に採用した経営チームから最初に抜けたのは06年に退社したトム・ディロンで、ロスは2人目になった。

ロスが広報担当に着任した当初、ウォール街ではネットフリックスについて「ビデオレンタルチェーン大手を相手にして1年も持たない」という見方が大勢だった。そのころから彼はフォーチュン誌の表紙を個人的な目標に掲げていた。同誌の表紙を飾れば、ネットフリックスが絶頂期を迎え、アメリカを代表する有名ブランドになったことの証明になる、と考えていた。

だからこそ、ロスは年に1、2度の頻度でヘイスティングスをニューヨーク・マンハッタン地区のタイム・ライフビルへ連れていき、遊軍編集者パティ・セラーズらフォーチュン誌の編集者に会わせたのである。単なる顔合わせで会話はオフレコだった。相手を挑発してみたり、正直にざっくばらんに話してみたり、やたらに専門的になってみたり——。何も制約がないとヘイスティングスは水を得た魚のようになる。ロスが健康上の理由で休職するとスウェイジーが代役を務め、タイム・ライフビルを訪ねてセラーズのほか編集委員のマイケル・コープランドや編集長のアンディ・セルワーらと面談した。

フォーチュン誌「今年のビジネスパーソン」

このような地道な努力がついに実を結んだのだろうか、ロスが休職から復帰した2010年半ばになって変化が訪れた。「ヘイスティングスに焦点を当てた大型企画を考えている」。フォーチュン誌側が正式な取材を申し込んできたのだ。どのような企画でどんな扱いになるのかは分からなかった。それでもヘイスティングスは取材に応じた。

しかし、記事掲載は2週間延期となった。2週間たつとさらに2週間延期となった。そのときにロスは「記事は『今年のビジネスパーソン』になるらしい」と小耳に挟み、意気消沈した。フォーチュン誌は保守的なビジネス誌であり、ネットフリックスのような若いハイテク企業のCEOを特集したことなど過去になかった。ロスはスウェイジーに向かって「これは眉唾ものだよ。期待して損した」と言って肩を落とした。

後日、シリコンバレーのロスガトス本社でヘイスティングスの写真撮影が行なわれた。スウェイジーとロスはびっくりした。フォーチュン誌フォトエディターが率いる撮影班は大掛かりな照明機材や背景布を持ち込んできたばかりか、メイクアップアーティストや衣服コンサルタントまで連れてきたのだ。本当に表紙のポートレート撮影なんだ！　信じられない！

特集記事はヘイスティングスについて「シリコンバレー起業家の新世代を率いるグル」と持ち上げ、シリコンバレー最高の成功物語であるアップルと比べても「すごい」と結論した。アメリカを代表する保守的なビジネス誌でこれだけの扱いを受けたとなると、ヘイスティングスもネットフリックスも激変する市場環境下にありながら勝ち組としての足場を固めたかのように見えた。３００ドルの大台をうかがっていたネットフリックス株からも突如として高値警戒感が消えていった。その後、ヘイスティングス自身も強気に転じていったようだ。

６週間後、ロスは「今が辞め時」と考えて退社した。後悔は何もなかった。ヘイスティングスがフォーチュン誌の表紙と特集記事についてどう感じたのか、知ることはなかった。

結束の強い経営チーム——ヘイスティングス、マッカーシー、マッコード、ハント、キルゴア、ロス——は投資家にとっていかりの役割を果たしてきた。ブロックバスターとの長くて苦しい戦いのなかで、どんな荒波が押し寄せてきてもしっかりとネットフリックス号をつなぎ留めていたのだ。しかしながら、ブロックバスターを打ち負かして勝ち組となると、経営チームはばらばらになって縄張り意識を強めていった。ヘイスティングスは環境変化に対しては以前よりも鈍くなり、批判に対しては以前よりも頑固になった。失敗が起きると部下が責任を取らされる風潮が広まった。説得よりも威嚇による経営が横行し、不作為の経営リスクも高まった。

フォーチュン誌の特集記事が出た直後、ネットフリックスでは経営チームの年俸交渉シーズンが始まった。マッカーシーはヘイスティングスとの面談に臨んだとき、すでに何カ月にもわたって辞めるべきかどうか悩んでいた。ブロックバスターやアマゾンとのナイフを手にした戦いをやり終えたこともあり、それまで以上に大きな仕事があるとも思えなかったのだ。

ヘイスティングスはマッカーシーとの面談で「より大きな仕事がないなら辞める」と聞かされて驚いた。しかし、「より大きな仕事」を与えることはなかった。

マッカーシーはそんな対応を予期していたようで、すでに持ち株の51%——時価4千万ドル——を数カ月かけて売却していた。面談を終えるとオフィスを出て、二度と戻ってこなかった。午後にマスコミ向けに配布されたプレスリリースは彼の退任について「経営者として幅広くチャンスを探す意向」と短く伝えるだけだった。

マッカーシーは退社についてコメントを出さなかった。だが、対外的に支え合う姿を見せたかったのだろうか、すでに予定に組み込まれていた投資家説明会にはヘイスティングスと共に出席した。ヘイスティングスはマッカーシーの後任CFOとして財務担当副社長デビッド・ウェルズを指名した。彼は明るくて有能な男だ。社内では「ヘイスティングスにとってうるさ型のマッカーシーよりもくみしやすいのでは」との見方がもっぱらだった。

経営幹部に昇進するためには「くみしやすい」は重要な要素になっていたようだ。社内の多くが気付いたのだが、フォーチュン誌の特集記事が出てからヘイスティングスは変わってしまった。スター経営者に祭り上げられたからだろうか。自分の意見は経営チームの中の誰よりも——あるいはほかの誰よりも——勝ると思い込み、異なる意見を受け付けなくなっていった。その意味ではロスとマッカーシーの存在意義は大きかった。投資家にとっても顧客にとっても。2人がいたからこそヘイスティングスに対してリアリティチェック（現実を直視すること）が働いていたのだ。リアリティチェックが効かなくなり、ネットフリックスCEOはいわゆる「エコーチェンバー（自分と同じ意見を持った人間のみが集まる閉じた空間）」の中にこもるようになるのだった。

第15章　ニュー・シネマ・パラダイス　“Nuovo Cinema Paradiso”

――2011年

カナダに続いて中南米、グローバル展開へ踏み出す

ブロックバスターが倒産したことで同社のカナダ事業も共倒れになった。これによって、ヘイスティングスが6年前に断念したグローバル展開計画をよみがえらせる絶好のチャンスが生まれた。ブロックバスターが連邦破産法11条の適用を申請すると、ネットフリックスは即座に行動した。カナダでストリーミングのみのサービスを開始すると大々的に発表したのだ。

発表したはいいが、ヘマもした。発表に際してカナダ進出をサポートしたPR会社は俳優を集め、同国最大都市トロントの中心街で路上パーティーをやるように指示した。俳優には「エキサイトしているように振る舞うこと。特にマスコミ取材では目いっぱい頑張ってください」と記したメモを手渡した。事実上のやらせだ。メモはマスコミの手に渡り、すぐにあちこちでからかいの対象になった。スウェイジーは翌日、主要メディアの記者に個別に会い、「これはわれわれのやり方ではありません」と釈明に追われた。やらせ問題はすぐに終息したが、新たな問題も浮上した。ヘイスティングスがインタビューの中で「アメリカ人は自己中心的過ぎるから世界の問題に無関心」と発言し、物議を醸した。謝罪しなければならなくなってスウェイジーはまたもや対応に追われた。そん

な状況下で契約者の解約が相次いだ。

幸いにもPR上のヘマは大問題へ発展せずに済んだ。1年以内にネットフリックス・カナダは契約者数100万人を達成した。カナダでのサービス開始から1年後にはポルトガル語とスペイン語のサービス――これもストリーミングのみ――を用意し、中南米・カリブ海43カ国へ進出。ヘイスティングス自ら現地に行ってサービス開始を発表した。

ロスがネットフリックスを辞めた理由の一つは過密な海外出張スケジュールだ。これからネットフリックスは全世界へ一気に進出する。となると向こう2年間にわたって国外で発表イベントが目白押しとなり、広報担当者は休む暇なく海外出張を繰り返さなければならなくなる。辞める直前、ロスはロスガトスからロサンゼルスの自宅へ向かう飛行機の中で、後任候補リストをナプキンの上に書き込んだ。リストの最上位にはジョナサン・フリードランドの名前を入れた。彼はウォールストリート・ジャーナル紙の元編集者で、ウォルト・ディズニーの広報部所属だ。

フリードランドは大らかなカリフォルニア人で、ウォールストリート・ジャーナル時代には中南米やアジア駐在の海外特派員として活躍した。その傍らでロンドン・スクール・オブ・エコノミクス（LSE）で勉強し、修士号も取得。テキサス州でスペイン語の新聞事業を立ち上げ、事業家としての経験も積んでいる。2006年にディズニーの広報部入りしてPRにも明るい。ロスの見立てでは、海外展開を目指すネットフリックスのPRマンとして完璧だった。マスコミ人であると同時に事業家であり、そのうえ中南米とも深くつながっているのだ。

11年に入り、フリードランドはネットフリックスへ転職した。9カ月後の中南米進出を控え、準備期間を考慮するとぎりぎりのタイミングだ。猛烈に忙しくなるのは必至だった。

同年9月、フリードランドとスウェイジーは初の非英語圏サービス開始に合わせた発表イベントで大わらわだった。中南米のホテルを転々としながら、8日間にわたって東奔西走した。サンパウロ、ブエノスアイレス、メキシコシティ——。各都市合計で400人前後の記者の前にヘイスティングスを立たせ、プレゼンしてもらった。地元のマスコミの反応は文句なしに良かった。

偽ニュースが拡散してたたかれる

母国アメリカではちょっと違った。ネットフリックスはマスコミやソーシャルメディア上で料金値上げをめぐって散々たたかれていた。アメリカ経済が「百年に一度の大不況」とも言われる苦境下にあったのに、人気のハイブリッドプラン——ストリーミングと郵便DVDレンタルの統合プラン——の料金を月額16ドルへ値上げし、消費者の懐を直撃したのだ。

広報チームは面食らった。「ネットフリックスはアメリカ国内の全契約者を対象に月額料金を一斉に60%引き上げる」という偽ニュースがあたかも事実のように広がっていたからだ。実際には、値上げの対象は全契約者2500万人のうち半分にすぎなかった。さらには、全契約者のうち3分の1——ストリーミングのみの契約者か郵便DVDレンタルのみの契約者——は値上げではなく最大20%の値下げ対象になっていた。偽ニュースの出所は、ネットフリックスが夏にマスコミ向けに行なったオフレコ説明会。内容の一部が不正確な形で外部に漏れ、ソーシャルメディア上で広く拡散した。すでに多くのメディアでも取り上げられていたことから、広報チームとしてはどうすることもできなかった。

何しろ、勃興しつつあるソーシャルメディア——フェイスブック、ツイッター、ブログサイト——は強力で、いったん情報が拡散すると簡単には消え去らないのだ。広報チームがどんなに説明しても消費者の怒りを鎮めることはできなかった。そんななか、ネットフリックス株は急落し、最終的に契約者100万人が解約した。

大混乱のなかで埋もれてしまった重大ニュースが一つあった。伝統の郵便DVDレンタル事業のスピンオフ（分離・独立）だ。スピンオフ後の郵便DVD事業は独自のスタッフを抱え、業務担当アンディ・レンディッチの指揮下に入る予定になっていた。彼はトム・ディロンにかわいがられ、ディロン退社後に仕事を引き継いでいた。

ヘイスティングスはかねて「最後のDVDは自分で配達する」と冗談を言っていた。想定していた時期は2030年ごろで、スタッフの間では「悠長過ぎる」と受け止める向きも少なくなかった。だが、彼は郵便DVDをやめる前にストリーミングを完璧にしておきたかった。映画やテレビ番組などライブラリを充実させ、顧客満足度の点で郵便DVDと対等になるまで待ちたかったのだ。

にもかかわらず、ヘイスティングスはここにきて態度を急変させ、郵便DVDのスピンオフを急ぐのはなぜなのか？　後になって彼自身は「過去の成功体験から生まれたおごりがあった」と説明するのだった。

発信力のあるニューヨーク・タイムズ紙テクノロジーコラムニストのデビッド・ポーグは手厳しかった。「値上げ幅といい値上げタイミングといい、ネットフリックスはどうかしている。これまで消費者フレンドリーのブランドと思われてきたからなおさらだ。今回の決定はやり方がまずかったし、ひどく後味が悪い。ネットフリックスは正しい判断ができなくなってしまったようだ」

スウェイジーはとんでもなく厄介な仕事をこなさなければならなくなった。値上げ幅について「月にカフェラテ1杯と同じ」と説明すると、火に油を注ぐ格好になった。本来ならば常識を働かせて、「郵便料金と運送コストがはね上がっており、郵便DVD事業が赤字になっている」と説明すべきだった（ヘイスティングスに対してはそのように説明させていた）。カフェラテ発言は不景気で切り詰めた生活を強いられている契約者を激怒させた。そのうちの一人はネットフリックスのブログサイトにスウェイジーの携帯電話番号を書き込んだ。携帯電話には抗議の電話とボイスメールが殺到し、たちまち数百件に上った。彼は辛抱強く電話対応し、「軽率で無神経でした」と謝罪した。ボイスメールも聞き、可能な限り折り返しの電話をかけた。

スウェイジーとフリードランドの2人は中南米出張から戻ると、本社へ呼び出された。日曜日だった。ヘイスティングスは2人を前にして言った。「騒ぎが大きくなってストリーミングと郵便DVDの分離計画が埋もれてしまった。消費者に対してもマスコミに対しても、もっと関心を持ってもらえるように働き掛けてほしい」。計画では郵便DVDは「クイックスター」と呼ばれる別会社になる。ストリーミングに経営資源を集中投下すれば、より洗練されたインターフェイスとより充実した映像ライブラリを提供でき、大量解約にストップをかけられるとヘイスティングスはにらんだ。

ヘイスティングスはブロックバスターと同じ過ちを犯したくなかった。ブロックバスターが競争に負けたのは、消えゆく運命にあった店舗ビジネスにこだわったためだ。ネットフリックスの郵便DVDビジネスも、まだ健全ではあるが、最終的には消えゆく運命にある。技術進歩とともに進化していかない企業はやがてつぶれる——これがヘイスティングスの信条だ。「DVDの死」は必然であり、DVDにこだわると会社自体も共倒れになる。ストリーミングへ大きくかじを切ってこそ会社のためにもなるし顧客のためにもなる、と彼は確信していた。

しわくちゃのビーチシャツ姿で謝罪

ストリーミングと郵便DVDの分離計画についてどのような発表をしたらいいのか。ヘイスティングスの提案を聞いて、広報チームは青ざめてしまった。自社制作ビデオを用意して、東海岸時間の日曜日深夜にユーチューブへ投稿するというのだ。ヘイスティングスが読み上げる予定の原稿は、PRのプロの基準では穴だらけで最悪だった。例えば、第9段落になるまでスピンオフ計画に言及していなかった。これを見たマスコミ関係者があぜんとするのは容易に想像できた。しかし彼は聞く耳を持たなかった。

ビデオ撮影当日、ヘイスティングスはしわくちゃの青緑色のビーチシャツを着てネットフリックス本社に現れた。一緒にビデオに納まるようレンディッチにも声を掛けた（レンディッチは渋々承諾）。撮影機材には携帯型の家庭用ビデオカメラを選んだ。飾り気なく素直に謝罪・説明するうえで高級機材は不要と判断したのだ。リハーサルも拒否した。撮影現場のすべてが間に合わせだった。スウェイジーはせめてプロのカメラマンを呼ぶよう主張した。

「最近私たちがやったことについて直接……少なくともビデオカメラを通じて……謝りたいと思い、このビデオを作りました」とヘイスティングスは語り始めた。横にいるレンディッチは見るからに不安げだった。

ビデオがユーチューブへアップされると、たちまち大きな反響が巻き起こった。圧倒的に否定的な内容だ。テクノロジー系・経済系メディアは、急成長中のサービス（ストリーミング）と消えゆくサービス（郵便ＤＶＤ）を分離する考えには理解を示した。ただし、両サービスを統合したハイブリッドプランの契約者はひどい目に遭わされると指摘した。スピンオフ後、ハイブリッドプランの契約者はアカウントや支払い、予約リスト「キュー」などを別々に管理するよう求められるのだ。

消費者も同じ意見だった。ヘイスティングスのブログには書き込みが殺到し、あっと言う間に投稿件数は３万件以上に膨らんだ。大半が怒りの投稿だ。

「リード、あなたは未来を見通せる偉大なビジョナリーかもしれません」と投稿者の一人は書いた。「でも、(『スター・ウォーズ』シリーズで知られる映画監督の）ジョージ・ルーカス症候群を患っていますね。イエスマンばかりに囲まれたビジョナリーというわけです」

もっと辛辣な投稿者もいた。「またしてもひどいアイデア。失策続きですね。今度は何をやるんです？　１９８０年代の映画しか用意しないとか？　ネットフリックスにもあなたにも、もううんざりです」

これで終わりにはならなかった。夜のテレビ番組で人気コメディ俳優までネットフリックス騒動に加わったのである。ＮＢＣテレビのバラエティ番組『サタデー・ナイト・ライブ』でジェイソン・サダイキスがヘイスティングスに、フレッド・アーミセンがレンディッチに扮してビデオカメラの前に現れ、ネットフリックスの謝罪と戦略変更をからかった。コメディドラマ『となりのサインフェルド』で知られるジェイソン・アレクサンダーは人気コメディ動画サイト「ファニー・オア・ダイ」に出演。そこで「ネットフリックス救済基金」への寄付を呼び掛けつつ、「今回の値上げは白人に対するひどい仕打ちだ」と決めつけた。ストリーミングと郵便ＤＶＤの分離をサンドイッチに例える漫画家もいた。サンドイッチをパンと具材に分け、それぞれ別のレストランで食べなければならなくなったと嘆いてみせたのだ。

ここまでからかわれてヘイスティングスは屈辱を感じ、事の重大さにようやく気付いた。ユーチューブへのビデオ投稿の数日前のことだ。ハッキング・ネットフリックスのマイク・カルトシュネーは猛スピードで書かれた電子メールを受け取った。そこで初めて「クイックスター」と名付けられた新サービスのことを知り、「何て趣味の悪い名前なんだ」と思った。後日、ネットフリックスを愛好する隣人と開いたパーティーで、クイックスターの詳細を聞いてあきれてしまった。

ハッキング・ネットフリックスにも「これは本当なの?」といった質問が多数寄せられたこともあり、スウェイジーにいくつか電子メールを送って真相究明に乗り出した。

ところが、スウェイジーの口は堅く、有益な情報は何も得られなかった。カルトシュネーは「ネットフリックスは何かとんでもない間違いを犯してしまい、広報部も身動きできなくなったんだ」と勘繰った。

プログラマーでもあるカルトシュネーは郵便DVDとストリーミングの分離には理解を示した。しかし、ヘイスティングスが顧客とのコミュニケーションについてまったく学んでいなかったことにびっくりした。ネットフリックスは何年か前に人気機能「プロファイル」と「フレンズ」を一方的に停止し、顧客から猛反発を食らったことがあった。

同じ契約者が二つの異なる予約リストと二つの異なる映画ライブラリを持つのはばかげたアイデアだった。もしストリーミングのウェブサイト上で好きな映画を見つけられなかったら、顧客はクイックスターのウェブサイトへ行ってDVDを注文するだろうか? クイックスターではなくてiTunesかアマゾンへ行くのではないだろうか?

そんななか、ヘイスティングスは新たなブログ記事かビデオ投稿を考えている様子だった。そうやって謝罪すれば許してもらえると思っているのか? カルトシュネーはいらいらを募らせるばかりだった。

郵便DVDの「クイックスター」計画、白紙に戻る

レンディッチはなるべく目立たないようにしながら、クイックスターのスピンオフ計画を予定通りに進めた。クイックスターの社員200人は本社ストリーミング部隊の邪魔にならないように、

本社すぐ近くのサテライトオフィスへ移動した。スウェイジーとフリードランドは海外展開で奔走していて手いっぱいということもあり、ヘイスティングスからレンディッチのサポートに回らないようクギを刺されていた。ＰＲの大失敗でクイックスターＣＥＯのレンディッチは四面楚歌の状態にあったのに、である。

値上げ騒動の反省もあり、スウェイジーは先手を打ってダメージコントロールに乗り出した。有力経済メディア数社に接触し、ヘイスティングスとのインタビューをアレンジしたのだ。ところが、ヘイスティングスはフリードランドの同意も得て、直前になってインタビューをすべてキャンセルした。スウェイジーは各社に頭を下げるなど後始末に追われた。

レンディッチは広報チームのサポートを得られないと知り、過去にネットフリックスを何度も救った百戦錬磨の広報マンに頼った。ケン・ロスだ。ユーチューブへのビデオ投稿から２週間後にロスに連絡を入れたところ、「元をたださなければ駄目」と言われた。

「これはリードの問題であり、レスリー（キルゴア）の問題でもある。そしてジョナサン（フリードランド）の問題であり、スティーブ（スウェイジー）の問題でもある」とロスは言った。「顧客にとって４人はネットフリックスそのもので、怒りを振り向ける対象なんだ」

結局、クイックスターは新事業としてスタートする前からすでに失速し始めていた。サービスのローンチ日を決められないままだったし、ツイッターのハンドルネーム「@qwikster」の取得にも失敗していた。このハンドルネームを持っていたのはジェイソン・カスティヨで、粗野なマリファナ常習者で大のサッカー好きだった。彼はネットフリックスのミス——ハンドルネームを事前に調べなかったこと——に乗じてもらけようとしていたことから、マスコミは面白おかしく書き立てた。

クイックスターという社名も物笑いのネタにされた。ネットフリックスがクールとは正反対の名前を選んだのは、郵便ＤＶＤ利用者に恥ずかしい思いをさせてストリーミングサービスへ乗り換えてほしかったから、と言われた。

しかし、ロスの導きを受けたレンディッチの下、クイックスターのチームは「ネットフリックス勝利の方程式」を取り入れた。「集中と実行」に全精力を注いだのだ。クイックスターはオンラインレンタル業界をリードし、映画の品揃えが無限となる未来への橋渡し役を担う――これが目標になった。

徐々に混乱は収束に向かったが、クイックスターにとっては時すでに遅しであった。ネットフリックス株が象徴的だった。値上げ騒動前に３０５ドルの最高値を付けていた株価は65ドルにまで暴落。値上げに続いてクイックスターでもみそを付けたヘイスティングスはついに折れた。クイックスターのスピンオフ計画を白紙に戻して、郵便ＤＶＤをネットフリックスのサービスとして続けることにしたのである。少なくとも当面は。

クイックスターが解散した結果、ネットフリックス在籍12年のレンディッチは辞職し、１００人前後が失職した。失職組の中には、「ヘイスティングスはクイックスターにコミットしている」と信じてネットフリックスの幹部ポストを捨て去り、クイックスターへ移籍したベテランスタッフの多くも含まれていた。

しばらくしてキルゴアも最高マーケティング責任者（ＣＭＯ）を辞任し、暫定的に後任ＣＭＯとして忠実な部下ジェシー・ベッカーを指名した。ただし、会社と縁を切ったわけではなく、代わりに取締役会入りした。

興味深かったのはキルゴア無き後のマーケティングチームだ。ヘイスティングスはマーケティングチームを再編して、かねて抱いていた自分の希望を実現した。顧客サービス・広報部門を自ら主導する体制にしたのである。彼にとって顧客サービス・広報は最も苦手な分野なのだが……。

クイックスター騒動は二つの意味合いがあった。一つは、過去何年にもわたってネットフリックスブランドの構築・維持に全身全霊をささげてきたスタッフに対する裏切り。もう一つは、ネットフリックスを信奉して強力なブランドロイヤリティ（忠誠心）を抱いてきた顧客に対する仕打ち。そのことをヘイスティングスが認識しているのかどうか、外からうかがい知ることはできなかった。

レンディッチは「クイックスター騒動で傷ついたブランドはこれからどうなるのでしょうか？」とロスに聞いてみた。ロスは返答に窮し、少しの間考え込んでしまった。ようやく彼の口から出てきたのはタイガー・ウッズの名前だった。ウッズはプロゴルファーとして頂点を極めていたのに、みっともない不倫騒動によって離婚し、ゴルファーとしても絶不調に陥った。落ちていくスピードでも受けたダメージでもセレブの中では突出していた。絶頂期に神様のような扱いを受けていたからこそである。

ロスはレンディッチらクイックスターチームに向かって「ネットフリックスはタイガー・ウッズと同じじゃないかな」と指摘した。二度と復活できないというわけではないけれども、修復不可能なほどブランド価値は傷ついた。ネットフリックスは「特別なブランド」の座から降りて「普通のブランド」に成り下がってしまったということだ。

ネットフリックスとは何か

マーク・ランドルフもクイックスター騒動を追っていた。ネットフリックスのウェブサイト上に怒った消費者が投稿した何万件ものコメントを拾い読みしながら、これが何を意味しているのか思いを巡らせた。ヘイスティングスは値上げとクイックスターでミスしてブランド価値を損ねたけれども、ストリーミングと郵便DVDを分離するという決断は正しい、と思った。10年前にもネットフリックスは同じような決断をしていた。DVD販売から撤退してオンラインレンタルに特化し、結果的に大正解だったのだ。

ランドルフは11年9月、自身のブログ「キブル」上で次のように書いている。

「本当にすごいのはリードの勇気だ。何千万人もの契約者を遠ざけてしまうリスクを承知で、正しいと思うことを実際にやってのけた。自分の信念を貫き通したのだ。私もCEO時代に大きな決断をした。DVD販売からの撤退だ。契約者を怒らせかねないと思って不安になり、決断に至るまで大変だった。ただし、大変だといっても当時の契約者数は数万人にすぎなかった。今はケタが三つも違う」

ネットフリックスを辞めて以来、ランドルフは旅行休暇を最小限にしてシリコンバレーに戻り、IT系スタートアップを支援するようになった。若い起業家から連絡を受け、相談に乗る日々を送っていた。「映画以外の何かを扱うネットフリックスをやりたい」という声を聞くたびに驚くのだった。自分自身が「書籍以外の何かを扱うアマゾンをやりたい」と思ってネットフリックスを創業したからだ。しかし、ランドルフ信奉者にとって「映画以外の何かを扱うネットフリックス」とは何なのか？　単にインターネット経由の注文を起点にして業者と顧客の間で商品が往復するだけのビジネスのことなのか？　プラスチック製ディスクを全国各地に配送するシステムを完璧にしたということが偉大な功績だったのか？

クイックスター騒動の深刻さにランドルフがびっくりしたのも当然のことだった。ネットフリックスが栄光の座から滑り落ちるのを見て、何か重要なものを失ったと感じる消費者が続出したのだ。あるいは顧客にとってネットフリックスとは、物理的には郵便箱に届く赤い封筒にすぎなかった。

テレビ画面上にちらちらと表れるネットフリックスのロゴにすぎなかった。しかし、実際にはそれ以上の存在だった。近所にある昔ながらのイカしたビデオレンタル店を想像してみるといい。店員は顧客の好みを何でも知っており、顧客が見たいと思う映画はいつも在庫にある——。オンラインレンタルの世界でネットフリックスは同じような存在になっていたのだ。

顧客にとってネットフリックスは単なるＤＶＤ宅配便ではなかった。見たい映画を見つける最高の手段、自分の好みについての秘密を共有する友人、会うたびにもっと秘密を共有してますます信頼関係を深める永遠のパートナー——。アルゴリズムの塊にすぎないという説なんて絶対に受け入れられない。

ランドルフは物思いにふけっているうちにハッと気付いた。そうか、われわれはとんでもないことをやり遂げていたんだ！

エピローグ

――2012年

「信頼できる家族の一員」

どこの会社でも構わないから、月曜日の朝に郵便室をのぞいてみるといい。アメリカ郵政公社（USPS）のプラスチック容器に、どっさりとネットフリックスの赤い封筒が放り込まれているのに気付くだろう。これからUSPSの郵便トラックで集配される。ほとんどの郵便トラックは赤い封筒専用のプラスチック箱を用意している。ネットフリックスはUSPS最大の顧客だから特別扱いを受けているのだ。

ネットフリックスは郵便以外でも存在感を示している。契約者ベースで見ると、ケーブルテレビ業界最大手のコムキャストをついに上回った。ビデオストリーミングサービスの急拡大を背景に、夕方から夜にかけてはアメリカ全体のインターネット帯域の35%――業者別で最大のシェア――を占める。映画・テレビ番組のデジタル配信市場では、2011年になってアップルの有力ダウンロードサービス「iTunes」を追い抜いて最大手に躍り出た。売上高で見ると、市場シェアはアップルの32%に対してネットフリックスは44%だ。

ネットフリックスは今や世界最大のサブスクリプション型映画配信サービスだ。それだけに各方面で影響力を増している。映画・テレビ番組の放映権・配信権をめぐるシステムをどう変えたらいいのか？　インターネット帯域の利用に関係した法律をどう整備したらいいのか？　どちらもネットフリックス抜きでは語れなくなった。海外で政治運動が起きることもある。例えばカナダ。２０１１年に消費者がインターネットの利用制限撤廃を求める運動を起こしたのは、高画質でネットフリックスの映画を鑑賞できなかったからだ。

ネットフリックスの赤い封筒はアメリカのポップカルチャーにすっかり溶け込み、いろいろな場面に登場する。①小道具として利用される②ゴールデンタイムのテレビ番組の中で言及される③ニューヨーク・タイムズ紙クロスワードパズルのヒントになる④深夜のトーク番組で冗談のオチになる⑤「ドラマ『プリズン・ブレイク』をネットフリックスしようよ」のように動詞として使われる――などだ。

そんななか、契約者は「ネットフリックスは信頼できる家族の一員と同じ」と思い込むようになった。だからこそ、２０１１年の値上げ・クイックスター騒動の際には裏切られたと思い、怒りを爆発させたのだ。ネットフリックスは顧客の声に熱心に耳を傾け、顧客と共に完璧なユーザーインターフェイスを作り上げた。この点でライバル勢よりも頭一つ抜けており、最終的に競争に打ち勝つこともできた。

ランドルフとロスは顧客との継続的対話を重視し、製品・サービス内容の改善に役立てる手法を得意にしていた。しかし、ヘイスティングスは同じ手法を取ろうとはしなかった。実際、自分とは考えを異にするスタッフに耳を傾けずクイックスターのスピンオフを強行しようとした。自分の意思を押し通したことで顧客を裏切る格好になっている。

ランドルフの大叔父で「広報の父」エドワード・バーネイズは１９２８年に著書『プロパガン

ダ』の中で次のように書いている。

〈大衆は独自の価値基準を備えているし、独自の欲求や習慣も持っている。あなたは大衆に働き掛けて価値基準などの修正を促すことはできる。だが、大衆の意向を無視して全面対決してはいけない。まとまりのない集団に見えるとはいっても、意のままに操ることはできないし、命令することもできないのだ〉

これからネットフリックスに何が起きようとも、リード・ヘイスティングスとマーク・ランドルフの登場によって消費者はすでに映画鑑賞の習慣を変えてしまった。ネットフリックスはランドルフによって素晴らしいスタートを切り、ヘイスティングスによって世界に変革をもたらす存在へ飛躍したのだ。

1997年の創業から15年間で、ネットフリックスは劇的な成長を遂げた。最初は大きな目標を掲げた、革新的でありながら、いつ経営に行き詰まってもおかしくないスタートアップだった。それが今ではグローバル展開にも乗り出した年商50億ドル企業だ。全世界のブロードバンド回線普及率が50%を超えるという追い風を受け、なおも大きな潜在成長力を秘めている。一方で、同社のDVDライブラリは20万タイトルに上り、世界最大だ。あらゆる外国映画とジャンルを網羅し、映画でしか伝えられない世界や価値観を契約者の自宅まで届けている。07年1月に千タイトルでスタートしたストリーミングサービスは4万5千タイトルにまで増え、700種類以上のデバイスで再生できる。11年秋にはアニメスタジオ大手ドリームワークス・アニメーションSKGとの提携で業界に衝撃を与えた。13年から『シュレック』などの人気作品をストリーミング配信する独占権を取得したのだ。

ネットフリックスが一変させた映画鑑賞スタイル

比類なき顧客サービスで築き上げた強力なブランドによって、ネットフリックスはストリーミング向けタイトル数が限られている状況下でも顧客のつなぎ留めに成功している。素晴らしいストリーミング技術と「シネマッチ」アルゴリズムによって、ホームエンターテインメントの未来を示せたからだ。

ヘイスティングスは一貫してデジタル配信を最優先し、断固として信念を曲げなかった。インターネット上に巨大な映像ライブラリを築き、そこから顧客のデバイス――ビデオ再生が可能ならば何でも構わない――までコンテンツを直接届けるのだ！　このような信念をどんな状況下でも堅持したからこそ、店舗やDVDなどいわば「物理的コンテンツ流通」時代に取り残されずに済んだのである。

05年、ヘイスティングスは目先の利益を追い求めずにブロックバスターやアマゾン、ウォルマートといった強敵と戦い続ける道を選んだ。当時としてはあり得ない「契約者数2千万人」という目標も掲げた。このときに株主の圧力に屈して、白旗を上げていたらどうなっていたか？　おそらくインターネットとテレビをつなげる旅路はずっと長くなり、ストリーミングの商業化は何年も遅れたことだろう。

ヘイスティングスは「ケーブルテレビ契約者にコードカッティングを強いるつもりはない」と公言してきた。しかし、ケーブルテレビ業界は用心すべきだろう。ケーブルテレビに愛想を尽かす消費者はどんどん増えている。複数のチャンネルがパッケージ化されているバンドルを押し付けられ、見るつもりもないチャンネルまで買わされている状況に対して不満を示し始めたのだ。ブロックバスターが「マネージド・ディスサティスファクション」の上にあぐらをかいていた状況と酷似しているのではないか？　事実上のカルテルで独占的利益を得てきたケーブルテレビ業界は、「高い料金」と「ひどいサービス」で知られている。このままではネットフリックスを起点にした消費者の反乱に見舞われるのは必至だ。

それはそれで仕方のないことだ。自由な市場メカニズムとはそういうものだ。良い商品、健全なバランスシート、事業計画の完璧な遂行――。経営の基本をきっちり押さえていれば自然と顧客に信頼され、ライバルを追い払える。

金曜日の夜に近所のビデオレンタル店まで車を走らせ、わくわくしながら店内を探索する――。こんな日々を思い出すことさえ難しくなってきた。今では外に出る必要もない。

リビングルームのソファにひょいと座り、膝の上にポップコーン入りのボウルを乗せ、テレビのスイッチを入れる。するとネットフリックス推薦の映画・ドラマ一覧が画面いっぱいに表示される。10代の娘は2階の自室で宿題を終えたところ。ノートパソコン上で「アマゾン・インスタント・ビデオ」を立ち上げて、新作映画『ブライズメイズ　史上最悪のウェディングプラン』を購入。フェイスブック上で友達とチャットしながら鑑賞開始だ。一方で、隣の家では母親がスーパーヒーロー映画『マイティ・ソー』のディスクをブルーレイプレーヤーに挿入。スーパーで買い物のついでにＤＶＤ自販機「レッドボックス」でレンタルしてきたのだ。これから夕食の準備に入る。その間子どもたちは『マイティ・ソー』に夢中になっていることだろう。

これが現在のアメリカ人の一般的映画鑑賞スタイルだ。すべてはネットフリックスによって実現したのである。

謝辞

『NETFLIX コンテンツ帝国の野望』は私にとって最初の著書だ。一人で原稿を書き上げたとはいえ、強力な助っ人チームに支えてもらった。おかげで、つらい旅路に足を踏み入れたというのに、われを忘れて夢中になって取材・執筆に集中できた。

当初、本書について漠然としたコンセプトしかなかった。それが説得力ある企画案になり、実に初日に買い手が見つかったのである。代理人のデビッド・フューゲイトは企画案作成段階で辛抱強く――時に厳しく――サポートしてくれた。いつでも相談に乗ってくれたし、現実的に正直に意見を言ってくれた。改めて感謝したい。

「ポートフォリオ」のチームメンバーにも感謝したい。コートニー・ヤング、エミリー・エンジェル、ブリア・サンドフォードの3人の励ましを受け、私は驚くべきストーリーをうまく文章に落とし込むことができた。ペンギン社のPR担当ジャクリン・バークと私のPR担当カーラ・サメスにもお礼を申し上げたい。私が当初抱いていた不安を取り除いてくれたし、本書に情熱を傾けて一生懸命に読者開拓に努めてくれた。

スタシー・チェイケンは私のライティングコーチになり、思考をワイルドに解放させる「ワイルドブレイン」訓練法を伝授してくれた。これによって私は本書の構成を決め、登場人物のキャラクターを設定した。おかげで袋小路に陥らずに、驚くほどきれいな初稿を完成できた。彼女の夫で私の友人でもあるマーティン・バーグはジャーナリズムの観点からアドバイスしてくれた。彼とは同じ報道現場で一緒に仕事をしたことがある。当時と同じように彼のアドバイスは貴重だった。

ネットフリックスのマーク・ランドルフ、ブロックバスターのシェーン・エバンジェリスト、同じくブロックバスターのジョン・アンティオコには特にお礼を申し上げたい。快くインタビューに応じ、ほかの取材先にも声を掛けてくれた。時に不愉快な質問にも嫌な顔をせずに答えてくれた。

ネットフリックスのスティーブ・スウェイジーとケン・ロスの協力も貴重だった。スウェイジーは私の取材依頼を何度も拒否しつつ、原稿に目を通して事実関係に誤りがないかどうかチェックしてくれた。ロスも原稿を読んで正確性や公平性の点で問題がないかどうか見てくれた。元最高財務責任者のバリー・マッカーシーは情報源になってくれたわけではないのに、1年以上にわたって私からしつこく催促されて最後は協力してくれた。ネットフリックスの重大史実について私の理解を聞き、いくつかの点で誤解を指摘してくれた。

ここでは個々の実名を挙げられないが、感謝しなければいけない方々はほかにも大勢いる。ネットフリックスとブロックバスターはもちろんのこと、エンターテインメント業界や金融業界関係者の多くが時間を割き、見解を述べてくれた。

本書執筆中、極度の不安で眠れぬ夜を過ごすことが多々あった。自分で目撃したストーリーをまとめることが本当にできるのかどうか分からなくなったのだ。そんなとき家族や友人に声を掛けられ、ハッと現実に目覚めたものだ。

私の家族にも感謝したい。父ジョン・ソーパック、弟マイケル・ソーパック、妹エイミー・ゴンザレス、妹マギー・マークランダーはいつもサポートしてくれたし、励ましてくれた。サンフランシスコ出張の際には、妹アリシア・ロメロと義弟マイク・スペンスはサンフランシスコの自宅に泊めてくれた。そのうえ市内の高級レストランへあちこち連れていってくれた。私の限られた予算ではとても行けないような店ばかりだ。叔父ハリー・シャピロにもお礼を言わなければならない。締め切りが迫るなか、私と愛犬2匹を車に乗せてアメリカ大陸を半分も移動してくれた。

取材でボストンとニューヨークを訪れた際には、ワイズ夫妻――友人カーメラと夫リック――がいつも両市の住居を提供してくれた。改めて感謝したい。

本書は私の弟ジョン・A・ソーパック3世と母マーガレット・ロメロにささげたい。ロイターを退社して本書執筆に専念するというのは恐怖を伴う大決断だった。弟ジョンが背中を押してくれたからこそ私は一歩前へ踏み出せた。執筆作業を順調に進められたのは母のおかげである。母と義父リチャード・ロメロは最大限の協力を惜しまなかった。これほどの長い原稿を書くのは私にとって初めてであり、戸惑うことも多かった。2人には一生感謝する。

訳者あとがき――中年サラリーマンに起業の夢を与える

中年サラリーマンに起業の夢を与える――。これが私が本書を読んだときの最初の印象だ。

シリコンバレーの典型的起業物語は学生がガレージで創業するイメージである。アメリカ西海岸企業を思い浮かべるといい。アップルは大学を中退したスティーブ・ジョブズ氏によって文字通りガレージで産声を上げた。マイクロソフトやグーグル、フェイスブックも大学生ら若者によって創業されている。

ネットフリックスの共同創業者のうち、マーク・ランドルフ氏は大企業ボーランド・インターナショナル出身の元サラリーマンだ。ネットフリックス創業に際して同氏がスカウトした創業メンバーもそろって元サラリーマンである。つまり脱サラ組だ。本書には次のような記述がある。

〈ネットフリックスの全チームメンバーが人生を懸けていた。白熱した議論をしているうちに怒鳴り合いになることもしばしばだった。大学を卒業したての若者が立ち上げる典型的なスタートアップとは違った。メンバーの大半は大きなソフトウエア会社で管理職を経験したベテランであり、大幅な年収カットを受け入れてネットフリックス入りしていた。消費者相手の新ビジネスに飛び込んで、自分たちの知的DNAを受け継ぐ会社をつくるという共通の夢を実現しようとしたのだ〉

起業はリスクを恐れない若者の専売特許ではない。元サラリーマンだからこそそれまでのビジネス経験をフルに生かし、学生スタートアップとは違う価値を創出できる――こんなメッセージが本書から読み取れる。宣伝になって恐縮だが、私が翻訳した『ＳＴＡＲＴＵＰ（スタートアップ）』（ダイアナ・キャンダー著　新潮社）の主人公も脱サラ組だ。同書は小説形式の起業ストーリーであり、アメリカではアントレプレナーシップ（起業活動）の教科書として広く使われている。

本書の日本語版出版に合わせて、著者のジーナ・キーティング氏は特別寄稿してくれた。原書が出版された２０１２年から18年までの７年間で、ネットフリックスは劇的な成長を遂げ、株価は数十倍になっている。この期間について同氏は追加取材し、上手にまとめてくれた。

特別寄稿にも触れてあるように、７年間でネットフリックスは変貌し、今やＩＴ業界の勝ち組に加わっている。日本では「ＧＡＦＡ（グーグル・アップル・フェイスブック・アマゾン）」が話題になっているが、アメリカでは「ＦＡＮＧ」や「ＦＡＡＮＧ」も有名だ。ＩＴ業界勝ち組の頭文字を取ったネーミングであり、ネットフリックスの「Ｎ」が加わっている点に注目してほしい。

もっとも、仮に特別寄稿がなくても本書の価値は損なわれないだろう。本書のテーマはネットフリックスの創業物語だ。ここには事実に裏付けされた人間ドラマが詰まっており、それはどんなに時が経過しても腐らない。本書は同社の創業期を扱う日本初のノンフィクションなのである。

ストリーミングサービスの草分けであるネットフリックスは遅ればせながら15年に日本上陸を果たし、当初は「黒船来航」とも騒がれた。調査会社ジェムパートナーズによれば、日本国内では18年10月時点で９％の市場シェアに甘んじているものの、確実にシェアを上げている。

デジタル革命という観点でアメリカと比べると、日本は明らかに「周回遅れ」である。例えば、ＴＳＵＴＡＹＡ（ツタヤ）やＧＥＯ（ゲオ）などのビデオレンタル大手がなおも健在だ。両社とも店舗型ビデオレンタルに加えて「宅配ＤＶＤレンタル」を手掛けている。本書に出てくる「郵便Ｄ

VDレンタル」の日本版だ。

本書を読めば分かるように、「アメリカ版TSUTAYA」であるブロックバスターはネットフリックスとの競争に敗れ、10年に経営破綻している。一方で、ネットフリックスがパイオニアとして切り開いた「郵便DVDレンタル」はすっかり影を薄め、消えゆく運命にある。同社はストリーミング帝国へ完全に脱皮しようとしている。

アメリカではデジタル革命の影響はビデオレンタルにとどまらない。音楽の世界ではアップルの登場でレコード大手タワーレコードが倒産し、書籍の世界ではアマゾンの登場で書店大手ボーダーズが倒産。まさに「破壊的イノベーション」が起きている。

対照的に日本では、アメリカ法人から独立したタワーレコードが今も営業しているし、大手書籍チェーンも経営危機に陥っていない。裏を返せば、本書の中の物語は日本の未来を予言している。


個人的な話になるが、18年夏に本書の翻訳依頼を受けたとき、すぐに飛び付いた。ネットフリックスとは長い付き合いがあり、愛着を覚えていた。そのうえ、アメリカのデジタル革命を日常生活の中で身をもって体験していた。引き受けないわけにはいかなかった。

08年に家族でカリフォルニアへ引っ越した。間もなくして3人の子どもたちを連れて、毎週のように地元のブロックバスター店へ通うようになった。子どもたちは広い店内を動き回り、好きなビデオを見つけ出すのが楽しくて仕方がなかった。

ところが、2年後にブロックバスターは倒産。残念だったが、すぐにネットフリックスの会員になり、「郵便DVDレンタル」を開始した。これが非常に便利で「さすがイノベーションのアメリカ」と感心したものだ。

それから1、2年でDVDレンタルもやめてしまった。ストリーミングサービスへ切り替えたからだ。すると、ニュースとスポーツ以外では、地上波テレビとケーブルテレビに価値を見いだしにくくなった。結果としてわが家では「ネットフリックスざんまい」の生活が始まった。

13年に日本へ帰国すると、過去へタイムワープした気分になった。もちろんネットフリックスは利用できない。以前のように、毎週のように子どもたちと一緒に近所のビデオレンタル店へ通うようになった。期限までにDVDを返却するのをちょくちょく忘れ、そのたびに延滞料金を請求された。数千円も払ったこともある。「ネットフリックスがないのは寂しい」と何度も思ったものだ（15年の日本上陸に合わせて再び会員になった）。

繰り返しになるが、本書は日本初のネットフリックス創業物語だ。日本では知られていない秘話が盛りだくさんである。ジャーナリストが第三者の視点で描いた同社創業物語としては決定版になるだろう。

ネットフリックスの創業期は脱サラ組が率いていただけに、若者集団とは異なるエネルギーに満ちている。マーケティングやエンジニア、物流など特定分野の専門家が小さなオフィスに結集し、斬新なビジネスモデルを生み出すのだ。

ブロックバスター側の視点が盛り込まれている点も興味深い。同社は社内ベンチャーを立ち上げて対抗し、一時はネットフリックスをぎりぎりまで追い込んだのである。社内ベンチャーをうまく利用してイノベーションを起こす大企業のお手本ともいえる。

魅力的な人物が多数登場し、一人ひとりが生き生きと描かれているのも本書の特徴だ。背水の陣を敷いて夢を追い掛ける起業家集団、既存ビジネスモデルの陳腐化に右往左往する大企業経営者、社内の守旧派勢力との戦いで消耗する社内ベンチャー――。多角的な視点から人間ドラマが絡み合い、まるで小説のように読める。

ここではキーティング氏の取材力が光っている。個々の登場人物に密着取材しなければ、ここまで詳細な描写はできない。同氏は本書執筆のためにロイターを辞めており、自ら「脱サラして起業」を実践している。

本書は、起業家に加えて中年サラリーマンも含めた起業家志望にとって必読書の一つになるのはもちろん、一般のビジネスマンやネットフリックスファンにもお薦めだ。ブロックバスター側の物語も詳述されているため、「破壊的イノベーション」の衝撃にさらされる大企業経営者にとっても示唆に富んだ内容になっている。

スピード感あふれてわくわくする物語を読んでいるうちに、アメリカのアントレプレナーシップやデジタル革命最前線についても学べる――これが本書の真骨頂だ。

最後になるが、本書の翻訳の機会を与えてくれた新潮社の内山淳介氏に感謝したい。ネットフリックスに個人的に愛着を持っていただけに、翻訳はこれまでになく楽しい作業になった。ちなみに、翻訳中にアメリカで社会現象になるほどヒットしたネットフリックスのオリジナル番組は、「こんまり」こと近藤麻理恵氏が主役の『KonMari～人生がときめく片づけの魔法～』だった。

２０１９年５月　広島にて

牧野洋

ジーナ・キーティング
Gina Keating

フリーランスの経済ジャーナリスト。米UPI通信、英ロイター通信に記者として在籍し、10年以上にわたってメディア業界、法曹界、政界を担当。独立後は娯楽誌バラエティ、富裕層向けライフスタイル誌ドゥジュール、米国南部向けライフスタイル誌サザンリビング、ビジネス誌フォーブスなどへ寄稿している。本書は処女作に当たる。

訳／牧野 洋
まきの・よう

ジャーナリスト兼翻訳家。慶應義塾大学経済学部卒、米コロンビア大学大学院ジャーナリズムスクール修士。日本経済新聞社でニューヨーク特派員や編集委員を歴任し2007年に独立。早稲田大学大学院ジャーナリズムスクール非常勤講師。著書に『福岡はすごい』（イースト新書）、『官報複合体』（講談社）、訳書に『STARTUP』（ダイアナ・キャンダー著、新潮社）など。

NETFLIX《ネットフリックス》 コンテンツ帝国《ていこく》の野望《やぼう》
GAFAを超《こ》える最強《さいきょう》IT企業《きぎょう》

著者 ジーナ・キーティング
訳者 牧野《まきの》 洋《よう》
発行 2019.6.25
2刷 2019.7.20

発行者 佐藤隆信
発行所 株式会社新潮社
〒162-8711東京都新宿区矢来町71
電話 編集部03-3266-5611
読者係03-3266-5111
https://www.shinchosha.co.jp

印刷所 株式会社三秀舎
製本所 株式会社大進堂

乱丁・落丁本は、ご面倒ですが小社読者係宛お送り下さい。
送料小社負担にてお取替えいたします。
価格はカバーに表示してあります。

ISBN978-4-10-507121-9 C0030

FLIXED NETFLIXE